自然科学基础

Basic Theories of Natural Science

主　　编　　刘艳梅

副主编　　王廷璞　杨航宇

编　　者　　刘艳梅　王廷璞　杨航宇

　　　　　　刘燕妮　邹亚丽　杨学良

兰州大学出版社
LANZHOU UNIVERSITY PRESS

图书在版编目（ＣＩＰ）数据

自然科学基础 / 刘艳梅主编. -- 兰州 ： 兰州大学
出版社，2015.7（2018.5重印）
　ISBN 978-7-311-04802-0

　Ⅰ．①自… Ⅱ．①刘… Ⅲ．①自然科学－基本知识
Ⅳ．①N43

中国版本图书馆CIP数据核字(2015)第188529号

策划编辑　宋　婷
责任编辑　郝可伟　宋　婷
封面设计　周晓萍

书　　名　自然科学基础
作　　者　刘艳梅　主编
出版发行　兰州大学出版社　（地址:兰州市天水南路222号　730000）
电　　话　0931-8912613(总编办公室)　0931-8617156(营销中心)
　　　　　0931-8914298(读者服务部)
网　　址　http://press.lzu.edu.cn
电子信箱　press@lzu.edu.cn
印　　刷　甘肃兴方正彩色数码快印有限公司
开　　本　787 mm×1092 mm　1/16
印　　张　18.5
字　　数　420千
版　　次　2015年8月第1版
印　　次　2018年5月第2次印刷
书　　号　ISBN 978-7-311-04802-0
定　　价　42.00元

前　言

　　小学教师担负着学生科学知识启蒙的重任，对培养学生科学兴趣和科学探究能力、形成科学志趣和理想起着决定性的作用，因此，小学教师掌握和了解自然科学的基础理论和知识具有非常重要的意义。

　　自然科学基础是高等院校小学教育和学前教育专业的必修课之一，通过这门课程的学习，不仅可使学生了解和掌握自然科学发展的历史轨迹，了解自然科学的最新研究成果，掌握物理、化学、生物、地理及天文学等方面的基础知识，而且可提高学生的科学素养，完善学生的知识结构，培养学生的科学态度，开发学生的创造潜能，发展学生的创新思维能力，以适应小学教师文理兼教的需要。

　　本书根据高等院校小学教育和学前教育专业目标，在教学内容、教学模式、教学方法、教材体系结构等方面都有较大创新，以自然科学的基础知识、基本概念、基本原理、基本方法为基础，以人与自然的和谐发展为主线，以学生的发展为核心，构造了一个重基础、有层次、综合性的理科课程结构。考虑到本书文理科学生均可使用，因此，本书尽量避免过于高深和专业化，既保留了经典自然科学基础理论和方法，也增加了新技术和新成果，其中基础理论占主导。考虑打破学科间人为界限，不断追求理、化、生、地学科知识的新颖性和完备性，本书尽可能以介绍前沿的自然科学研究和高新技术基本知识为主，拓宽学生了解现代社会的视野，同时坚守小学科学教育教学实际，培养具备一定科学素养的合格师范类毕业生。

　　本书由刘艳梅任主编，王廷璞和杨航宇任副主编。具体编写分工如下：刘艳梅编写第一、四章，刘燕妮编写第二章，杨航宇编写第三、六章，王廷璞编写第五章，邹亚丽编写

第七章。全书由刘艳梅设计框架并统稿，杨航宇和杨学良协助主编统稿。

在本书编写过程中，作者广泛参阅了国内外大量的文献资料，引用了诸多研究成果。在此，谨向这些文献资料的著作权人表示衷心的感谢。

由于编者的知识水平有限，加之编写时间仓促，书中难免有疏漏和不足之处，敬请专家和广大读者批评指正，以便进一步提高本书的水平。

编　者

2015 年 1 月 22 日

目 录

【学习重点】
*近代自然科学的发展
*现代自然科学的发展
*自然科学研究的基本过程
*逻辑思维的基本技巧

第一章 自然的探索

根据科学所研究的对象可将其分为社会科学、自然科学和思维科学。自然科学的研究对象是整个自然界和自然现象。它是研究自然界物质形态、结构、性质和运动规律的科学。它经历了漫长的萌芽、发育和发展时期，至今，已形成了众多并趋于成熟的学科体系。科学的发展，带动了技术革命，科学技术的发展与生产相结合，已成为人类历史发展和社会进步的巨大推动力。进入20世纪以来，科学、技术与生产三者结合，对一个国家的发展更是起着决定性的作用。

第一节 自然科学的发展

自然科学的发展经历了古代、近代、现代三个阶段。人类进入有历史记载的文明时期以后，就诞生了古代自然科学。

一、古代自然科学

自然科学萌芽于古代。人类历史已有300多万年，原始人类主要的生产工具是石器，因此称为石器时代。其中99%以上的时期是以打制石器为主的旧石器时代，直到距今约1万年前人类才进入以磨制石器为主的新石器时代，也就是说，1万年前人类才有了第一个发明——弓箭，这种远距离杀伤性武器大大地提高了生产效率，因此，出现了猎物剩余，也才有了家畜的驯养，人类才由狩猎生活进入畜牧生活。也是在1万年前，人类有了一个更伟大的发明——钻木取火，火的使用使人类得以熟食、取暖、防卫、照明，使人类的生存环境得到了实质性的改善，也使人类彻底地从动物中分离出来。1万年前人类还发明了制陶技术，这是人类制造的第一种非自然产物；大约6500年前，人类发明了高温冶炼技术，从此，人类进入了青铜器时代；大约4000年前，人类发明了炼铁技术，从此，人类进入了金属时代。制造金属农具，是人类生产技术的一次革命。自此，人类结束了1万多年迁徙不定的畜牧生活，进入了"自给自足"的农业社会。以金属农具为代表的整套农业技术的推广应用，形成了人类历史上"第一次浪潮"，成为人类社会发展的第一个转折点，从此人类文明才得以大踏步前进。

（一）中国古代自然科学

中国在长期的发展中，创造了灿烂的古代文化，曾经取得过辉煌的成就，在相当多的领域中占据世界领先地位达两千多年之久。除了大家耳濡目染的造纸术、印刷术、指南针和火药"四大发明"以及制瓷技术、丝织技术外，中国古代在天文学、农学、中医药学、数学等自然科学领域也长期处于世界领先地位。

1. 天文学

中国是世界上天文学起步最早、发展最快的国家之一。我国古代天文学从原始社会就开始萌芽了，其成就大体可归纳为三个方面，即天象观察、仪器制作和编订历法。我国古代在恒星、行星和异常天象等方面积累了世界上最丰富、最完整的天象资料。《尚书·胤征》中记载了公元前2137年的一次日食，这是世界上关于日食的最古老记录。公元前43年，《汉书·五行志》记载了"日黑居仄，大如弹丸"的现象，这是目前世界上公认的关于太阳黑子最早的记载，早于欧洲八百多年。自春秋至清初，我国有日食记录约1000次、月食记录约900次、新星和超新星记录60多颗、极光记录300多次。我国古代的天文观测仪器也独具特色。东汉著名科学家张衡（78—139年）制作了演示实际天象的浑天仪、预测地震的候风地动仪；宋代天文学家苏颂（1020—1101年）设计建造的水运仪象台，集观测、计时和表演功能于一身，被认为是世界上最早的天文钟；元代科学家郭守敬（1231—1316年）制造的简仪和高表等天文仪器既准确又精致。我国历法的精密度也一直名列世界前茅。早在4000多年前的夏朝，就开始有了历法，而南北朝的祖冲之在制定《大明历》时，最早将"岁差"引进历法，经他推算出的回归年长度为365.2428148日，与今日推算值只差46秒。

我国古代也曾提出过"盖天说"和"浑天说"等宇宙结构理论，对后来的天文观测和天文仪器的制作影响较大。

2. 农学

中国是世界农业发源地之一，在近万年的农业生产中，中国先民在广袤的土地上，成功地培育出多种作物和畜禽，创造出独特的耕作技术，创制了各种生产农具，形成了以精耕细作为核心的农耕传统，为中国古代的经济、文化和世界农业发展做出了贡献。我国古代农学著作众多，为世界之冠，约有370多种。现存最早的农学著作是公元前3世纪后期的《吕氏春秋》，该书主要论述了农业生产的重要性和因时因地制宜的必要性，充分强调了人的主观能动性，在理论上有重要价值。公元6世纪北魏贾思勰所著《齐民要术》，是世界现存最早、最完整的农学著作。全书由序、杂说和正文三大部分组成，包括农作物栽培育种、果树林木育苗嫁接、家畜饲养和农产品加工等内容。书中所载的农学和生物学知识在世界上保持领先地位达一千多年。此外，南宋陈旉（1076—1156年）的《农书》、元代王祯（1271—1368年）的《农书》和明代徐光启（1562—1633年）的《农政全书》等也都是我国古代著名的农学著作。

3. 中医药学

公元前168年的马王堆汉墓出土了我国至今发现最早的医学类著作，但均无标题。春秋战国时期的《黄帝内经》，是我国第一部最重要的医学著作。该书总结了先秦医学实践和理论知识，强调人体的整体观念，运用阴阳五行的自然哲学思想，形成了一套脏腑和经络学说，成为影响我国古代医学的传统特色的一部医学典籍。东汉张仲景（150—219年）的《伤寒杂病论》把《黄帝内经》的理论与临床实践更加具体、紧密地结合起来，确立了"辨证施治"的临床医学理论基础。汉代的《神农本草经》是现存最早的药学专著，载有365种药物。中药学方面的代表作是明朝李时珍（1518—1593年）所著的《本草纲目》，全书共52卷，分16部、62类，190万字，共载药物1892种，附方11096个，配有插图1160幅。书中对每种药物的名称、产地、形态、气味、药物采集、栽培方法和炮制过程都有详细叙述，并附有药方。该书规模宏大，内容准确严谨，是我国中药学的集大成之作。不仅如此，由于此书还涉及生物学等方面的知识，在世界上影响很大。

针灸是中医独特的治疗方法。战国时期的名医扁鹊（公元前407—前310年）就以精通针灸而闻名于世。中国针灸17世纪时传到欧洲，在世界上有很大的影响，至今不衰。中国古代在医学外科方面也有不少独创，如汉末神医华佗曾以麻沸散做全身麻醉进行外科手术，这在当时是很杰出的成就。

4. 数学

中国古代数学与其他许多科学技术一样，也取得了极其辉煌的成就。明代中叶之前，在数学的许多分支领域里，中国一直处于遥遥领先的地位。中国古代的许多数学家曾写下了不少著名的数学著作。在商代中国就已采用十进制记数和位值法；春秋战国时期就有了分数概念；"零"的符号大约与印度同时或稍晚（8世纪）出现；战国时的《墨经》中提出了点、线、方、圆等几何概念的定义。许多具有世界意义的成就正是因为有了这些古算书而得以流传下来。这些中国古代数学名著是了解古代数学成就的丰富宝库。

例如，现在所知道的数学著作《周髀算经》和《九章算术》，它们都是公元纪元前后的作品，至今已有两千年左右的历史。成书于公元前1世纪的《周髀算经》是我国最早的数学著作，其中已有勾股定理和比较复杂的分数运算。成书于公元1世纪东汉初年的《九章算术》是中国古代数学体系形成的标志，书中载有246个应用题及其解法，涉及算术、代数和几何等方面的内容。其中分四则运算、比例算法、用勾股定理解决一些测量问题，以及负数概念和正负数加减法则的提出，联立一次方程的解法等，都是当时的世界最高水平。《九章算术》在古代一直是我国数学的典范，它对中国数学的影响不亚于欧几里得《几何原本》对西方数学的影响。中国古代数学家在圆周率的研究上也取得了重大成就。如三国时期的刘徽在注释《九章算术》时创造了割圆术，提出了初步的极限概念；南北朝时期的祖冲之（429—500年）求得π值在3.1415926至3.1415927之间，或为355/113，比欧洲人提出相同精确度的π值早约一千年。

宋元时期，中国古代数学发展到了顶峰。南宋秦九韶（1202—1261年）发展了增乘开方法，他在《数书九章》中提出了高次方程的数值解法和一次同余式理论。这些研究都达到了当时世界领先水平。

（二）外国古代自然科学

古埃及、古巴比伦、古希腊、古罗马及古印度，在天文学、数学、医学等自然科学领域也为人类做出了巨大贡献，成为古代生产力发达的进步代表。

1. 古埃及

古埃及人对现代世界的贡献是很少有其他古代文明能够超过的，哲学、数学、自然科学和文学的不少原理均发源于此，他们使灌溉、工程制陶、玻璃制造和造纸的成就更致完美，还提出了后来历史上广泛使用的建筑原则。

（1）最早的太阳历

公元前2781年，古埃及人采用了人类历史上最早的太阳历。古埃及人发现，每当天狼星和太阳共同升起的那一天（公历7月），尼罗河就要开始泛滥，太阳历规定这是一年的开始，一年分三季，先是泛滥季节，接着是播种季节和收获季节，这三季共12个月，每月30天，每年360天，再加年终5天节日。太阳历每年只有1/4天的差数，是今天大多数国家通用公历的原始基础。

（2）制作木乃伊与医学

古埃及人相信人死后能复活，制作木乃伊大概是希望复活。制作木乃伊的技术使古埃及人积累了很多生理解剖知识和配制药物的知识，因此，古埃及人配制药物的技术在当时非常有名。

（3）数学知识

尼罗河泛滥冲毁了原有耕地的界限，水退后人们不得不重新丈量和划定土地，然后才能下种。年复一年的丈量和划定土地、修筑运河和渠坝的工作，使古埃及人在几何方面比其他任何民族都有更多的实践机会，从而积累了大量的数学知识。建筑神庙和金字塔（法老的墓）应用并推进了这些知识。古埃及人懂得十进位计算，能计算矩形、三角形、梯形和圆形的面积，取圆周率为3.16，还能进行简单的四则运算，并能解一个未知数的方程（用来测定谷堆、粮仓的容积和计算建筑用料）。

（4）金字塔与神庙

尼罗河谷的农田不必深耕，不必轮作，不必施肥，连杂草也不多生。良好的农业条件，使古埃及能够把大量的劳动力投入到其他事业方面。古埃及的大量奴隶经常被大批抽调去修水渠，建造神庙、宫殿和金字塔，因此积累了大量的建筑知识，至今金字塔还有许多难解的科学之谜。最大的胡夫金字塔约修建于公元前2600年，高146 m，底边各长230 m，共用了约230万块磨制过的大石，每块平均重2.5 t，有的达15 t，石块可能是从尼罗河对面的山地运来的。这座金字塔的位置十分特殊，穿过它的子午线平分地球上的大陆和海洋，塔的重心亦接近各大陆的引力中心，其高的10亿倍约等于地日之间的距离，塔底边和高的比值乘以2约等于圆周率，高的平方等于塔的一个侧面积，塔的倾角约为52°。这些无不说明古埃及人的科学技术水平。

2. 古巴比伦

（1）古巴比伦王国

公元前3000年左右，在两河流域出现了由塞姆人建立的巴比伦。公元前1894年，作为塞姆人一支的阿摩利人的首领苏木阿布统一了两河流域南部，以巴比伦城（今天的伊拉克首都巴格达以南）为中心建立了古巴比伦王国。巴比伦继承了苏美尔文化遗产并加以发展。最为著名的就是古巴比伦第六个国王——汉谟拉比编纂的一部法典，即《汉谟拉比法典》，刻在2.25 m高的石柱上，其内容比苏美尔人的法典更完善。

在漫长的古巴比伦时期，祭司们发现了二元一次方程的解法。但古巴比伦王国在遭到金戈铁马的赫梯人的洗劫后进入了漫长的衰亡时期。

（2）新巴比伦王国

公元前626年，在亚述王统治下的迦勒底王那普勃来萨建立了新巴比伦王国。在新巴比伦时期，天文学方面取得了很大成就，他们规定7天为1星期，1天为12个时辰，每个时辰为2个小时，每小时为60分，每分钟为60秒。这一计时体系成了今天人类计时方法的基础。这一时期对天象和食象的观测继续进行着，公元前568年的泥板文书记录了关于日食和月食的现象。

3. 古希腊

古希腊是巴尔干半岛南部、爱琴海诸岛及小亚细亚西岸一群奴隶制城邦的总称。古希腊在从公元前8世纪到公元前1世纪的数百年间所取得的科学文化成就巨大，是西方文明的发祥地。

（1）古希腊的自然哲学和自然科学

古希腊文化的一个重要特点是自然科学在发展的初期，与哲学思想往往交织在一起，形成了在古代文化史上占有重要地位的古希腊自然哲学。因此，最早的古希腊哲学家同时也是自然科学家。古希腊的自然科学和自然哲学对后世都有深刻的影响。古希腊的科学文化是世界奴隶制时代科学文化所达到的最高峰。

这一时代的人们更加注重理论思维，注重对自然的理论探究。古希腊人很重视科学，特别是数学，重视严密的逻辑推理。这些都有利于人们将关于自然界的知识系统化，形成理论体系，是自然科学发展与成长的必经之路。古希腊的自然科学中有一些学科（如数学、医学等），已发展到了奴隶制时代自然科学的最高阶段。

（2）数学

古希腊人对数学，尤其是几何学很感兴趣，这首先应当归功于毕达哥拉斯学派和柏拉图学派。柏拉图学派特别注意数学的证明方法，他们的工作使数学更加严密。毕达哥拉斯派很重视数学，他们在公元前6世纪首先证明了毕达哥拉斯定理（即勾股定理），首创了面积贴合法理论，在此基础上产生了穷竭法（它是体现近代微积分思想的一种古希腊方法），用贴合法发现了无理数。

古希腊后期，学术中心转移到了亚历山大城，古希腊数学的最后成果是在这里总结和完成的。亚历山大时期的大数学家之一欧几里得（Euclid，公元前330—前275年）是一位温良敦厚的教育家。他曾写过不少数学和物理学著作，其中最重要的是《几何原本》，该书是世界上最早的公理化的数学名著。

欧几里得之后的著名数学家是阿基米德（Archimedes，公元前287—前212年），他以欧几里得的几何学为起点，在数学、物理学和天文学诸方面都取得了很大成绩。阿基米德的数学著作被认为是古希腊数学的顶峰。他曾成功地将数学应用到力学中去，既继承和发扬了古希腊研究抽象数学的方法，又使数学的研究与实际应用联系起来，这在世界科学发展史上意义重大，对后世的影响也极为深远。

阿波罗尼乌斯也是亚历山大时期著名的数学家，他的著作《圆锥曲线论》被认为是古希腊最杰出的数学著作之一。他以一个平面按不同的角度与圆锥相交，分别得到了抛物线、椭圆和双曲线，为圆锥曲线的研究奠定了基础。

因此，欧几里得、阿基米德和阿波罗尼乌斯常被后人合称为古希腊亚历山大时期的数学三大家。

（3）物理学

亚里士多德（Aristotle，公元前384—前322年）是古希腊第一个深入地研究物理现象的人，他的《物理学》一书是世界上最早的物理学专著之一。但令人遗憾的是，他的物理学没有科学实验的基础，有不少结论是不正确的。

阿基米德是古希腊成就最大的物理学家，被后人誉为"力学之父"。在他研究过的力学问题中，最著名的就是杠杆原理和浮力定律。阿基米德同时也是一位伟大的爱国主义者，当罗马侵略军围攻他居住的叙拉古城时，阿基米德设计制造的投石机把敌人打得抱头鼠窜；他还制造了一面巨大的凹镜，能把太阳光聚焦在靠近的敌船上，使敌船起火燃烧。为此，罗马军队对阿基米德非常害怕。后来，罗马军队借叙拉古人过节酒醉之机，偷袭成功，罗马士兵在混乱中杀死了这位75岁高龄的杰出科学家。

（4）生物学和医学

古希腊在生物学上贡献最大的是亚里士多德，在他的众多著作中约有1/3是关于生物学的。他很重视观察和解剖工作，对许多生物的器官和它们的功能都做过认真的观察研究。他在生物学上的主要贡献在于他对动物做了认真的分类。他认为自然的发展由无生命界进化到有生命的动物界是积微而渐进的。

古希腊最早的医学知识来自古埃及和西亚地区，最初的医学掌握在祭司们手里。大约在公元前5世纪才有了以行医为职业的医生。古希腊医生阿尔克芒（公元前6世纪—前5世纪间）可能是我们目前所知道的古希腊最早研究人体解剖的人。他发现了视觉神经以及联系耳朵和嘴的耳咽管（欧氏管），认识到大脑是感觉和思维的器官。希波克拉底（Hippocrates，约公元前460—前377年）是古希腊最著名的医生，他在科斯岛创立了古代最符合理性的医科学校，因此被后人称为"医学之父"。他的医学著作有六十多篇，总称《希波克拉底文集》。他指出疾病是单纯的身体现象，与鬼神无关。他还可能是最早做临床记录的医生，现存有他的42件临床记录。古希腊后期，亚历山大的赫罗菲拉斯（Herophilus）是一位著名的医生和解剖学家，他是第一个区别动脉和静脉的人，对神经、眼睛、肝脏和其他器官都有很好的描述，还将肠子的第一段定名为十二指肠，对生殖系统也进行过研究。古希腊著名医生埃拉西斯特拉塔在解剖学方面做了很多工作，他是把生理学作为独立学科来研究的第一人。古希腊重视解剖的传统对后来西方的医学影响很大。

古希腊人继承和发展了两河流域和古埃及的科学文化，使之达到了奴隶社会的最高峰，并为近代科学思想和科学方法的诞生奠定了坚实的基础。

4．古罗马

公元前6世纪末，罗马城邦征服了最早居住在意大利半岛的伊达拉里亚人而成为意大利境内最强大的势力，后继续向外扩张，至公元前30年占领了古希腊人活动的全部领地，形成了地跨欧、亚、非三大洲的奴隶制大帝国。

（1）古罗马的技术

在罗马人兴起的过程中，紧张而频繁的内外政治事务和军事斗争使他们忙于应付和解决实际问题，所以罗马人表现出对技术的重视，并且创造了值得骄傲的成就。赫伦（Heron，公元1世纪）创造了复杂的滑轮系统、鼓风机、虹吸管和测准仪等多种机械器具，其中最惊人的发明是蒸汽反冲球，这个发明是第一次把热能转化成机械能的技术设备，它所包含的原理实际上已延伸到了近代和现代。

（2）建筑

最能体现罗马人技术成就的事业是建筑。从公元前4世纪起，罗马人为供应城市用水，逐步修建了9条总长达90千米的水道工程。在罗马帝国时期，水道工程也扩展到其他区域，并且还用于灌溉。公元前1世纪，罗马著名的工程师维特鲁维奥（Vitruvius）出版了世界上第一部建筑学专著《论建筑》，该专著涉及建筑的一般理论、设计原理、工程师教育、材料、设备和施工以及建筑卫生学方面的一些问题。公元70—82年，罗马建起了可容纳5万～8万观众的大角斗场，这是古罗马最宏伟的建筑，至今残壁犹存。公元120—124年，罗马建成了万神庙，这座屋顶为半球穹隆的圆形建筑物是一座外部气势宏伟、内部浮雕装饰华丽的杰作，至今仍然屹立不倒。

（3）医学

古罗马人非常重视医学，这个时期在医学领域影响最大的当数医学家盖仑（C. Galen，约129—200年）。他作为小亚细亚（今土耳其）人，先后到过许多地方行医，后来成为罗马皇帝马可·奥勒留的御医。他将古希腊的解剖知识和医学知识加以系统化，并把一些分裂的医学学派统一起来。他通过对猕猴、狗、羊、猪等动物和一些人体的解剖研究，在解剖学、生理学、病理学及医疗方面发现了许多新的事实。盖仑在医学方面的主要贡献是最早提出对人体生理比较完整的看法。他还提出了人体生理图像的"三灵气"学说，但这个学说有许多臆测和谬误。

5. 古印度

古印度人不仅是棉花的最早种植者，而且也掌握了棉布染色的技术。古印度是最早使用烧制过的砖建造房屋的人。在哈拉巴文化时期的建筑遗迹中，建筑物大都是砖木结构。据考察，那时就能建造二层或三层楼房。

古印度创造了最古老的文字——梵文。古印度文字除了极少数是刻在石头、竹片、木片或铜器上之外，大量的文字则是书写在白桦树皮和叶子上，中国的唐玄奘从印度取回的佛经几乎都是写在这种白桦树皮或叶子上的，直到11世纪，中国的纸传到印度才有了用纸写的典籍。

古印度在数学方面取得了辉煌的成就，在世界数学史上占有重要的地位。自哈拉巴时期起，古印度人就用十进位制记数法。大约到7世纪以后，有了位值法记数，开始还没有"0"的符号，直到9世纪后半叶才有"0"的符号。"0"是印度人的卓越发明，没有"0"，就没有完整的位值制记数法，这种记数法能用简单的几个数码表示一切的数。后来人们将古印度的数码译成阿拉伯文，这就是我们现在通用的阿拉伯数字。

二、近代自然科学的发展

近代自然科学首先在天文学和医学生理学两大领域取得了突破性进展。1543年出版的哥白尼（N. Copernicus，1473—1543年）的《天体运行论》和维萨里（A. Vesaliua，1514—1564年）的《人体构造》，成为近代自然科学革命的开端。

1. 天文学

（1）太阳中心学说的创立

波兰天文学家哥白尼经过数十年的观察和研究，终于于1543年临终时出版了他倾注毕生心血的著作《天体运行论》，该书详细论述了太阳中心学说，其学说的核心是日心和地动的观点。哥白尼认为，太阳居于宇宙中心，而不是地球居于这个位置，其他行星围绕太阳旋转。地球作为一颗普通的行星，它既有绕自转轴的自转，又与其他行星一起围绕宇宙中心——太阳旋转（见图1-1-1）。哥白尼的日心说彻底推翻了托勒密和亚里士多德的"地心说"，动摇了神学宇宙观的支柱，成为天文学从神学中解放出来的宣言。

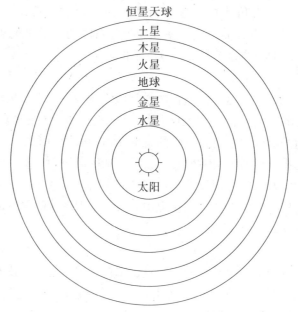

图1-1-1　哥白尼的太阳中心体系

（2）开普勒建立行星运动三定律

德国著名天文学家、数学家开普勒（J. Kepler，1571—1630年）利用多年观测行星运动的精确记录，进行计算后创立了行星运动三定律。其主要内容是：①所有行星分别在大小不同的椭圆轨道上运行，太阳位于这些椭圆的一个焦点上。②在相等的时间间隔内，行星和太阳的连线在任何地点沿轨道所扫过的面积相等。③太阳系中任何两颗行星公转周期的平方与其轨道半径的立方成正比。开普勒的行星运动三定律，正确地描绘了行星运动的轨迹、时间、速度及与太阳的关系，揭示了天体的基本运动规律，为天体力学的诞生提供了坚实的基础，因此，开普勒获得了"天空的立法者"的美誉。

（3）康德–拉普拉斯星云假说

1755年，德国哲学家康德（I. Kant，1724—1804年）首先提出太阳系起源于原始星云的假说。他认为太阳系起源于原始星云，原始星云一开始弥漫于太空，并不停地旋转，在引力作用下，星云中的微粒不断聚集，其中心部分形成太阳，边缘部分受斥力作用逐渐形成绕中心旋转的较大团块，最终演变成绕太阳旋转的行星。1796年，法国科学家拉普拉斯（P–S. Laplace，1740—1827年）在《宇宙系统论》一书中，也提出了一个类似的星云假说。星云假说尽管有不少缺陷，但它使自然科学摆脱了宇宙不变论的束缚，把演化的思想带进了自然科学的领域。

2. 物理学

（1）运动力学的创立

意大利著名的天文学家、物理学家伽利略（G. Galilei，1564—1642年）开创了近代科学的实验研究方法，强调科学认识必须来自观察和实验，并接受实验的验证。他除了用自制的天文望远镜给日心说提供了一系列确凿的证据外，还用自己设计制造的试验仪器，揭示了地面物体运动的基本定律，例如自由落体定律、惯性定律和加速度定律等，这些研究为经典力学奠定了基础。伽利略在运动力学上的一系列开创性工作，打破了亚里士多德运动学思想对物理学的束缚，把近代物理学推上了历史舞台，因而被誉为"近代的物理学之父"。

（2）经典力学体系的创立

1687年，英国物理学家牛顿（I. Newton，1643—1727年）将前人和同代人的成果加以创造性的综合与发展，出版了《自然哲学的数学原理》一书，提出了力学三定律——惯性定律、加速度定律、作用与反作用定律以及万有引力定律，建立起经典力学体系。牛顿的经典力学体系把人们过去一直认为互不相干的地上物体的运动规律和天体运动规律概括在统一的理论之中，完成了近代科学史上的首次大综合。牛顿的经典力学思想不仅影响到物理学的发展，而且也影响到其他自然科学和技术的发展，所以人们也称这次大综合为一场科学领域的革命。

（3）热力学两大定律的发现

法国军事工程师沙第·卡诺（S. Carnot，1796—1832年）于1824年发表了《关于火的动力的考查》一书。他在书中指出：热机做功的必要条件是它必须工作在热源和冷源之间；一部热机所能产生的机械功的大小，在原则上决定于热源与冷源的温度差，而与热机的工作物质无关，这就是以后的所谓"卡诺原理"，也就是热力学第二定律。能量守恒原理（即热力学第一定律）是由六七种不同职业的几十个科学家，先后在4个国家，从不同的侧面独立发现的。能量守恒定律的发现，揭示了热、力、电、化学等各种运动形式之间的统一性，说明了自然界物质间能量转化的规律性。这是牛顿建立力学体系以来物理学上的第二次理论大综合。

（4）电动力学的建立

1780年，意大利解剖学家伽伐尼（1737—1798年）在解剖青蛙时偶然发现了电流。之后意大利物理学家伏打（A. Vlota，1745—1827年）制成了世界第一个能产生稳恒电流的装置——伏打电池。丹麦物理学家奥斯特（H. C. Oersted，1777—1851年）于1820年发现了电流的磁效应。1822年，法国物理学家安培（A-M. Ampère，1775—1836年）发现了电流产生磁力的基本定律，奠定了电磁学的基础。1831年，英国物理学家法拉第（M. Faraday，1791—1867年）发现了电磁感应现象，提出了"磁力线"和"场"的概念，认为空间不是虚空的，而是布满磁力线的"场"。法拉第发现的电磁感应定律是发电机的理论基础，为人类开辟新的能源奠定了基础，电力时代的大门从此被打开了。

（5）经典电动力学的确立

1864年，麦克斯韦（J. C. Maxwell，1831—1879年）向英国皇家学会宣读了《电磁场的动力学》一文。文中不仅给出了电磁场的麦克斯韦方程，而且提出了电磁波的概念。他指出，变化的电场必定激发磁场，变化的磁场又激发电场，这种变化着的电场和磁场共同构成了统一的电磁场，电磁场以横波的形式在空间传播，形成所谓的电磁波。在麦克斯韦方程中，由于电磁波的传播速度就等于当时测出的光速，因此，麦克斯韦预言，光不过是波长在一定范围内的特殊的电磁波，这样光学、电学和磁学就融合成为一体，实现了经典物理学的第三次大综合。

1887年，德国物理学家赫兹（H. R. Hertz，1857—1894年）用实验证实了麦克斯韦关于电磁波的预言。麦克斯韦电磁方程在电磁学理论中的地位就像牛顿定律在力学中的地位一样，它是研究一切电磁现象最根本的出发点，并且使人们深刻地认识到光的电磁本性。因此，电磁场理论的建立是继牛顿时代以后物理学发展史上又一个重要的里程碑。

经典物理学经过众多物理学家三个多世纪的努力，到19世纪末，已发展成为一个极为严密的科学体系，使经典物理学的大厦得以落成。经典物理学的众多研究成果，既带来了科技史上的第一次技术革命（即蒸汽机革命），又推动了第二次技术革命（即电力革命）的发展。

3. 化学

古代没有化学，只有炼金术。所谓炼金术，就是想把铜和铅等普通金属，通过各种冶炼手段炼制成金和银等贵重金属。中国古代盛行的是炼丹术，期望炼成仙丹，可以长生不老。从17世纪中叶到19世纪末前后两三百年，由于资本主义的兴起和发展，采矿、冶金、制药工艺的迅速发展和推动，化学进入发展的重要时期。化学作为一门独立的科学诞生了。

（1）化学科学的确立

英国著名科学家波义耳（R. Boyle，1627—1691年）总结了大量的实验事实，提出了科学的元素概念，即元素是不可再分解为其他物质的最简单的纯净物质。物质的性质取决于它所包含的元素和元素的组合。这一思想为化学研究提供了重要的理论依据，使化学独立为一门科学。波义耳还把科学实验提高到化学研究的最重要的地位，他强调一切从实验中来，"化学是实验科学"。

（2）燃烧氧化学说的确立

法国化学家拉瓦锡（A. L. Lavoisier，1743—1794年）对燃烧的过程进行了严格的定量研究，从汞的燃灰中分解出氧元素。他做了大量的燃烧实验，提出了燃烧作用的氧化学说，于1777年向巴黎科学院提交了一篇《燃烧理论》的报告，真正揭开了燃烧秘密。他指出，燃烧是有氧参加的发出光和热的化学反应，物质燃烧时会吸收氧，因而质量会增加，所增加的质量等于吸收氧的质量，一般物质燃烧后会变成酸，金属燃烧后会变成金属氧化物。拉瓦锡建立的科学燃烧理论，否定了统治人们思想100多年的燃素说，给化学树立了一个里程碑。

拉瓦锡还确立了质量守恒定律，创立了化学元素命名法，成为当之无愧的近代化学的奠基者。

（3）原子–分子论学说的提出

英国化学家、物理学家道尔顿（J. Dalton，1766—1844年）在大量的实验基础上建立起原子论。道尔顿科学原子论的主要内容是：原子是组成物质或元素的最小粒子，它们极其微小，是看不见的，既不能创造也不能毁灭，是不可再分的，在一切化学变化中保持其本质不变；同一元素的原子，其形状、质量和各种性质相同，不同元素的原子，质量和性质不同，每一种元素以其原子的质量为最基本的特征；不同元素的原子以简单数目的比例相结合，形成了化学中的化合现象。

原子论在化学的发展史上，具有划时代的意义，它阐明了物质不灭定律的内在含义。但道尔顿的原子论还存在着两个重要缺陷：一是把组成化合物的最小粒子称为"复杂原子"，而否定以至废弃"分子"的概念；二是认为原子是不可再分割的。1811年意大利化学家阿伏加德罗（A. Avogadro，1776—1856年）提出了分子学说。他的学说有三个要点：第一，无论是化合物还是单质，在被分割时，必有一个最小并且保持该物质特性的单位，这个单位就是分子；第二，单质的分子可以由多个原子组成；第三，处于同样温度和压力下的气体，无论是单质还是化合物，相同的体积中必有相同数目的分子。阿伏加德罗分子学说的确定，使道尔顿原子论发展成为完整、全面的原子–分子论。

原子–分子论是近代化学发展史上首次重大的辩证综合，它揭示了物质结构存在的原子、分子这样的层次，近代物质结构理论由此取得了重大突破。

（4）有机化学的建立

与无机化学相比，近代化学体系的另一个分支——有机化学，其研究起步较晚，直到19世纪初期，许多化学家还受"活力论"的束缚，认为有机物是某种神秘的"生命力"的产物。1824年，德国青年化学家维勒（F. Wohler，1800—1896年），用氰和氨水合成了有机物尿素，这是有机化学发展史上的重要里程碑。在此之前，生物学界和化学界一直流行着有机物具有一种神秘的活力的论调，认为有机物只能来源于有生命的动物、植物。尿素的人工合成给神秘的活力论以致命的打击。尿素的人工合成不仅打破了活力论的统治，也打破了有机物和无机物的界限，证明了无机界和有机界的统一，无机化学的已知规律开始向有机物领域渗透。19世纪中叶，随着原子–分子学说的形成和有机合成实验研究工作的展开，化学家们探索有机分子结构理论进入了新的阶段。德国的凯库勒（F. A. Kekule，1829—1896年）把原子化合价的概念引入有机化合物的研究中，1867—1869年间，凯库勒发表了原子立体排列的思想，开创了立体化学构型的先河。煤焦油工业的发展还帮助凯库勒做出了另一项发现——苯的环状结构学说。从此，有机化学成为一门在理论和实践上有着重要作用的化学学科。

（5）元素周期律的发现

随着化学实验的发展，新元素不断被发现，对各种元素性质的比较和分类逐渐成为一个重要课题。到1869年，已发现化学元素63种。在此基础上俄国化学家门捷列夫（D. I. Mendeleev，1834—1907年）和德国化学家迈尔（J. L. Meyet，1830—1895年）于1869年各自独立提出了化学元素周期律。门捷列夫还大胆地预言了十几种未知元素的存在及它们的性质，这些预言多数为后来的实验所证实。元素周期律的发现表明，自然界的元素不是孤立的偶然堆积，而是有机联系的统一体。元素周期律的发现，拉开了无机化学系统化的序幕，为现代化学系统发展奠定了重要的理论基础。

4. 生物学

（1）细胞学说的建立

德国植物学家施莱登（M. J. Schleiden，1804—1881年）和动物学家施旺（T. A. H. Schwann，1810—1882年）于1838年和1839年先后创立了细胞学说。其中心内容是：一切动物、植物都是由细胞构成的，细胞是生命的基本单元。这一学说标志着细胞学这门学科的兴起，也促进了生物学各学科较快的发展。

（2）血液循环的发现

血液循环学说是由三名伟大的科学家先后建立起来的。1543年，比利时医生维萨里（A. Vesaliua，1514—1564年）出版了《人体构造》，该书指出人的心脏有四个房室，为血液循环学说奠定了科学基础。

西班牙医生塞尔维特（M. Servetus，1511—1553年）首先发现了人体血液的肺循环。塞尔维特是在与伪科学斗争中献出生命的伟大科学家之一，被宗教裁判所处以火刑。英国生理学家哈维（W. Harvey，1578—1657年）于1628年发表了论文《论心脏与血液的运动》，用无可辩驳的实验事实，揭示了人体的大循环（即体循环）。血液循环学说给宗教神学有关人体的荒谬说教以致命的打击，成为生物学和生理学发展的里程碑。

（3）生物分类学的形成

生物分类学的代表人物是瑞典生物学家林奈（C. V. Linne，1707—1778年），他提出了著名的植物24纲。1735年，林奈出版了他的名著《自然系统》。该书系统地说明了生物分类的原则和见解，建立了一套比较完整的分类体系，把当时已知的1.8万种植物分为纲、目、科、属、种。林奈提出的分类体系和原则，结束了分类学中的混乱状态，使分类学发展到新的阶段。

（4）达尔文的进化论

英国著名博物学家、生物学家、进化论者达尔文（C. R. Darwin，1809—1882年）于1859年出版了震惊世界的名著《物种起源》，建立了科学进化理论。后来他又发表了《动物和植物在家养下的变异》《人类起源及性的选择》等著作，进一步充实了进化论的内容。达尔文的进化论给唯心主义在物种起源方面的神创论和目的论以沉重的打击，也给了关于物种不变的形而上学自然观以沉重打击。

5. 地质学

（1）"水成论"与"火成论"

18世纪末，德国矿物学家维尔纳（A. G. Werner，1750—1817年）主张"水成论"。他指出，地球表面最初是一片汪洋，所有岩层都是在海水中经沉淀、结晶而形成，后来由于全球水位突然下降，才使岩层露出水面，形成高山和陆地。苏格兰地质学家赫顿（J.

Hutton，1726—1797年）则极力主张火成说。他认为地心是熔融的岩石，当能量达到一定程度时，熔融的岩石就会冲破地壳喷发出来，固化为新岩层。

（2）"灾变论"与"渐变论"

灾变论的主要代表是法国地质学家居维叶（G. Cuvier，1769—1832年），他把地质变化的形式看成是突发的灾变。因为地质考察发现，不同的地层中，有各种不同的化石，并且地层越深，其动植物化石的构造越简单，和现在的动植物形态差别也越大，有的种属已灭绝。据此，居维叶指出，由于发生过多次洪水灾变，才出现了不同的地层。他认为这种洪水的进退是大规模的激变，每一次洪水都把地球上的生物扫荡净尽，造成化石，而最后一次洪水即是《圣经》上所说的"摩西洪水"，它退却后才出现了现今这种地层的基本轮廓。居维叶的灾变论，由于把神学引进地质学中，得到宗教的支持而盛行一时。渐变论主张者英国著名地质学家赖尔（C. Lyell，1797—1875年），经过长期的地质勘查和对前人学说的研究，指出，地质的变迁，不必用什么神奇的、超自然的力量来解释，现在不断发生着的自然作用，如风、雨、河流、海浪、潮汐、冰川、火山和地震等自然力，不断地侵蚀搬运以及沉积，就能改变地层表面的状况。从古至今，这种微弱的地质作用是均一的。因而过去的地质变化过程是缓慢的。赖尔还指出，如果把地球的年龄估计过短，就看不出这种缓慢的变化。赖尔的渐变论有力地驳斥了灾变论的观点，把地质学引向了进化、科学的道路。

三、现代科学技术的发展

20世纪初，物理学领域量子理论和相对论的创立，标志着现代科学技术的诞生。物理学革命带动了自然科学其他领域的发展，使其他学科的研究也跃上了新台阶。以现代自然科学理论为基础，从20世纪中叶以来，陆续诞生了一批高新技术。人类社会继工业革命和电力革命后，进入了第三次技术革命时代。

（一）科学技术革命

1. 物理学革命

量子理论和相对论的创立和发展，突破了经典物理学的框架，使人类对物质世界的认识迈进了一大步。

（1）量子理论的创立与发展

从1895年开始，德国物理学家普朗克（M. Planck，1858—1947年）开始研究黑体辐射问题。黑体是一种能吸收全部外来辐射而毫无反射和透射的理想物体，自然界中不存在真正的黑体，但可以利用实验装置进行模拟。通过实验，普朗克发现黑体辐射谱中的能量分布与经典理论形成尖锐的矛盾。经过几年的研究，普朗克抛弃了经典物理学中的连续性原则，假定物体的辐射能不是连续变化的，而是以一定的整数倍跳跃式变化。普朗克将最小的不可再分的能量单元称作"能量子"或"量子"。1900年，他将这一假说报告了德国物理学会，宣告了量子论的诞生。此后，爱因斯坦（A. Einstein，1879—1955年）于1905年提出光量子概念，认为光的能量也不是连续分布的，而是由一些能量子（即光量子）所组成。1912年，玻尔（N. Bohr，1885—1962年）提出量子化的原子结构理论。此后，德布罗意（L. de Broglie，1892—1986年）等人发展了量子理论，建立了量子力学。

（2）相对论的创立与发展

19世纪末，尽管麦克斯韦电磁场理论已日趋完善，但在物理学家的思想、方法中，占统治地位的仍是力学的机械观，大多数物理学家仍在力学的框架内讨论电磁场问题。他们认为，电磁波或光应当与一切机械波一样，在媒质中传播，这种媒质称为以太，并且认为以太是宇宙中唯一静止不动的物质。但是，在寻找以太及确定地球和以太间的相对运动的研究中，物理学家寻找不到地球与所谓以太存在相对运动的证据，以太理论遇到了危机。

1905年，爱因斯坦创立了一个全新的力学体系——狭义相对论。在这个新的体系中，以太的假设是多余的，从而成功地解决了以太危机。狭义相对论给出了全新的时空观念，是对经典时空观念的一场深刻变革。在经典物理学中，时间和空间彼此孤立，互不联系，并且存在所谓绝对时间和绝对空间。牛顿指出：绝对的空间，就其本性而言，是与外界任何事物无关而永远相同的和不动的，绝对的、真正的和数学的时间自身在流逝着，而且由于其本性在均匀地、与任何其他外界事物无关地流逝着，可以名之为"延续性"。爱因斯坦相对论的诞生，宣告了绝对时空观的破产。爱因斯坦认为：时间和空间都是相对的概念，不存在所谓绝对时间和绝对空间；时间与空间不是彼此孤立的，而是相互联系的，时间尺度的变化必然引起空间尺度的变化。数学家闵科夫斯基（H. Minkowski，1864—1909年）形象地用"四维"概念表达了新的时空含义。

1916年，爱因斯坦又创立了广义相对论。广义相对论认为，时间、空间、物质不仅与运动有关，而且与物质的质量、分布密切相关，物质分布决定了宇宙的时空特性。例如，物质分布不均必将引起空间弯曲，质量越大、分布越密，空间弯曲就越厉害，时间流逝也就越慢。

量子理论与相对论的诞生，革新了物理科学的基本概念框架。量子理论和相对论不仅成为现代物理学的基石，也为现代其他自然科学提供了全新的理念、理论和方法。

2. 分子工程学

20世纪的化学发展与人类的生产和生活息息相关。化学在人类的生活中起着越来越重要的作用。原子大门的打开，使人们逐步认识了原子内部的奥秘。20世纪以来，人们对物质的化学结构有了更深入的认识，建立起分子工程学这门新学科。人们通过理论计算，像设计房屋那样，根据需要设计新分子、新材料和新品种。目前，已有"高分子设计""药物设计"和"合金设计"等，展示出广阔的前景。

3. 分子生物学

现代科技已揭示了遗传物质DNA的结构和遗传密码，真正揭示了遗传的奥秘，取得了划时代的突破。一门崭新的学科——分子生物学已建成，其中基因工程已能生产人工胰岛素、干扰素和生长素等。

（二）科学技术走向新的视野

20世纪以来，人们的"视野"在微观和宏观两方面都扩大了10万倍以上。微观视野已能深入到10^{-15}米的基本粒子内部，宏观视野已能从直径10万光年拓宽到200亿光年的大宇宙。人类对自然界从基本粒子、原子、分子、细胞、生物个体到地壳、天体、宇宙，所有的各层次都有了比较深入的了解。分子生物学的出现，使物理科学和生命科学之间紧密结合。在技术领域中，随着电子技术的发展、电子计算机的发明，综合技术逐渐起主导作用。

1. 化学领域

有人认为现代化学键理论是继原子论和元素周期律之后化学领域的第三次飞跃。现代化学键理论的中心问题是各类化学键的本质是什么，即从微观粒子的本性及其量子力学规律出发，研究分子的电子运动与原子核间的相对振动。1916年，德国的柯塞尔（W. Kossel，1888—1956年）从元素原子外围电子得失的角度提出了离子键理论，解释了离子型化合物的形成。同年，美国的刘易斯（C. N. Lewis，1875—1946年）提出共价键理论，用共用电子对解释了非离子型化合物的形成，但不能解释在共价化合物中共用电子对为什么能静止在两个原子之间这一问题。

到20世纪30年代，价键理论和分子轨道理论几乎同时诞生了。按照价键理论，共用电子对并非静止在两个原子之间，而是这一对电子的轨道互相交叉重叠，从而为两个原子共同具有。按照分子轨道理论，当原子结合成分子之后，它们就丧失了独立存在时的个性，分子是一个整体，分子中的电子在一定的分子轨道上运行。现代化学价键理论使人们对各种物质分子结构的认识逐步深入，对无机化学、有机化学、生物化学和有机合成的发展都发挥了重要的指导作用。

2. 生物学领域

分子生物学的诞生是20世纪生物学最重大的事件。分子生物学是生物学与化学及物理学交叉的产物，新的物理学、化学研究手段和理论用于生物大分子和生命过程的研究，是分子生物学诞生的基础。1953年，DNA双螺旋模型的提出被认为是分子生物学诞生的标志。分子生物学的诞生和发展，使一些传统的生物学概念在生物大分子水平上得到阐明，且使过去长期得不到解决的问题在分子水平上得到解决。

3. 天文学领域

在大量的天文观测资料和现代物理学的基础上，产生了现代宇宙学。广义相对论问世以后，人们开始以新的科学观念来建立宇宙模型。1948年，俄裔美国物理学家伽莫夫（G. Gamov，1904—1968年）提出了宇宙大爆炸理论，认为宇宙起源于距今大约150亿年前的一次大爆炸。目前，"大爆炸模型"为学术界普遍接受，被认为是目前最好的一种宇宙学理论。

4. 地学领域

人们对整个地球的认识无论在深度上还是在广度上都提高到了一个新的水平。1915年，德国气象学家魏格纳（A. Wegner，1880—1930年）冲破了长期在地质学领域占统治地位的传统观念，提出了崭新的"大陆漂移说"，揭开了现代地学革命的序幕。1928年，英国地质学家霍姆斯（A. Holmes，1890—1965年）提出了"地幔对流学说"，认为由于地幔的缓慢对流牵动大陆的漂移。20世纪60年代初，美国的赫斯（H. Hess，1906—1969年）提出了"海底扩张学说"，他设想大洋中脊是热流上升而使海底裂开的地方，熔融岩浆从这里喷出，推开两边的岩石形成新的海底。1967年，在大陆漂移、地幔对流、海底扩张等学说及地质研究资料的基础上，形成了"板块构造理论"。"板块构造理论"认为，地球的岩石圈分为六大板块，板块之间的相对运动是全球地壳运动的基本原因。

此外，20世纪40年代初，系统科学兴起。系统科学并不是自然科学的某一分支，而是横断学科，它研究广泛存在于自然界的各类系统的一般规律。在对自然现象的认识上，系统科学更新了人们对有序与无序、稳定与不稳定、简单与复杂的理解，对科学方法的转换、科学观念的更新起了巨大的推动作用，因而对自然科学各学科有着重要的指导意义。

进入20世纪，科学对社会的推动作用极为显著，科学已成为对人类历史发展和现代国家兴衰起决定性作用的力量。

第二节 自然科学研究的方法

一些人认为古希腊科学家亚里士多德（图1-2-1）是自然科学的创始人，而伽利略（图1-2-2）则是将实验引入自然科学的首倡人。自然科学的理论和原理来自实验，后人学习和研究自然科学必然也离不开实验。实验是研究自然科学的基本方法。

图1-2-1 亚里士多德（Aristotélēs）

图1-2-2 伽利略·伽利莱（Galileo Galilei）

一、自然科学研究

自然科学研究是以人类科学实践和科学劳动为主要形式和核心内容，以探索自然现象的奥秘、认识自然并利用自然规律为目的的研究。人类自诞生开始就不断地进行着对自然的探索，由于科学技术对人类的发展产生着越来越深刻的影响，自然科学研究变得越来越重要，世界各国也都将大量的资金投向自然科学研究领域。

一般来说，自然科学研究包括三个层次：一是解释前人的智慧；二是完善前人的智慧；三是创造新的智慧。由此可见，自然科学研究有四大功能，即：

一是描述各种现象，回答"是什么？"的问题；

二是解释与说明现象产生的原因，回答"为什么？"的问题；

三是根据现有科学知识和理论，控制某现象的决定因素或条件，预测事物"将来会怎么样？"的问题；

四是发现新现象，创立新理论，回答一系列新的比原来更正确的"是什么？""为什么？"和"将来会怎么样？"等一系列问题。

二、自然科学研究的过程

自然科学研究的过程是一个不断提出问题和解决问题的过程，是探索迄今为止人类对该学科中还没有掌握的知识和规律，是对现今思维活动中所依据的学说和原理不断检验的思维活动。进行任何一项科学研究，首先必须提出科学问题；接着制订如何进行研究的计划；然后根据计划选择观察和实验的方式（方法）；再把由感官得到的结果，进行分析归纳，做出合理的解释。如果能通过创造性思维提出假设，经过实践检验就可以上升为理论。进一步提出新的问题，就能使人类对自然的认识提高一步，在高一级的基础上开始新的循环。虽然并不是所有的实验或试验都遵循相同的步骤和顺序，但其基本过程通常如下：

（一）提出问题

实验是从提出一个科学问题开始的。科学问题是指能够通过收集数据而回答的问题。例如，"纯水和盐水哪一个结冰更快？"就是一个科学问题，因为你可以通过实验收集信息并给予解答。

（二）提出假设

第二步是对你提出的问题给出一个假设。假设是对实验结果的预测。和所有的预测一样，假设是建立在观察和以往的知识经验基础上的。但与许多预测所不同的是，假设必须能够被检验。

（三）实验设计

接下来需要设计一个实验来检验你的假设。根据前人经验教训和自己对题目的研究分析，确定如何着手、计划分几个阶段实施、每个阶段要解决的问题，寻找关键或突破口，制订切实可行的技术路线。方案要留有余地，既要加强计划性，又要有一定的灵活性。

制订实验计划的基本程序，一般包括以下几步：

（1）确定实验目的

确定该项实验究竟要解决什么问题。只有明确所选课题的理论意义和实际意义，了解实验所具备的主客观条件，才能正确地确定实验目的。

（2）明确指导理论

在一般实验中也就是要明确实验原理。由此才能选择方法或途径等，并得到预期的结果。

（3）选定实验方法和步骤

拟出具体实验方法和步骤。在实施中发现问题，可以及时修改与调整。

（4）配备实验器材

配备所需的实验仪器和材料，是完成实验的物质保证。当仪器设备或材料发生困难时，可以根据实验原理选用适当的代用品。

（5）做好实验记录

实验数据和实验过程要详细记录。

（6）进行结果处理

对得到的实验结果，要考虑一个恰当的处理方法，如通过逻辑方法还是数学方法等，进行科学抽象，使实验结果经过创造性的科学思维转化为成果。

（四）分析数据

实验中得到的观察和测量结果称为数据。实验结束时要对数据进行分析，看看是否存在什么规律或趋势。如果能把数据整理成表格或者图表，常常能更清楚地看出它们的规律。

（五）得出结论

根据数据的分析结果，运用科学的思维方式得出合理可靠的结论。

三、实验结果的整理和总结

通过自然观察和实验观察得到的是感性认识，而人们要认识世界、改造世界就不能停留在感性认识上，必须深入地掌握客观事物的本质及其运动规律。科学认识的任务就是要在大量感性材料的基础上进行加工整理，通过人们的思维去把握客观世界的本质，也就是经过一系列的科学抽象活动，例如通过逻辑思维、直觉和灵感等方法，使感性的与经验的材料，上升为理性的认识。研究科学思维的规律，改进和完善科学工作者的思维方法，发挥科学工作者的创造和创新在当前具有重要的战略意义。

（一）逻辑思维

逻辑思维是科学抽象的重要途径之一。逻辑思维又称为理论思维或抽象思维。它是在感性认识的基础上，运用概念、判断、推理等思维形式对客观世界间接的、概括的反映过程。其结果是形成科学概念，做出判断，进行推理，进一步得出科学规律，形成科学理论体系。

（二）逻辑思维的基本方法

1. 比较与对比

当你想要寻找两件事物的相同和不同之处时，就需要用到比较与对比的技能。比较是指找出相似性，即共同特征。对比是指找出不同点。用这种方法来分析事物能帮助你发现一些平时容易忽略的细节。

比较是确定对象之间差异点和共同点的逻辑方法。比较有纵比和横比。纵比是历史的比较，即比较同一事物在不同时间内的具体形态。横比是不同的具体事物在同一标准下的比较。

科学研究中的比较，能够推进对事物的认识。冥王星的发现，可以说是比较与对比方法的胜利。1930年3月，美国著名天文学家汤博（C. W. Tombaugh，1906—1997年）把相隔几天拍摄的两张星空照片进行详细比较，发现照片上有一个光点的位置有了较明显的改变，进而确定了这个光点正是人们早就推论到，而又找寻了几十年的冥王星。

2. 分类

分类就是对已经发现的大量的研究对象进行分析和整理，或是根据其共同点将事物归合为较大的类，或是根据其差异点划分为较小的类，从而将事物区分为具有一定从属关系的系统。

在科学研究中，分类主要起着整理资料的作用，使繁杂的材料条理化、系统化。这样，就可以为进一步的研究提供条件。由于分类是按照研究对象的本质属性或重要特性，将它们分门别类、编组排队，因而，可以从中推测或找出研究对象的一般的、规律性的联系。在过去漫长的岁月中，医学上存在着一个极为困难的问题，即许多失血的病人，如果不及时输给血液，就很可能丧生，但若输血，又会经常发生血液混合后凝集起来阻塞血管的更糟糕后果。直到 19 世纪末 20 世纪初，奥地利病理学家兰斯坦纳（K. Landsteiner，1868—1943 年），通过分类发现人体血液有四种类型，人类才掌握了给病人输血的规律性——每个类型的血液都可以输给血型相同的人；而不同的血型之间，有些是不能相容的，有些是可以相容的；O 型血可以安全地输给其他血型的人，A 型血和 B 型血也可以安全地输给 AB 型血的人。兰斯坦纳由于此项研究成果而获得了诺贝尔医学与生理学奖。

3. 因果推断

如果一个事件能导致另一个事件发生，那么就说这两者之间存在因果关系。因果推断就是要判断两个事件之间是否存在因果关系。例如，当听到你家的狗在不停地"汪汪"叫时，你可能会推断有人正在你家门外。要做出这个推论，你需要把现象——狗叫声——以往的知识经验，即有陌生人接近时，狗往往会叫结合起来。只有这样，才能得出符合逻辑的结论。

4. 归纳

归纳是指根据局部信息来推断总体信息的技能。

在 16—19 世纪的 400 年中，自然科学研究中应用的逻辑方法基本上都是归纳方法。作为这个时期的自然科学最有代表性的成就——牛顿力学，即是运用归纳方法提出和建立的科学理论。牛顿的研究发现，在天上，地球和月球之间，太阳和地球、行星之间，是互相吸引的；在地上，地球与地面上的物体（如苹果）之间也是互相吸引的，这种引力与质量、距离有一定的关系。根据这些具体事例，牛顿得出了"任何两个物体之间都互相吸引"的结论。后来，经过多年的深入研究，他科学地论述了引力与质量、距离的关系，提出了万有引力定律。

要做出正确的归纳，从总体中选择的样本就必须足够大而且具有代表性。你在买葡萄时就可以试着使用归纳技能。先拿几颗葡萄来尝一尝，如果都很甜，就能归纳出所有的葡萄都是甜的——这时就可以放心地买上一大串了。

在科学研究中采用的归纳法，一般是不完全的归纳法，我们不可能把某类自然现象全部列举出来，也只能进行不完全归纳。如果根据我们已经把握的一部分事物，以偏概全，得出的结论往往不是完全可靠的。例如，在常温下，金、银、铜、铁、锡这些金属都具有固体的特征，于是就由此归纳出"一切金属都是固体"的一般结论，这种逻辑结论是不正确的，汞可不是固体。

5. 假说

假说既是一种科学方法，也是科学研究的成果。科学发展的一般过程是：观察或实验（经过科学思维）—提出假说（经过实验、观察的检验与修正）—形成科学理论，如此循环往复而不断深入。可以说，假说是科学发展的必由之路。

地球上的七大洲、四大洋是怎样形成的？人类一直在苦苦思索着这个问题。在长长的思索者行列里，德国物理学家魏格纳（A. L. Wegener，1880—1930 年）提出了他的真知灼见。魏格纳一次观察世界地图时，发现非洲西部的海岸线和南美洲的海岸线之间，居然如此地吻合，就像是一块月饼裂开的一样。这个具有丰富想象力的科学家产生了一个想法：各个大洲是由原来一整块的大陆经过断裂、分离而形成的。魏格纳分析了当时的地球物理学、地质学、古生物学、古气候学、大地测量学的材料，于1910年提出了大陆漂移假说。该假说认为：在远古时，大陆只是一整块土地，周围则是广阔的海洋。由于天体的引力和地球自转所产生的离心力，这块完整的古代大陆分崩离析了。漂浮于硅镁层之上的硅铝层地壳，在大海中漂移，形成了现在的陆海状况。这个假说，尽管被冷落了二十多年，但终于被承认是一种比较合理的科学假说。

6.数学方法

科学研究的对象是客观的具体事物，这些事物无不通过一定的形式与数量表现出来，任何事物的特殊本质也都具有一定量的关系。因而，作为研究现实世界中的空间形式和数量关系的数学，在科学研究中也就具有极其重要的地位和作用。无论是表述观察、实验的情况，还是形成简明精密的理论，以及进行确切的理论预见，都需要数学方法的帮助。再说，数学思维本身就是一种精巧的科学思维方法。

近代科学开始时，当时的一些军事家根据经验知道当炮筒与地面成45°夹角时，炮弹的射程最远，可这些人都不知道为什么是如此。伽利略通过数学计算竟推出了这一结果。

7.直觉和灵感

直觉，在一些场合又称为灵感，这是在任何高度脑力劳动中都会碰到的一种突然爆发的创造性想象活动，是另一类思维途径。直觉是人们一种突发性的对出现在人们面前的新事物或现象的极为敏锐的、准确的判断和对其内在本质的理解。灵感是一种有意识或下意识的思考，忽然间得到领悟。灵感与直觉的出现都带有突发性，这是它们的共同点，思维者本人一般说不清它们的来源，却给科学家和工程技术专家带来极大的创造性。

在科学研究中，由于直觉灵感而引起的科学发现是数不胜数的。据说，古希腊科学家阿基米德是在澡盆里顿悟如何在不损坏王冠的前提下而辨别其是否用纯黄金做的。与此同时，他还发现了物理学中的浮力定律，即著名的阿基米德定律。后人认为，是阿基米德的突如其来的灵感导致了这一定律的发现。

剑桥大学对在各种科学中有创造性的学者的工作和习惯做过一次调查，结果其中有70%的科学家从梦中得到过启示。难怪在梦中发现苯环结构的凯库勒说："先生们，让我们大家都学会做梦，这样也许我们会发现真理。"凯库勒的希望正成为今天受到重视的课题。

四、实验结果的表达

为了清楚地表达科学研究的结果，科学家们一般采用以下几种类型的图表。

（一）数据表

在实验准备中，除了收集好所需的材料外，还必须设计好记录实验结果的方式。创建一张数据表能帮助你有序地记录观察和测量结果。例如，为了解散步和跑步如何影响学生的心跳率，我们选取了三位学生进行测试。表1-2-1就记录了他们的结果。在这张数据表中，第一列是自变量（不同学生），第二列至第四列分别是实验1到实验3的因变量。

表1-2-1　活动类型对学生心跳率的影响

学生	活动类型		
	休息(次/分钟)	散步(次/分钟)	跑步(次/分钟)
甲	70	90	115
乙	72	80	100
丙	80	100	120
平均	74	90	112

（二）柱形图

柱形图用于显示一组不同项目的数据。例如，可以将表1-2-1记录的活动类型与心跳率的关系用柱形图更直观、更清楚地表示出来。我们以不同活动类型为横坐标，以心跳率为纵坐标，采用一些软件（如Excel，SPSS，Origin等）或手工绘制的方法来制作不同活动类型与学生心跳率之间关系的柱形图（图1-2-3）。

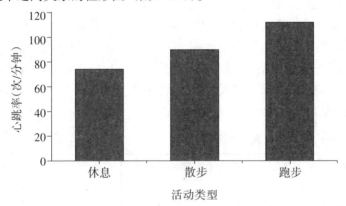

图1-2-3　学生在不同活动类型时的心跳率

（三）折线图

从数据表1-2-2中，你似乎可以发现，随着水体积的增加，水沸腾所需的时间也在增加。但如果借助折线图，水体积与水沸腾所需的时间就能更清晰地显示出来。

折线图可以用来显示某一变量（因变量）是如何随着另一变量（自变量）变化而变化的。在表1-2-2给出的水沸腾实验中，因变量是使水沸腾所需的时间，而自变量是水的体积。我们可以根据这组数据建立水体积与水沸腾所需的时间关系的折线图，以水沸腾所需的时间为横坐标，以水的体积为纵坐标，采用一些软件（如Excel，SPSS，Origin等）或手工绘制的方法来制作水的体积与水沸腾所需的时间关系的折线图（图1-2-4）。

表 1-2-2　水的体积与水沸腾所需时间

水的体积/mL	沸腾时间/min
500	7.8
1000	16.6
1500	26.0
2000	33.7

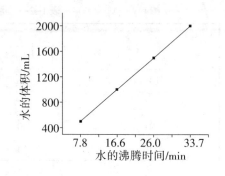

图 1-2-4　水的体积与水沸腾所需时间

（四）扇形图

像柱形图一样，扇形图也用来表示一组不同项目的数据。扇形图也被称为饼图，因为它看上去像一个分成若干小块的饼。圆圈代表了整体，而各个小块则代表不同的项目。每一块的大小能显示出这个项目在整体中所占的百分比。

例如，为明确青少年最喜欢的运动类型，我们向50名青少年调查他们最喜欢的运动类型，经过调查我们得到了这样一组数据（表1-2-3）。为了使结果更加清楚地展现给读者，我们将这次调查得到的数据表创建扇形图（图1-2-5），其制作方法是先分别计算出喜欢足球、篮球、骑自行车和游泳的人数占总人数的比例，再采用一些软件（如Excel，SPSS，Origin等）或手工绘制的方法来制作。

表 1-2-3　青少年最喜爱的运动类型

运动类型	人数（个）	占总人数的百分比
足球	18	36%
篮球	15	30%
骑自行车	7	14%
游泳	10	20%

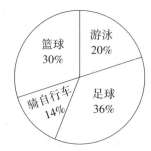

图 1-2-5　青少年最喜爱的运动类型

第三节　自然科学对社会的影响

一、自然科学与社会变革

自然科学作为社会大系统中的一个组成部分，始终和社会相互联系、相互作用。科学技术是最重要的生产力，科学技术的发展可以扩大生产力新的需求、促进新的产业群的出现和壮大，可以大大提高社会生产率，从而促进社会财富的增长，引起生产结构、经济结构和社会结构的深刻变化，同时也引发人们的生活方式、行为模式、思维方式、道德、法律和价值观念的巨大变化。

经历了几百万年的地球人，在历经了漫长的原始时代、农业时代、工业时代，终于出现了一个以知识的生产、传播和使用为基础的新时代——知识经济时代。

二、知识经济时代

20世纪末，世界经济正在悄然向以知识为基础的经济体系转移，一些未来学家基于对经济社会变革的观察分析，预见在不久的将来，人类社会将进入一个快速持续发展的知识经济时代。

在20世纪60年代，西方学者发现产业结构调整中出现了新产业，其成长十分迅速，美国经济学家马克卢普把它定名为"知识产业"。同时期，美国知识产业的产值已占国民生产总值的29%，学术界敏锐地预感到一个人类文明的新时代在悄悄来临。1996年，经济合作与发展组织首次将这种新型的"知识经济"明确定义为"以知识为基础的经济"。知识经济的特征如下：

1. 知识化

知识经济的发展主要依靠知识和智力。因此，掌握现代知识，并具有创造、创新和运用能力的人成为知识经济的决定因素，财富的再定义和利益的再分配取决于拥有的信息、知识的多少及智力和创造力的高低。站在这个时代最前列的、受人崇拜的不再是拥有百万家产的富翁，而是具有高知识水平和高素质的人才。如果说在原始时代人们主要依靠开发体力，在农业社会是开发土地，在工业社会是开发自然资源，那么在知识经济时代人们主要是依靠开发人的智力。

2. 信息化

信息技术产业是知识经济的主要产业。在工业社会里，人们谈论发电机、铁路、石油等，在知识经济社会中人们必须熟悉芯片、网络和计算机。目前，美国信息产业占国民经济的78%，预测到2020年，将超过90%（农业占2%，制造业占2%）。

3. 网络化

高速、互动、传递信息、共享知识的新一代计算机网络构成了知识经济的基础设施。互联网正在改变着人类的生活方式。

4. 全球化

知识是人类进步的宝贵财富，知识没有国界，进入知识经济时代，任何一个国家都不可能在所有高技术领域全面领先，必须互相补充、互相协作。

5. 虚拟化

经济活动的数字化和网络化的加强，使世界的空间变小，坐在家里通过网络可实现经商、购物、看病，世界成为"地球村"。但与此同时，又使得空间变大，因为除了物理空间外，多了媒体空间，通过信息处理，可以虚拟市场、模拟现实。

6. 无形化

知识经济是以无形资产投入为主的经济。知识经济中知识、智力、创新等无形资产的投入起决定作用。拥有更多知识的人获得高报酬的工作机会更多。

7.可持续化

知识经济是可持续发展的经济，知识经济的主要生产要求是知识、智力和人的创造力，可以重复使用。在使用过程中其价值不会减少，反而会不断增加，且较少消耗自然资源。只有这种可持续发展的经济才可能解决人类面临的环境、生态、自然资源等问题。

随着科学技术的发展，人与人、人与自然和谐相处的、更加文明的人类社会即将展现在我们面前。

三、自然科学与生态调节

科学技术的发展大大提高了人类改造自然的能力，但同时也出现了滥用科技所造成的环境污染、能源危机、资源短缺等全球性问题。科学技术的发展让人们认识到这个问题的严重后果，并自觉地利用科学技术控制人类活动，使之朝着不危害人类生存的方向进行。科学技术的这种生态调节功能，是在掌握自然规律、正确认识人类对自然过程干预不当所引起后果的基础上，有计划、有目的地调节和控制人类改造自然的活动，应用科学技术防止和消除有害后果，有效和合理地利用自然资源，维持生态平衡，创造一个适合人类生存和可持续发展的自然环境。

四、自然科学与社会思想文化

社会思想文化主要指哲学和宗教思想、伦理道德观念以及文化教育等。自然科学是一种特殊的理论体系和知识形态，它作为社会生产力，虽然不属于上层建筑，但是它产生和存在于社会之中，作为一种社会现象就必然和社会的上层建筑、意识形态等领域产生联系。它是重要的生产力，作为物质力量通过改变社会存在来改变社会形态，同时它还可以直接影响社会意识形态，推动哲学、艺术、文化、教育、宗教等方面的变革。例如，最初人们对自然界和人类自身千变万化的现象（如风雨雷电、生死祸福等）不能解释，就相信有鬼神等，产生了宗教迷信思想。自然科学的发展揭示了自然界的规律，使人们理解了人类自身及其周围的自然奥秘，使思想科学化，使人们的精神更趋理性化。

此外，当代科学的迅猛发展，特别是现代生物学和医学的发展，对伦理学、社会学、法律学等意识形态也有很大的影响。例如试管婴儿、器官移植、安乐死等事实把许多值得深思的社会、伦理等问题摆在人们的面前。传统的伦理道德受到了严峻的挑战，它必然影响社会意识形态的各个领域，并推动它们的变革。

同时，伦理道德观念也对科学技术有影响，首先表现在如果一个社会形成了尊重知识、热爱科学、追求真理的良好道德风尚，那么就能有力地推动科学技术进步；反之，如果是鄙薄科学技术、视之为"奇技淫巧"的社会风尚，那就不利于发展科学技术。其次，道德对科学技术的作用还表现在通过影响科技工作者的行为而实现。科学道德是用于调整科学家之间、科学家与社会之间关系的行为规范，它还能激励科学家克服困难、勇攀科学技术高峰，对科学技术的发展有很深的影响。科学技术的发展还有赖于文化教育事业的进步。教育具有传授文化和科技知识以及培养人才的职能，科学技术研究所需要的研究人才和管理人才，要依靠教育部门培养和提供，教育是推动科学技术发展的一个重要的社会因素。一个国家的教育质量、规模、发展速度和水平，反映着这个国家的科学技术水平，同时也直接影响着科学技术发展的进程。

五、自然科学与科学教育

科学，特别是现代科学的发展，需要有良好的科学教育作为基础。有了良好的科学教育，才有进步的现代科学。

传统的科学教育就是物理、化学、生物等自然科学学科教育的统称，它是相对于人文学科、社会学科而言的。在现阶段，我们把科学教育定义为：科学教育是一种通过现代科技知识及其社会价值的教学，让学生掌握科学概念，学会科学方法，培养科学态度，且懂得如何对现实中的科学与社会有关问题做出明智抉择，以培养科技专业人才、提高全民科学素养为目的的教育活动。

学生经过科学教育的训练，具备科学头脑和科学素养，才能适应多变的社会环境，创造绚丽多彩的未来。目前，备受社会关注的新课程改革正在如火如荼地进行，新课程标准中的科学教育与传统科学教育的一个重要区别是更为关注情感、态度与价值观的发展。传统科学教育的主要关注学生知识、技能、方法、能力方面的培养，很少关注他们情感、态度与价值观方面的发展；即使有，也主要是以培养学生的学习兴趣为主。而科学素养的最核心部分，就是一个人对待科学的情感、态度与价值观。要是一个人对科学没有兴趣，或者对科学、科学研究没有正确的价值观，其结果是他要么学不好科学，要么不能够用他所学的科学知识造福人类，甚至还会危害社会。因此，在对学生的科学素养培养中，应非常重视情感、态度与价值观的培养。

情感主要是指一个人的感情指向和情绪体验，也就是他对什么感兴趣，表现出好奇、兴奋、满意等情绪，对什么不感兴趣，表现出讨厌、不高兴等情绪。科学素养中的情感是指一个人对科学事物所表现出的感情指向和情绪体验，这是形成其科学态度的前提。

态度是一个人对待某一事物的倾向性，通常表现为积极或消极、热情或冷淡、好或坏。科学素养中的态度是指一个人对待科学事物的倾向性，是积极的还是消极的，是热情的还是冷淡的，是好的还是坏的。这又是他的科学价值观的外在表现。

科学价值观是一个人对待科学事物的最基本看法，包括基本信念和价值取向，它往往以科学精神为载体，决定着这个人的思维活动和外在表现。科学的最基本信念有：物质是第一性的，必须承认自然规律的客观性，尊重事实，尊重客观规律；自然界是在不断发展变化的，人类认识自然有其局限性，要知道科学真理的相对性；科学提倡民主、平等、自由、合作的精神，提倡人文精神、独立精神、探索精神、创新精神和献身精神；科学对人类具有两重性，要充分利用其对人类有利的一面，也要防止与克服它的负面作用。

在当今及未来的社会发展中，科学技术发展日新月异，知识更新的速度也日益加快。知识发展更新的过程，其实质就是一个创新的过程。因此，知识经济的核心是创新。今天，国内外不少新思维、新理论、新科学、新技术、新产品都是知识创新的结晶。当今世界各国、各民族、各地区之间在政治、军事、经济、综合国力等诸多方面的竞争，在本质上成为科技力量的竞争，成为国民创新能力的竞争。在21世纪，民族的繁荣兴衰越来越取决于其国民的自主创新能力，创新是一个民族进步的灵魂。

随着现代科学技术的发展，各类边缘学科和综合学科不断兴起，要求我们未来的科技人才必须具有较为宽厚的知识基础和较强的创新能力，这样才能够融会贯通，有所发现，有所发明，有所创新。加强教育的综合性、整体性，促进文理结合、理工结合，已成为当前教育改革的一项重要任务。担任基础教育教学任务的教师更需要广博的综合知识，否则难以培养出知识经济时代所需要的具有多种知识技能、全面的素养、广泛的活动能力的创造型人才。

【思考与练习】

1. 简述中国古代自然科学的主要成就。

2. 简述国外古代自然科学的主要成就。

3. 近代自然科学为什么产生在欧洲？

4. 太阳中心说的主要内容和意义是什么？

5. 哪几位学者对血液循环的发现做出了贡献？试述血液循环发现的意义。

6. 伽利略对自然科学有哪些贡献？

7. 近代自然科学的主要成就有哪些？

8. 什么是自然科学研究？其基本过程是什么？

9. 逻辑思维的基本方法有哪几种？请简要说明。

10. 试述自然科学对社会的作用。

【学习重点】
*物质的微观结构
*物质的组成
*重要元素的性质
*常见有机物的基本结构和性质

第二章　自然界的物质性

千姿百态、千变万化的自然界，有一个共同的本质，就是它的物质性。大到宇宙、地球，小到分子、原子，无不证明自然界的物质性，它们都具有一定的结构和特征。自然界的一切现象，都是运动着的物质的不同表现形态。

第一节　物质的微观结构

一、物质微观结构的探索

（一）物质微观组成的漫长探索

早在远古时代，人们在生活实践中就已经注意到，水受热化成汽，遇冷凝成冰；木材燃烧后化成炭。这些物质的变化使古代的哲学家推测到，物质是由少数的基本元素组成的。在古希腊，有人认为，水、火、泥土和空气是构成世间万物的基本元素。中国古代也有"五行说"，其认为世界是由金、木、水、火、土五种元素组成的。他们的共同想法都是由少数的基本元素构成了世界万物。

直到17世纪中叶，由于科学实验的兴起，积累了一些物质变化的定性和定量测定的资料后，才初步获得了关于原子的正确概念。率先在物质结构方面做出卓越贡献的是著名的英国化学家道尔顿（J. Dalton，1766—1844年），他把古代思辨的、模糊的原子假说发展为科学的原子理论，提出了著名的道尔顿原子论。道尔顿原子论认为：一切物质都是由极小的微粒——原子组成的，但原子并不都是一模一样的小球；不同的物质含有不同的原子，而且，不同的原子具有不同的性质、大小和不同的原子量。在这里，他首先创立了原子量的概念，提出不同原子具有不同原子量的观点。科学原子论的提出，是化学发展史上的一个重要里程碑。恩格斯曾高度评价这一成就，他说，化学的新时代开始于道尔顿的原子论，并称道尔顿为"近代化学之父"。直到19世纪末期，原子一直都被认为是构成物质的不可再分割的最小微粒，原子的大门一直在紧闭着，谁也不知道，原子的内部世界究竟是什么样子。

（二）原子世界大门的打开

到了 19 世纪末，物理学的研究有了突破性的进展，一系列新的实验发现和一些新理论的出现，重新激发了人们对原子假说的兴趣。1895 年伦琴发现了 X 射线，1896 年贝克勒尔发现了放射性，1897 年汤姆逊（J. J. Thomson，1856—1940 年）发现了电子，这些发现被人们称为 19 世纪末的三大发现。这些发现揭示了原子存在内部结构，从此人们开始真正步入了对原子微观世界的研究。

1. X 射线的发现

德国著名的物理学家伦琴（W. K. Rontgen，1845—1923 年）在当时真空技术和阴极射线研究的基础上，于 1895 年发现了 X 射线。

1895 年 11 月 8 日傍晚，他独自一人来到实验室做阴极射线管中气体放电的实验。为了防止漏光，他用黑纸将放电管包裹严实，并在一片漆黑的房间内做实验（图 2-1-1）。他突然发现放在不远处的一块荧光屏（涂有荧光材料亚铂氰化钡）发出了闪光，令他异常惊奇。他重复了实验，将荧光屏逐渐移远，甚至将屏翻转过来，荧光屏都能发出荧光。他发现这种现象是阴极射线管所发出的一种特殊射线引起的，与阴极射线不同，这种射线能穿透空气和硬纸板。于是，伦琴迅速展开了对这一射线的专门研究。他发现这一射线有极强的穿透力，能够穿过书本、木板，还能够透视人体。1895 年 12 月 28 日，伦琴正式发表了题为"一种新射线——初步报告"的论文，该文主要阐述了产生这种射线的方法和射线穿透各种物质的本领，并把这种不知名的射线称作 X 射线。文章发表后，立即引起了人们极大的兴趣。短短数月内，许多国家竞相开展对 X 射线的研究，并迅速地用于医疗诊断。1901 年，伦琴因发现了 X 射线，获得了首届诺贝尔物理学奖。

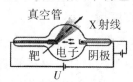

图 2-1-1　X 射线管示意图（引自张平柯等，2006）

但伦琴当时还无法确定这一新射线的本质，直到 1912 年，德国物理学家劳厄（M. Laue，1879—1960 年）才通过晶体衍射实验判定 X 射线是频率极高的电磁辐射，波长范围在 0.000 1～1 nm。

2. 放射性现象的发现

放射性是法国物理学家贝克勒尔（A. H. Becquerel，1852—1908 年）于 1896 年发现的。自伦琴发现 X 射线后，贝克勒尔深受启发，认为荧光和 X 射线可能出于同一机理。于是，他开始试验荧光物质在发光的同时会不会发出 X 射线。

他将荧光物质（一种铀盐）放在黑纸包裹的照相底片上，然后放在太阳光下曝晒，结果在底片上果然发现了与荧光物质形状相同的黑影。他将这一结果于 1896 年 2 月 24 日向法国科学院作了报告。一周后，他又宣布了一个惊人的发现。这也许是一个偶然的机遇，他本想继续再做一些实验，但天公不作美，连续两个阴天，他只好把铀盐和底片一起放在了抽屉里。细心的贝克勒尔想检查一下，底片是否会因黑纸漏光而感光。照片冲出来后，他吃惊地发现底片上有很深的感光黑影。这说明铀盐本身也会发出射线，它与荧光无关。1896年3月2日，他向法国科学院报告了他所发现的这种新的"看不见的射线"。放射性的发现，虽然具有某种偶然性，但与贝克勒尔丰富的实践经验和严谨的科学态度也是分不开的。

放射性的发现引起了波兰裔法国科学家玛丽·居里（M. S. Curie，1867—1934年）的极大兴趣。玛丽在巴黎大学借到了一间又冷又潮的储藏室作为实验室，用自己平时省下的钱，购买了一些简单的仪器，开始了研究工作。玛丽发现有放射性现象的不单是铀，还有钍和钍的化合物。玛丽将这种现象定名为"放射性"。

玛丽还发现沥青铀矿石的放射性比纯铀的放射性强得多。经过反复实验，她确信，这种矿物里一定有放射性更强的新元素。与此同时，玛丽的丈夫皮埃尔·居里（P. Curie，1859—1906年）决定放弃自己关于晶体的研究，同玛丽一起研究新元素。经过他们共同的努力，于1898年发现了新的元素，它比纯铀的放射性强四倍，玛丽为了纪念自己的祖国——波兰，他们给这种新元素取名为"钋"。接着他们又发现了一种放射性比纯铀强九百多倍的新元素镭。他们的研究成果，使放射性研究有了一个大的突破。1903年，居里夫妇与贝克勒尔共享了诺贝尔物理学奖。

放射性现象发现后不久，在科学家们的共同努力下，发现在各种放射性元素所放出的射线中包括了α、β、γ三种射线。α射线为带正电的氦原子核（称α粒子），β射线为带负电的电子流（称β粒子），γ射线为电中性的电磁辐射（称γ粒子）。这三种射线均可用它们在电场或磁场中的不同轨迹来区分（图2-1-2）。

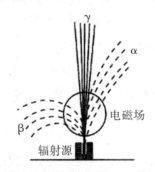

图2-1-2　三种射线在磁场发生不同的偏转（引自张平柯等，2006）

放射性现象的发现不仅进一步揭示了微观世界的奥秘，为原子物理学的建立奠定了基础，而且在现代各项科学技术领域中有着广泛的应用，可以造福于人类。

3.电子的发现

电子是人们在探索微观世界奥秘时最早发现的基本粒子，是由英国著名物理学家汤姆逊于1897年发现的。自1884年起，汤姆逊主持卡文迪许实验室的工作，并长达34年之久，在汤姆逊的卓越领导下，卡文迪许实验室成为全世界现代化物理研究的一个中心，并培养出了许多杰出人才，其中仅诺贝尔奖获得者就有威尔逊、布拉格、卢瑟福和查德威克等人。他本人由于发现电子，也于1906年荣获诺贝尔物理学奖。

电子的发现和阴极射线的研究是密切相关的。1858年，德国物理学家普吕克（J. Plucker，1801—1868年）利用盖斯勒管研究气体放电时发现在管中除了气体在发光外，正对着阴极（负极）的玻璃壁也在隐隐地发出黄绿色的荧光。为什么会这样？当时他没有搞清楚，但他意识到这是从阴极发出的某种射线轰击玻璃所致。1876年，德国物理学家哥尔德斯坦（E. Goldstein，1850—1930年）用各种材料做成各种形状、大小不同的阴极进行实验，证实这种射线是从阴极表面垂直发出的，而且射线的性质与材料无关，他把这种射线命名为阴极射线。阴极射线究竟是什么呢？1879年，英国物理学家克鲁克斯（W. Crookes，1832—1919年）制成了一个高真空的放电管——克鲁克斯管。他用这种真空管做了一系列实验，发现了磁铁靠近真空管时射线会发生偏转的事实，他认为阴极射线是带负电的粒子流。

汤姆逊设计了新的阴极射线管，测得了这种粒子所带电荷与它的质量之比，即荷质比（e/m）为 10^{11} C/kg。他用各种气体充入放电管并以各种金属材料作为阴极反复实验，所得的 e/m 大致相同，这就证明了在各种条件下得到的都是同样的带电粒子。氢离子的荷质比在当时已是众所周知的，汤姆逊测得的阴极射线的荷质比，要比氢离子的荷质比大一千多倍。汤姆逊认为带负电的阴极射线微粒的质量小于氢离子的质量，大约是后者的 1/1840。这就意味着一种比原子还小的带电粒子被发现了，这一粒子后来被称为电子。

1897年以后，许多科学家对电子电量进行了较为精确的测量，其中美国物理学家密立根（R. A. Millikan，1868—1953年）的工作最为出色。1906年，他第一次测到电子电量为 $e=1.34\times10^{-19}$ C，经过不断改进，到1913年他最后测得电子电量为 $e=1.59\times10^{-19}$ C。近代精确的电子电量为 $e=1.602\ 177\ 33$（49）$\times10^{-19}$ C。

电子的发现揭示出原子是有内部结构的，打破了原子是组成物质的最小单元的传统观念。汤姆逊被称为是"最先打开通向粒子物理学大门的伟人"。

（三）原子的结构模型探索

电子的发现揭示出原子是有内部结构的，既然原子可分，那么它就存在着内部结构的问题，电子是怎样"安置"在原子里面的呢？在20世纪初，人们对原子结构的探讨是利用假说模型形式进行的。

1. 汤姆逊的葡萄干蛋糕模型

1903年，也就是电子发现6年以后，汤姆逊第一个提出了原子结构的理论——葡萄干蛋糕模型。他指出：原子是一个均匀的带正电的球，在这个球里面，飘浮着许多电子。这许多电子带的负电，正好和这个球所带的正电相等，所以整个原子是中性的。如果失掉了几个电子，这个原子的正电荷就过多了，形成阳离子；如果多几个电子的话，这个原子的负电荷就过多了，形成阴离子。在汤姆逊提出的这种原子模型中，电子镶嵌在正电荷液体中，就像葡萄干点缀在一块蛋糕里一样，所以被人们称为"葡萄干蛋糕模型"。

汤姆逊的模型不仅能解释原子为什么呈电中性，电子在原子里是怎样分布的，还估计出原子的大小约为一亿分之一厘米。并且，汤姆逊还得出一个结论：原子中电子的数目等于门捷列夫元素周期表中的原子序数。因此，在一段时间里，汤姆逊的原子模型得到了广泛的承认。然而葡萄干蛋糕模型存在理论上的困难，如对多电子原子要找到它们的平衡位置是极不容易的。因而，在十多年后，汤姆逊的模型终于被卢瑟福的原子有核模型所代替。

2. 卢瑟福的原子有核模型

1895年，英籍的新西兰物理学家卢瑟福来到英国成了汤姆逊的一名研究生。1909年，卢瑟福与年轻的德国物理学家盖革（H. Geiger）和马斯登（E. Marsden）合作进行了著名的α粒子散射实验。他们用α粒子去轰击很薄的金箔做的靶子，并通过荧光屏记数来观测穿过金箔的α粒子被金原子散射的情况。实验表明，绝大多数α粒子直接穿过了金箔，但约有1/8000的α粒子偏转90°，甚至有少数被弹回来（约占总数的1/20000）（见图2-1-3）。

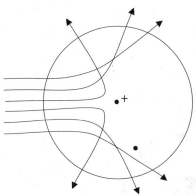

图2-1-3　α粒子散射实验示意图（引自张平柯等，2006）

经过大量反复的实验和严谨的理论推导，卢瑟福于1911年提出了原子的"有核结构模型"（见图2-1-4）。原子有核结构模型认为：原子内部并非是均匀的，它的大部分空间是空虚的，它的中心有一个体积很小、质量较大、带正电的核，原子的全部正电荷都集中在这个核上，带负电的电子则以某种方式分布于核外的空间中。有核模型很好地解释了α粒子的散射现象。由于原子核很小，与原子相比，就好像一颗芝麻放在一幢大厦的中心一样。然而，它却占有了原子的几乎全部的质量（原子质量的99%以上），所以，这样的一个核心堡垒将有足够的力量抵抗"入侵"的α粒子，并把那些敢于直接进攻核心的"入侵者"——α粒子弹回去。按照卢瑟福的原子模型，只要α粒子是正对着原子核撞过去的，它们就有可能被原路弹回。

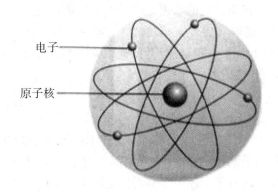

电子

原子核

图2-1-4　卢瑟福的原子有核结构模型

从汤姆逊模型发展到卢瑟福模型，标志着人类对原子结构的认识又迈出了一大步，但是这种简单的类似太阳系原子模型仍然面临着一系列事实的挑战——原子的稳定性问题。

3. 玻尔的原子结构模型

卢瑟福的原子有核模型，其主要困难是不能解释原子的稳定性和同一性。按照经典电动力学，电子绕核运动要发射电磁波释放能量。这样，电子绕原子核运动的轨道会越来越小，最终碰在原子核上（见图2-1-5）。这样一来，原子就被破坏了。实际上，原子很稳定，有一定大小，并没有发生这种电子同原子核碰撞的情况。这又该如何解释呢？另外，大量的事实表明，同种物质的所有原子是相同的，但是，卢瑟福把原子模型看成经典的行星模型，按照经典的行星模型，太阳系的形成是由当初宇宙形成时的初始条件决定的，不同的初始条件会有不同的结果，也就是说，不可能有两个完全相同的原子。但是原子的稳定性和同一性是不可否认的事实。

卢瑟福的学生玻尔（N. H. D. Bohr，1885—1962年）把原子有核结构的思想与能量子假说结合起来，对卢瑟福的模型加以修正，于1913年提出了原子结构能级模型（见图2-1-6），迈出了革命性的一步。

图2-1-5　电子轨道半径不断缩小

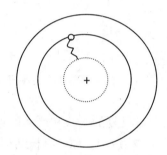

图2-1-6　玻尔的能级模型

玻尔的能级模型假设是在卢瑟福原子有核模型基础上提出的，其主要内容是：第一，原子内部的电子在绕原子核旋转时，只能在一些特定的轨道上运行，不能在其他轨道上运行；并且电子在这些轨道上做加速运动时，既不吸收能量也不辐射能量。所以电子不会掉到原子核上去。一个轨道对应一个能量值，所以电子在原子内不能具有任意能量，只能具有特定能量。原子的能量是不连续的，这些分立的能量称为"能级"。并且在离核较近的轨道上电子的能量较低，在离核远的轨道上电子的能量则较高。第二，当电子从较高能级（能量为E_1）跃迁到较低能级（能量为E_2）时，它将会放出一个能量为$h\nu$的光子；反之，电子若吸收一能量为$h\nu$的光子，将从能级E_2跃迁到能级E_1，且其光辐射的能量（$h\nu$）恰好等于这两能级的差值。即

$$h\nu = (E_1 - E_2)$$

其中h为普朗克常数，ν为光子的频率。

玻尔的假设保留了卢瑟福模型的合理部分，挽救了卢瑟福模型。按照玻尔的上述假设，可以很自然地解释原子的稳定性这一客观事实。但此模型还没有完全摆脱经典物理学概念的束缚，把微观粒子（电子，原子等）看作是经典力学的质点，即与宏观世界的实物粒子等同看待。实际上根据量子力学理论，就电子运动的基本特征来讲，电子同其他微观

粒子一样，具有波粒二象性，微观粒子的运动轨道我们不可能确切地知道，只能知道它们在核外某区域出现的可能性（即概率），按照这种描述方式，电子像"云"一样地存在于核外空间中形成"电子云"，根本没有运行轨道的概念。

（四）原子核的结构

原子是由原子核和电子所组成，那么原子核又是由什么组成的呢？

1. 质子的发现

1919年，卢瑟福首先做了α粒子轰击氮原子核的实验，实验装置如图2-1-7，容器 C 里有放射性物质 A，从 A 射出的α粒子射到铝箔 F 上，在 F 后面放一荧光屏 S，用显微镜 M 观察荧光屏上是否出现闪光。适当选取铝箔的厚度，将容器 C 抽成真空后，α粒子恰好被 F 吸收而不能透过，于是在显微镜 M 中看不到荧光屏上的闪光。然后通过阀门 T 往容器 C 里通入某种气体，观察α粒子能不能从气体的原子核中打出什么粒子。卢瑟福用不同的气体做这个实验。当容器 C 中通入氮气后，卢瑟福从荧光屏 S 上观察到了闪光，他断定这闪光一定是α粒子击中氮核后从核中飞出的新粒子透过铝箔打到荧光屏上引起的。卢瑟福把这种粒子引进电场和磁场中，根据它在电场和磁场中的偏转，测出了它的质量和电量，最终确定它就是氢原子核。

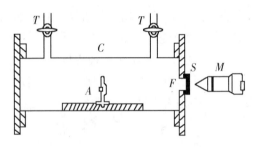

图2-1-7　卢瑟福轰击氮原子核的仪器装置(引自张平柯等,2006)

后来，他们又做了大量类似的实验。结果发现，用α粒子轰击氟、镁、硅、硫、氯、氩和钾，都会打出高速的氢原子核来。在各种元素的原子核里面，都打出了氢原子核。这说明氢原子核是各种元素的原子核的重要组成部分。卢瑟福给氢原子核起了一个专门名字——质子，用 ^1_1H 或 p 表示。

α粒子轰击氮原子核使人类首次实现了将一种元素转变成另一种元素的梦想，这一反应的方程为：

$$\alpha + {}^{14}_{7}\text{N} \rightarrow {}^{16}_{6}\text{O} + {}^{1}_{1}\text{H}$$

这是第一次实现的人工核反应。卢瑟福成了质子的发现者。

2. 中子的发现

1930年，居里夫人的女婿和女儿约里奥·居里夫妇（J. F. Joliot Curie）用高速α粒子轰击Be核，发现了一种新的中性射线，这种中性射线的穿透能力强，他们把这种新射线解释为能量高的重光子。与此同时，卢瑟福的学生英国物理学家查德威克（J. Chadwick，1891—1974年）证实了铍核还放射一种类似γ射线的射线，但贯穿力更强。查德威克认为这是由一种新的中性微粒组成的射线，他称这种新的不带电中性微粒为中子，从而发现了中子。查德威克因发现中子而荣获了1935年诺贝尔物理学奖。约里奥·居里后来谈到，如果他们领会了卢瑟福1920年在法国的一次演讲内容，就不会坐失良机，因为卢瑟福正好在那次演讲中谈到关于中子存在的猜想。

质子和中子的发现表明，原子核也有组成和结构，从而使人类对物质结构的认识深入到了核子阶段，人们确认原子核由质子和中子组成的。质子和中子除了所带电荷不同外，其他各方面都很相像，因此，物理学家把它们统称为核子。

原子核是由中子和质子组成的，它们之间必须有某种力的作用才可能结合在一起。这种力不是我们已知的万有引力和电磁力。万有引力在原子核内可以完全忽略，而电磁力对核内的质子只能起排斥作用。因此，在核子之间必然有一种新的、很强的吸引力存在，才能克服质子之间的静电斥力，使中子和质子紧密地结合在一起，形成密度高达 $10^{17}\ kg/m^3$ 的原子核。这种新的强相互作用就是核力。

（五）基本粒子和夸克模型

1932年，中子被发现后，人们认为质子、中子和电子是物质结构的基本单元，把这些粒子，再加上光子，看作"基本粒子"。后来又在宇宙射线中发现了正电子、μ子、π介子和一些奇异粒子。20世纪40年代中期之后，打碎粒子的有力工具——粒子加速器陆续发明和建成。物理学家们从此能在实验室里用人工方法实现各种各样粒子的反应过程，发现新的粒子。从1953年发现反中微子起，又陆续发现了一大批新粒子。到1961年，粒子表里就有了一百多种粒子。粒子数目的增加在某种程度上类似于19世纪化学元素数目的增加。这样众多粒子的存在引出了一些问题：它们在粒子的各种相互作用中起什么作用？它们彼此之间是如何联系的？它们是否由某些更基本的粒子组成？下面将探讨这些问题。

1. 基本粒子

（1）基本粒子之间的相互作用

基本粒子间的一切转化过程都是通过一定的相互作用来实现的，就目前所知，引起基本粒子反应的主要有电磁相互作用、强相互作用和弱相互作用。由于引力相互作用非常弱，在基本粒子作用过程中影响很小，所以往往将它忽略不计。这四种相互作用的相对强度、作用力程和特征时间等性质差别很大，其传递力的粒子也迥然不同（见表2-1-1）。

表2-1-1　四种相互作用的比较（引自张平柯等，2006）

名称	强相互作用	电磁相互作用	弱相互作用	引力作用
相对强度	1	10^{-2}	10^{-12}	10^{-39}
作用力程/m	10^{-15}	∞	$<10^{-17}$	∞
特征时间/s	10^{-23}	$10^{-20} \sim 10^{-16}$	$>10^{-10}$	
被作用粒子	强子	强子、轻子	强子、轻子	一切物体
传递力的粒子	胶子	光子	中间玻色子	引力子
举例	核力	原子结合	β衰变	天体之间

各种相互作用由于强弱不同，所以在引起基本粒子反应的速度上有明显的差别。各种相互作用都有自己的特征时间，由强相互作用引起的基本粒子反应约在 10^{-23} s量级，由电磁

相互作用引起的反应一般都在 $10^{-20} \sim 10^{-16}$ s，由弱相互作用引起的反应一般都大于 10^{-10} s。特征时间长，表示作用弱，不易起变化；特征时间短，表示作用强，易起变化。由于不同相互作用存在不同特征时间，所以对某种过程反应时间的确定，可帮助我们了解这一过程是由什么相互作用引起的。

各种相互作用的作用力程也有很大不同。电磁力与引力都与距离的平方成反比，随着距离的增加，它们的减弱是较慢的，因此称为长程力。遥远的天体间的相互作用受引力的支配，就说明了这一点。强相互作用与弱相互作用都是短程力。强相互作用的力程约为 10^{-15} m 量级，而弱相互作用的力程更短，应小于 10^{-17} m。

（2）基本粒子的分类

不同的粒子参与不同的相互作用，按照它们的主要相互作用，可以将基本粒子分为三类。

第一类是传递力的粒子。按照量子力学的基本原理，力具有双重性，它既可以通过一列波来传递，也可以通过一个粒子来传递。最明显的例子是电磁力，在有些情况下，它能处理为由电磁波（如无线电波或光波）来传递，而在另外一些情况下，它又可以处理为由粒子（光子）来传递。日本物理学家汤川秀树（1907—1981年）把核力和电磁力类比，认为正像电磁力是通过光子来传递的，核力也是通过一种重粒子（即介子）来传递的。这一理论已为实验所证实，汤川秀树也因此于1949年获得诺贝尔奖。核子与π介子之间的强相互作用，实质上是夸克之间的强相互作用，传递强相互作用的粒子是胶子，但得到这个结论的证据是间接的。弱电理论曾经预言，弱力也是通过三个基本粒子 W^+、W^- 和 Z^0 来传递的，它们的质量极大，均为核子质量的90～100倍。由于它们的质量很大，根据不确定关系，这些粒子的寿命极短，结果在它们消失以前所能通过的距离仅约为 10^{-18} m。这就解释了弱力的极其短程性。

第二类是轻子。在原子核发生β衰变时产生的电子和电子型反中微子都是轻子。后来发现π介子和K介子衰变时也会产生中微子，即

$$\pi^+ \rightarrow \mu^+ + \nu_\mu$$
$$K^+ \rightarrow \mu^+ + \nu_\mu$$

这种中微子是和μ子一起产生的，称为μ中微子，用 ν_μ 表示。后来又发现与τ子相联系的τ中微子，记为 ν_τ。电子、μ子、τ子及相应的中微子都是轻子。轻子具有下面两个性质：轻子只参与弱相互作用和电磁相互作用，不受强力影响，其中中微子只参与弱相互作用；轻子必定以粒子–反粒子对的形式产生或湮灭，总的轻子数（轻子的数目减去反轻子的数目）在我们所知道的一切过程中保持不变。

已知的轻子有六种，它们成对出现，每一对包括一个荷电轻子和一个中性轻子。这个中性轻子就称为中微子。每一对称为一代，而且每一代中的中微子质量都比相应的荷电轻子的质量小得多。只有成对的轻子之间才发生相互作用。例如，在表2-1-2中，电子和电子中微子彼此间有相互作用，但与μ子、μ中微子、τ子及τ中微子之间都不发生相互作用。

表2-1-2　六种已知的轻子成对地排列(引自张平柯等,2006)

代	粒子	电荷	质量/(MeV/C^2)
1	电子(e)	-1	0.51
1	电子中微子(υ_e)	0	$<5\times10^{-5}$
2	μ子	-1	106
2	μ中微子(υ_μ)	0	<0.5
3	τ子(τ)	-1	1784
3	τ中微子(υ_τ)	0	<160

　　轻子是类点的、无结构的粒子。我们最熟悉的轻子是电子,它是一种极轻的粒子(约是一个核子质量的1/1800),带1个单位负电荷。μ轻子是于1937年被安德森发现的,其质量为电子质量的207倍。μ轻子被原子核俘获后,绕核运动,其轨道半径只有电子相应轨道半径的1/207。τ轻子是于1975年被发现的,其质量约为电子质量的3500倍,差不多是核子质量的2倍,这种"重电子"和"超重电子"的真实存在,对物理学家来说目前还是一个谜。

　　与这三个带电轻子相伴的中微子分别为电子型中微子、μ子型中微子和τ子型中微子。从电性上来说,中微子都是中性的,因此,它们不参与电磁相互作用。一般假定它们的静质量为零,因此按照相对论,它们必定是以光速运动,不过它们的质量是当前争论的问题之一。人们认为,如果电子型中微子确实有质量的话,应该也是微乎其微的。然而,可能存在的这么一点质量,在宇宙学上有重大意义,因为在宇宙中有如此多的中微子,它们是大爆炸遗留下来的,它们加在一起的质量可以产生的引力效应,大到足以使宇宙目前向外的膨胀减慢,甚至停止下来。

　　一般来说,在β衰变的放射过程中都会产生中微子和反中微子。此时原子核内的一个中子放射一个电子和一个反中微子,变成一个质子。类似地,核内的一个质子可以通过β衰变,放射出一个正电子和一个中微子,变成一个中子。可见,中微子和反中微子在原子核物理学中扮演了一个极为重要的角色。不过遗憾的是,对它们的探测极其困难,因为它们是电中性的,还具有惊人的穿透物质的能力,在固体物质中通过极大的距离仍未被吸收掉。然而,利用巨型探测器以及极大的耐心,观测到少量的中微子和反中微子还是可能的。

　　第三类是强子。一切参与强相互作用的粒子统称强子,它们之间的主要作用是强相互作用,例如强子之间的高能反应、重子的产生过程都属于强相互作用。强子分为两类:重子和介子。重子除了包括以前讨论过的两种核子(质子和中子)外,还有几种质量超过核子的重子,这些重子又称超子。超子的平均寿命都很短,属于易衰变的粒子。介子是传递核力的重粒子,最常见的介子是π介子和K介子,介子的平均寿命短、不稳定、易衰变。最早被发现的强子是质子和中子。目前已经知道的强子的类型已远远超过一百种。所有的强子,除了质量和电荷外,它们还具有自旋性。介子的自旋都是零,重子的自旋除Ω^-是3/2外,其余都是1/2,都是半整数。

每一种基本粒子都有反粒子，一般来说，反粒子的质量、寿命、自旋三项与同粒子是相同的，只有电荷的符号相反。但是，也有几种中性粒子（如中微子 v_e、v_r 及 K^0 介子）和它们的反粒子不是相同的粒子。π^0、η^0 和 η' 的反粒子就是它们本身，没有区别。在碰撞过程中，粒子和它的反粒子湮灭成了能量（以光子形式出现）。两个高能粒子相碰时，有可能产生新的正反粒子对，这时一部分碰撞能量转换成了正反粒子对的质量。

新的发现告诉我们，强子不是基本粒子，而是亚核粒子。强子还有内部结构，它是由几种称为夸克的简单粒子所构成的。

2. 强子结构的夸克模型

关于基本粒子的研究，现已积累了丰富的资料，粒子种类包括共振态已经达到约四百种，其中绝大多数都是强子。很难设想这么多粒子都是基本的。大多数物理学家认为这些粒子，至少强子，应当有其结构，由少数几种更基本的成分组成。

（1）夸克模型的确立

强子有结构的想法由来已久。1932年，美国物理学家斯特恩（O. Stern，1888—1969年）测得质子的磁矩为 2.79 μN，后来，又测得中子的磁矩为 -1.91 μN，这就使人猜想它们是有内部结构的。1956年，霍夫斯塔特（R. Hofstadter，1915—1990年）用高速电子轰击质子时发现，质子的电荷有一定的分布，其半径约为 0.7 fm。后来又发现，中子虽然整体呈中性，但内部却有正电及负电，电荷分布半径为 0.8 fm。在1970年左右，用极高能量的电子轰击质子，电子在质子上的大角散射表明，质子内部包含有一些半径很小的散射中心，或者说质子是由一些"硬心"组成的。

到20世纪60年代初，已发现大量强子，对这些强子进行有秩序、有规律的描述是粒子物理学家所追求的目标之一。1961年，美国物理学家盖尔曼（M. Gell-Mann，1929年—）提出对强子分类的八重态理论。他发现强子按照量子数排列成八个一组或十个一组，像门捷列夫元素周期表一样。门捷列夫元素周期表的规律是原子内部的电子排列的反映，而强子的这种分类排列也必然是质子、中子、π介子等具有内部结构的反映。这种分类排列预言存在一种称为 Ω^- 的粒子，后来果然发现了它。

1964年盖尔曼提出了强子的结构模型，认为强子是由三种更基本的粒子组成的，他称这种更基本的粒子为夸克。这三种夸克分别称为上夸克、下夸克和奇异夸克，分别以 u、d 和 s 表示。各种夸克都有相应的反夸克。他认为如果所有的强子都是由三种夸克组成的，那么所有已知的强子就可以安排成特殊的对称结构或对称图案，用八重法理论对强子所做的正确分类就能对此予以解释。

夸克模型认为所有的重子都由三个夸克组成，所有的介子都由一个夸克和一个反夸克组成，所有的反重子都由三个反夸克组成。要组成自旋为半整数的重子和自旋为零的介子，夸克的自旋应为 1/2，它的两个分量为 $1/2^{+-}$。如果我们用电子或质子所带的电荷为单位，为了组成电荷为正负整数或为零的强子，夸克所带的电荷就是分数电荷，其中 u 夸克为 2/3e，d 夸克和 s 夸克为 -1/3e。

（2）夸克的发现

在 1964—1973 年，无论是实验还是理论都取得了很大的进展，支持了夸克的物理思想。但是，对于夸克最重要的，也是最引起人们兴趣的新证据的获得，是随着一个新粒子的发现而开始的。1974年，美籍华裔物理学家丁肇中领导的一个小组和斯坦福加速器中心的里克特（B. Richter，1931年—）领导的另一个小组同时独立地发现一个新的粒子J/φ。J/φ粒子具有奇特的性质，其寿命比预料值大500倍。这个结果无法用当时已知的三种夸克来解释，因此引进了第四种夸克——c夸克（粲夸克）来解释。后来，科学家又陆续发现了b夸克（底夸克）和t夸克（顶夸克）等等。这样，迄今组成强子的六种夸克都已被发现了。

第二节　物质的组成

自然界的物质各种各样，不同的物质有不同的性质，例如，金属与非金属性质各异，无机物和有机物的性质也大相径庭。但有些物质间又有一定的相似性，例如，NaOH和KOH的水溶液都呈碱性，而H_2SO_4和HCl的水溶液都呈酸性，酸和碱反应都能生成盐和水等。人们常常通过一些有代表性的物质，运用从典型到一般的方法，从量变到质变的规律，来认识物质之间存在着的内在联系、认识物质结构和性质之间的联系、掌握物质变化的一些规律性。

一、物质的组成

长期的研究证明，地球上物质的种类非常多，已超过三千多万种，但这些物质都是由元素按不同形式结合而成的。

元素就是具有相同核电荷数（即核内质子数）的一类原子的总称。截至目前，已发现的元素有100多种，这三千多万种的物质都是由这100多种元素组成的。元素可分为金属元素和非金属元素两类，元素中约有五分之一是非金属，包括所有的气体，一种液体（溴）和多种固体（如碘）；五分之四是金属，金属元素除了汞以外，全部都是固体。

由同种元素组成的纯净物，称为单质；由两种或两种以上元素组成的纯净物，称为化合物。为了便于认识和研究物质，可用化学式来表示物质的组成。例如，氢气的化学式为H_2，水的化学式为H_2O。前者为单质，后者为化合物。在化合物中，不同元素的原子以一定的个数比相结合，这是由元素的化合价所决定的。在化合物中各元素的化合价的代数和为零。

二、物质的结构与分类

（一）物质的结构

构成物质的微粒有分子、原子和离子等。虽然它们不能被肉眼看见，但科学实验已经证明它们确实存在。

原子是参与化学反应的最小微粒，它是由带正电荷的原子核和带负电荷的核外电子构成的。而原子核是由带正电荷的质子和不带电子的中子构成的。质子数相同的一类原子是同一种元素。人们把质子数相同而中子数不同的同一元素的不同原子互称为同位素。把具有一定数目质子和一定数目中子的一种原子叫作核素，如^1_1H、^2_1H和^3_1H，就各为一种核素，这三种核素均是氢的同位素。许多元素都具有多种同位素。氧元素有 $^{16}_{8}O$、$^{17}_{8}O$、$^{18}_{8}O$ 三种同位素；碳元素有 $^{12}_{6}C$、$^{13}_{6}C$、$^{14}_{6}C$ 三种同位素；铀元素有 $^{234}_{92}U$、$^{235}_{92}U$、$^{238}_{92}U$ 等多种同位素等等。许多同位素在日常生活中、工农业生产和科学研究中具有重要的用途。例如，可以利用 ^2_1H 和 ^3_1H 制造氢弹；$^{234}_{92}U$ 是制造原子弹的原料，也是核反应堆的燃料；科学家在研究化学反应时，常常利用同位素示踪的方法，确定反应的步骤。例如，磷是植物正常生长必需的微量元素。一种植物在吸收非放射性磷的同时也能吸收土壤中的放射性P-32，利用P-32发出的射线，生物学家就能知道磷作用在植物的哪个部位和如何利用磷。

原子核外电子的运动状态，与化学反应有密切的关系。近代光谱实验证明，电子在原子核外做高速运动，在含有多个电子的原子里，各电子的能量并不相同。通常，能量较低的在距核较近的区域运动，能量较高的在距核较远的区域运动。为了便于说明问题，科学上把原子核外能量不同的电子运动区域，划分为若干个"电子层"。把能量最低，离核最近的称为第一层（K层），能量稍高、距核较远的称为第二层（L层），由里到外以此类推，称为第三层（M层）、第四层（N层）、第五层（O层）、第六层（P层）、第七层（Q层）。这样，电子可看作在能量不同的电子层上运动，称为核外电子的分层排布。

科学家对原子核外电子分层排布状况做了仔细研究以后，总结出核外电子分层排布遵循的规律：

（1）在原子核外各个电子层上运动的电子数目是有限制的。若用 n 代表电子层数，则各电子层上最多只能有 $2n^2$ 个电子。例如，第一电子层（K层）最多有2个电子；第二电子层（L层）最多只能有8个电子；第三电子层（M层）最多有18个电子；其他电子层以此类推。

（2）通常情况下，原子核外的电子排布要符合能量最低原理。即电子应首先排布在能量最低的电子层里，然后依次排布到能量较高的电子层里。因此，电子首先排入第一层，第一层排满再排入第二层，第二层排满再排入第三层。

（3）任何原子的最外电子层最多有8个电子，次外电子层最多只能有18个电子，而从外往里数第三层最多只能有32个电子。

（二）物质的分类

当物质的组成和结构相似时，它们的性质也有相似性。因此，可以根据组成和结构对物质进行分类，并通过各类物质的代表物找出结构和性质的关系，得到物质间变化的规律。

物质可分为混合物和纯净物两大类，具体物质的分类可用图2-2-1表示：

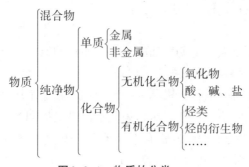

图2-2-1　物质的分类

三、元素周期律及重要元素的性质

（一）元素周期律

1. 元素原子结构的递变规律

把原子序数为1～20的元素按核电荷数的增加从左到右依次排列，按电子层数的增加从上到下依次排列，得到图2-2-2。

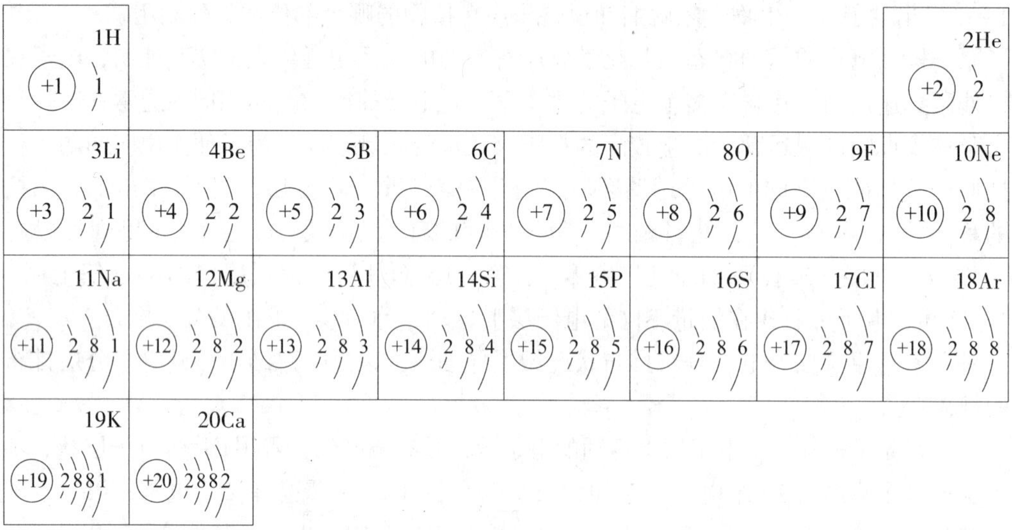

图2-2-2　元素周期表的一部分(1～20号)

从图2-2-2中看出，同一横行具有相同的电子层数，第一横行有一个电子层，只有2种元素，第二横行有2个电子层，共有8种元素。而最外电子层的电子数由1个增加到8个，当达到8个电子以后，核电荷数再增加时，电子就增加到新的一个电子层上，即增加一个电子层。然后电子数又从1个逐个增加到8个，以后又增加一个电子层，最外层电子数再从1个增加到8个。同一纵行最外层电子数相同（除氦元素）。从上到下电子层数逐个增加。我们以前学过的卤族元素、氧族元素和碱金属，它们分别在各自的纵行里。同一纵行里的元素都有相似的性质，由此可以推测，最外层电子数相同的氮和磷、碳和硅、硼和铝及铍、镁、钙等都应分别具有相似的性质，大量实验也证明了这种相似性。因此，它们分别被称为氮族元素、碳族元素、硼族元素和碱土金属等。元素的原子结构每隔若干个元素后反复出现相似的现象，称为周期性变化。

2. 元素周期表

将已知元素按照原子核正电荷增加的次序和元素的原子核外电子层结构的周期性变化排列起来，得到元素周期表（表2-2-1）。

在元素周期表里，每一横行元素称为一个周期，共七个周期。周期的序数就是该周期元素具有的电子层数。除第一周期只包括氢和氦，第七周期尚未填满外，每一个周期的元素都是从最外层电子数为1的碱金属元素开始，逐渐过渡到最外层电子数为7的卤族元素，最后以最外层电子数为8的稀有气体元素结束。

每个周期的元素种类不超过8种的周期，称为短周期。超过8种元素的周期，称为长周期。第七周期尚有未发现的元素，称为不完全周期。周期表中有三个短周期、三个长周期和一个不完全周期。第六周期中，57号元素镧（La）到71号元素镥（Lu），共15种元素，它们原子的电子层结构和性质十分相似，总称为镧系元素。第七周期中，89号元素锕（Ac）到103号元素铹（Lr），共15种元素，它们原子的电子层结构和性质也十分相似，总称为锕系元素。为了使周期表的结构紧凑，将全体镧系元素和锕系元素分别按周期各放在同一个格内，并按原子序数递增的顺序，把它们分两行另列在表的下方。

从纵行来看，元素周期表中有18个纵行，除了第8、9、10三个纵行称为Ⅷ族元素外，其余15个纵行每个纵行分别称为一族，族有主族和副族之分。含有短周期元素的1、2和13、14、15、16、17纵行是主族元素，分别用ⅠA～ⅦA表示。不含短同期元素的第3～7和11、12纵行是副族元素，分别用ⅢB～ⅦB和ⅠB、ⅡB表示。稀有气体在周期表中最右方的第18纵行，除氦外，其他元素的原子最外层都是8个电子的稳定结构。稀有气体元素化学性质非常不活泼，因此又叫惰性气体，其在通常状况下难以发生化学反应，把它们的化合价看作为0，因而叫0族。

原子的电子层结构和族有什么关系呢？主族元素的族数等于该族元素原子的最外层电子数。同一族元素最外层具有相同的电子数。不同元素的原子具有不同的电子层数。有金属元素，也有非金属元素。

副族元素稍有不同，它们全部是金属元素，其原子的最外层电子数不超过2个，次外层上电子数有8～18个，原子失去的电子数目可以超过最外层电子数，即除了能失去最外层电子外，还能失去次外层上的部分电子。

元素的原子核外电子数的变化发生在最外层电子层上，各族间性质有明显的差别；元素的原子核外电子数的变化还可发生在次外层上（副族），它们的性质变化比较缓慢；而锕系和镧系的元素，其原子核外电子数的变化发生在倒数第三层上，它们的化学性质非常相似，常常混合在一起，很难分离开来。

3.元素周期律

从卤族、氧族和碱金属元素性质的学习，可知周期表中同一主族的元素，通常金属性自上而下增强，非金属性自下而上增强。在同一周期中，一般来说，主族元素的金属性自右到左增强，非金属性自左到右增强。以第三周期为例，可看出元素化合物的性质变化（表2-2-2）。从它们的最高价氧化物对应水化物的酸碱性强弱，可以说明元素的金属性$Na>Mg>Al$，元素的非金属性$Cl>S>P>Si$。也可从气态氢化物的热稳定性来说明，元素非金属性$Cl>S>P>Si$。

表2-2-1 元素周期表

周期	IA	IIA	IIIB	IVB	VB	VIB	VIIB	VIII			IB	IIB	IIIA	IVA	VA	VIA	VIIA	0
1	1氢 H																	2氦 He
2	3锂 Li	4铍 Be											5硼 B	6碳 C	7氮 N	8氧 O	9氟 F	10氖 Ne
3	11钠 Na	12镁 Mg											13铝 Al	14硅 Si	15磷 P	16硫 S	17氯 Cl	18氩 Ar
4	19钾 K	20钙 Ca	21钪 Sc	22钛 Ti	23钒 V	24铬 Cr	25锰 Mn	26铁 Fe	27钴 Co	28镍 Ni	29铜 Cu	30锌 Zn	31镓 Ga	32锗 Ge	33砷 As	34硒 Se	35溴 Br	36氪 Kr
5	37铷 Rb	38锶 Sr	39钇 Y	40锆 Zr	41铌 Nb	42钼 Mo	43锝 Te	44钌 Ru	45铑 Rh	46钯 Pd	47银 Ag	48镉 Cd	49铟 In	50锡 Sn	51锑 Sb	52碲 Te	53碘 I	54氙 Xe
6	55铯 Cs	56钡 Ba	57-71 镧系	72铪 Hf	73钽 Ta	74钨 W	75铼 Re	76锇 Os	77铱 Ir	78铂 Pt	79金 Au	80汞 Hg	81铊 Tl	82铅 Pb	83铋 Bi	84钋 Po	85砹 At	86氡 Rn
7	87钫 Fr	88镭 Ra	89-103 锕系	104 Rf	105 Db	106 Sg	107 Bh	108 Hs	109 Mt	110 Uum	111 Uuu	112 Uub						

镧系	57镧 La	58铈 Ce	59镨 Pr	60钕 Nd	61钷 Pm	62钐 Sm	63铕 Eu	64钆 Gd	65铽 Tb	66镝 Dy	67钬 Ho	68铒 Er	69铥 Tm	70镱 Yb	71镥 Lu
锕系	89锕 Ac	90钍 Th	91镤 Pa	92铀 U	93镎 Np	94钚 Pu	95镅* Am	96锔* Cm	97锫* Bk	98锎* Cf	99锿* Es	100镄* Fm	101钔* Md	102锘* No	103铹* Lr

表2-2-2　第三周期元素的化合物性质

族	ⅠA	ⅡA	ⅢA	ⅣA	ⅤA	ⅥA	ⅦA
元素	Na	Mg	Al	Si	P	S	Cl
最高价氧化物	Na_2O	MgO	Al_2O_3	SiO_2	P_2O_5	SO_3	Cl_2O_7
最高价氧化物对应水化物	$NaOH$	$Mg(OH)_2$	$Al(OH)_3$	H_2SiO_3	H_3PO_4	H_2SO_4	$HClO_4$
酸／碱性	强碱	中强碱	两性	弱酸	中强酸	强酸	最强酸
气态氢化物				SiH_4	PH_3	H_2S	HCl
气态氢化物稳定性				极不稳定	不稳定	较稳定	稳定

　　铝的氢氧化物有两性，是指它既能跟酸发生中和反应生成盐和水，又能和碱发生中和反应生成盐和水。

$$Al(OH)_3+3HCl \Longrightarrow AlCl_3+3H_2O$$
$$H_3AlO_3+NaOH \Longrightarrow NaAlO_2+2H_2O$$

　　综上所述，元素的性质随着元素原子核电荷数的递增而呈周期性的变化，这个规律称为元素周期律。

　　元素周期律和元素周期表指导人们对元素单质和化合物的性质进行系统的研究，推动了现代物质结构理论的建立，也为寻找新材料、新化合物提供了线索。例如，半导体材料往往在金属和非金属的交界区；一些副族元素常被作为制造耐腐蚀合金钢的材料等。

　　（二）重要元素的性质

　　元素周期律揭示了元素性质周期性变化的规律，使我们有可能通过对有代表性元素的性质与结构的分析，了解所有元素的性质。我们以ⅠA族碱金属和ⅦA族卤素以及第三周期元素的性质作为运用元素周期律知识的例子。

　　1. 碱金属

　　碱金属元素包括锂（Li）、钠（Na）、钾（K）、铷（Rb）、铯（Cs）、钫（Fr）6种元素，构成周期表中的ⅠA族。由于它们的氢氧化物都是易溶于水的强碱，所以称它们为碱金属元素。碱金属的六种元素的原子结构有共同点，性质也有相似点，碱金属元素的原子结构和物理性质见表2-2-3。

　　碱金属元素的原子最外层都是一个电子，但随着核电荷数递增，电子层数增多。碱金属的原子半径大，所以，碱金属原子容易失去一个电子，而变成阳离子，此时，半径显著减小。

　　钠是碱金属的代表，位于周期表里的第三周期ⅠA族，它的原子序数为11。这种原子结构使钠极易失去最外层电子，形成+1价阳离子。因此，钠是非常活泼的金属，易与活泼非金属单质如氯、氧等化合。金属钠很软，可用小刀切割。切开外皮后，可以看到钠的"真面目"银白色，具有美丽的金属光泽。钠是热与电的良导体，熔点为97.81℃，沸点为

882.9 ℃，密度为0.97 g/cm³，比水轻，能浮在水面上。

钠与氧气反应生成白色的氧化钠，但氧化钠不稳定，会与氧气继续反应生成过氧化钠。钠与充足的氧气剧烈反应生成黄色的过氧化钠，过氧化钠比较稳定。所以，钠在空气中燃烧，生成过氧化钠，并发出黄色的火焰。

表2-2-3　碱金属元素的原子结构和物理性质

元素名称	元素符号	核电荷数	电子层结构	单质状态	颜色	密度/(g/cm³)	熔点	沸点
锂	Li	3	2 1	固体	银白色	0.534	180.54	1347
钠	Na	11	2 8 1	固体	银白色	0.79	97.81	882.9
钾	K	19	2 8 8 1	固体	银白色	0.86	63.65	774
铷	Rb	37	2 8 18 8 1	固体	银白色	1.532	38.89	688
铯	Cs	55	2 8 18 18 8 1	固体	略带金色	1.879	28.40	678.4

$$4Na + O_2 == 2Na_2O$$

$$2Na + O_2 \overset{\triangle}{==} Na_2O_2$$

过氧化钠是淡黄色的固体，能与水、二氧化碳起反应放出氧气。

$$2Na_2O_2 + 2H_2O == 4NaOH + O_2\uparrow$$

钠除了能与氧气直接化合外，还能与氯气、硫等很多非金属直接化合。例如，钠与硫化合时甚至发生爆炸，生成硫化物。

$$2Na + S \overset{\triangle}{==} Na_2S$$

此外，钠也能跟水发生反应，生成氢氧化钠，放出氢气。

$$2Na + 2H_2O == 2NaOH + H_2\uparrow$$

碱金属元素的原子，其最外电子层上都只有一个电子，它们具有与钠相似的化学性质。只是由于随着核电荷数的增加，碱金属元素的原子的电子层数逐渐增多，原子半径逐渐增大，失电子能力逐渐增强，从锂到铯，它们的金属性逐渐增强。因此，钾、铷、铯与氧气或水、氯气等大多数非金属发生反应时，比钠更剧烈。例如：钾与水的反应比钠与水的反应更剧烈，反应放出的热可以使生成的氢气燃烧，并发生轻微的爆炸。铷、铯与水的反应比钾与水的反应还要剧烈，它们遇水立即燃烧，甚至爆炸。

自然界的元素有两种存在状态：一种是以单质的形态存在，叫作元素的游离态；一种是以化合物的形态存在，叫作元素的化合态。钠的化学性质很活泼，所以它在自然界里不能以游离态存在，只能以化合态存在。钠的化合物在自然界里分布很广，主要以氯化钠的形式存在于海洋和盐湖等中，海水中氯化钠的质量分数大约为3%。

2. 卤族元素

周期表的第17纵行是卤素——最活泼的非金属，这一族元素是由氟（F）、氯（Cl）、溴（Br）、碘（I）、砹（At）组成的。它们的原子结构的共同点是最外电子层上都有7个电子，具有相似的化学性质，其代表元素为氯。除砹是一种人工放射性元素外，其余元素在自然界都以化合态存在。

1774年，瑞典化学家舍勒（C. W. Scheele，1742—1786年）发现氯元素的单质是氯气（Cl_2），其摩尔质量是71 g/mol。氯气是一种黄绿色有刺激性气味的气体，能溶解于水，比相同条件下空气的密度略大。在常温和$6×10^5$ Pa，氯气易液化，变成黄绿色的液体，液态氯贮于钢瓶中。

氯气是一种化学性质很活泼的非金属，具有较强的氧化性。它几乎能跟所有金属，以及除了碳、氮、氧以外的所有非金属直接化合。

（1）氯气与钠等金属发生的反应

$$2Na + Cl_2 \xrightarrow{\text{点燃}} 2NaCl$$

（2）氯气跟氢气的反应

纯净的H_2可以在Cl_2中安静地燃烧，发出苍白色的火焰，生成无色有刺鼻气味的HCl气体。它在空气中与水蒸气结合，呈雾状。但若在光照条件下，H_2和Cl_2迅速化合而爆炸。

$$H_2 + Cl_2 \xrightarrow{\text{点燃（或光照）}} 2HCl$$

（3）氯气跟水的反应

氯气的水溶液叫"氯水"，氯气与水反应会生成次氯酸。

$$Cl_2 + H_2O \Longrightarrow HCl + HClO \quad \text{（次氯酸）}$$

次氯酸是一种强氧化剂，能杀死水里的细菌，所以，自来水可以用氯气来杀菌消毒。另外，次氯酸有漂白性，可以用作棉、麻和纸张的漂白剂。

氟、溴、碘等元素在原子结构上与氯相似，原子的最外层上都有7个电子，但随着电子层数依次增多，原子半径依次增大。性质和结构是密切相关的，卤族元素原子结构上的这种相似性与递变性，在元素性质上有明显表现。氟、氯、溴、碘随着核电荷数的增加，原子半径逐渐增大，得电子能力逐渐减小，氧化性逐渐减弱。例如：

$$H_2 + F_2 \Longrightarrow 2HF$$

$$H_2 + Cl_2 \xrightarrow{\text{点燃(或光照)}} 2HCl$$

$$H_2 + Br_2 \xrightarrow{500\,℃} 2HBr$$

$$H_2 + I_2 \xrightarrow{\triangle} 2HI$$

氟气与氢气在暗处就能剧烈反应；氯气与氢气在常温下点燃（或光照）反应；溴与氢气在500 ℃时才能反应；而碘与氢气在不断加热下反应，生成的碘化氢也不稳定，同时发生分解反应。可见，氟、氯、溴、碘与氢反应的能力逐渐减小，气态氢化物的稳定性是HF>HCl>HBr>HI。因此，卤素的活泼性、卤素单质的氧化性是F_2>Cl_2>Br_2>I_2。

3. 氧族元素

氧族元素包括氧（O）、硫（S）、硒（Se）、碲（Te）、钋（Po）五种元素。钋是放射性元素。氧族元素最外电子层上都有6个电子，具有相似的性质，其原子结构和单质的物理性质见表2-2-4，它们物理性质的递变规律与卤族元素基本相同。

表2-2-4　氧族元素的原子结构和单质的物理性质

元素名称	元素符号	核电荷数	电子层结构	单质化学式	单质状态	颜色	密度	熔点/℃	沸点/℃
氧	O	8	2 6	O_2	气体	无色	1.32 g/L	−183	−218.4
硫	S	16	2 8 6	S	固体	黄色	2.07 g/cm³	444.6	112.8
硒	Se	34	2 8 18 6	Se	固体	灰色	4.81 g/cm³	684.9	217
碲	Te	52	2 8 18 18 6	Te	固体	银白色	6.25 g/cm³	1390	452

在氧族元素中，氧对电子的亲和力最大，表现在跟氢化合时，氧气跟氢气反应最容易，也最剧烈，生成的水（H_2O）也最稳定；硫或硒跟氢气要在较高温度下才能直接化合；生成的硫化氢（H_2S）或硒化氢（H_2Se）较不稳定；而碲通常不能跟氢气直接化合，生成的化合物碲化氢（H_2Te）最不稳定。

除氧以外，硫、硒、碲都有+4、+6价的氧化物和对应的水化物，其水化物都是酸，这些含氧酸的酸性通常按硫、硒、碲依次减弱。

氧族元素跟大多数金属能直接化合。氧族元素随着核电荷数的增加，原子半径增大，原子得电子能力依次减弱，失电子倾向增强。也就是说，非金属性减弱，金属性增强。

氧族元素的另一代表元素是硫，硫的原子序数为16，相对原子质量为32.066，单质俗称硫黄，为黄色晶状固体；硫是很活泼的元素，在适宜的条件下能与除惰性气体、碘、分子氮以外的元素直接反应，硫容易得到或与其他元素共用两个电子，形成氧化态为−2、+6、+4、+2、+1的化合物。

（1）跟非金属的反应

硫跟氢气的反应：$H_2 + S \xrightarrow{\triangle} H_2S$

硫跟氧气的反应：$S + O_2 \xrightarrow{点燃} SO_2$

（2）跟大多数金属的反应

硫跟钠的反应：$2Na + S \xrightarrow{\triangle} Na_2S$

硫跟铁的反应：$Fe + S \xrightarrow{\triangle} FeS$

硫元素在自然界中以单质硫和化合态硫两种形态存在。天然的硫化物包括金属元素的硫化物和硫酸盐两大类。主要的硫矿有：黄铁矿（FeS_2）、闪锌矿（ZnS）、石膏（$CaSO_4 \cdot 2H_2O$）、重晶石（$BaSO_4$）、芒硝（$Na_2SO_4 \cdot 10H_2O$）等。

4.第三周期元素

同一周期元素的性质之间存在什么样的关系呢？我们以11～18号元素为例来说明第三周期元素的金属性、非金属性的变化情况。元素金属性的强弱，可以从它的单质跟水（或酸）反应置换出氢的难易程度以及最高价氧化物的水化物——氢氧化物的碱性强弱来判断。钠与冷水剧烈反应放出氢气，生成的氢氧化钠是强碱；镁与冷水反应缓慢，与沸水迅速反应，放出氢气，与酸剧烈反应放出氢气，氢氧化镁是中强碱；铝不与水反应，与酸迅速反应放出氢气，氢氧化铝是两性氢氧化物。可见，金属性由强到弱为钠>镁>铝。

元素非金属性的强弱，可从它的最高价氧化物对应的水化物的酸性强弱、生成气态氢化物的难易程度以及氢化物的稳定性来判断。H_4SiO_4是弱酸，H_3PO_4是中强酸，H_2SO_4是强酸，$HClO_4$是比H_2SO_4更强的酸。硅只有在高温下才能跟氢气反应生成少量气态氢化物SiH_4，磷能和氢气反应生成气态氢化物PH_3，但相当困难；硫在加热时才能与氢气反应生成气态氢化物H_2S，H_2S很不稳定，在较高温度时可以分解；氯气在光照或点燃时与氢气发生爆炸而化合，生成气态氢化物HCl，HCl十分稳定。可见，非金属性由弱到强为硅<磷<硫<氯。

可见，同一周期元素，从左到右，元素的金属性逐渐减弱，而非金属性逐渐增强。元素性质的周期性变化是元素原子核外电子排布的周期性变化的必然结果。

四、重要的化合物——水

地球表面积的70.8%被水覆盖着，总量大约有$1.4×10^9$ km^3，其中97.5%是海水。原始生命现象起源于原始海洋，水是维持生命存在的要素，生命离不开水。

1.水的性质

纯水在常温下为液体，熔点为0 ℃，沸点为100 ℃，无色透明，在温度为4 ℃时，水的密度最大，为1 g/cm³；水可以和活泼金属直接反应，可以和较活泼金属在一定条件下反应，是很好的溶剂。

水具有良好的溶解性，它能溶解几乎所有的固态、液态和气态的物质。自然界里完全不溶于水的物质几乎是没有的，只不过其溶解的数量不同。

天然水在不断循环过程中，通过水的蒸发、运送、降水和径流永无止境地冲洗着地球的表层。在这个过程中地球表层的许多物质根据其含量的多寡及其各自在水里的溶解度的大小溶解到水里来，形成了今天的海洋、湖泊、河流的水。水的溶解性对于维持生物的生命活动尤为重要。水是维持生物正常生理活动的营养物质之一。它既是营养素的溶剂，又是代谢物的溶剂。在生物体内水循环的过程中，开始营养物质（碳水化合物、蛋白质、脂肪、无机盐、维生素等）被水溶解或经水解后被人体器官吸收，然后代谢物和废物又溶解到水里被排出体外。

对于许多离子化合物，水能破坏离子键，将离子拉下来溶于水中。水分子具有很强的极性，当水分子与离子化合物（如$NaCl$）的晶体靠近时，一些水分子带正电荷的一端朝着氯离子，而另一些水分子带负电的一端朝向钠离子，结果钠离子与氯离子之间的化学键断裂，形成被水分子包围的钠离子和氯离子，这种离子称为水合离子。对于极性共价键的化合物（如HCl），水也有类似的作用。

由此可见，物质在水中的溶解包括两个过程：一个是溶质微粒（分子或离子等）受到水分子作用向水中扩散的过程；另一个是溶质微粒（分子或离子等）和水分子结合成水合离子（或分子）的过程。

2. 溶液

日常生活中，人们经常接触到无色透明的自来水、食盐水、蔗糖水，棕黑色的酱油，乳白色的牛奶，饮料和酒类。这些液体物质是不是都可以叫溶液呢？各种物质在水中以怎样的形式分散呢？究竟什么是溶液呢？把一种物质分散到另一种物质中，会发生什么不同的情况呢？

（1）分散系

将一种或几种物质以较小的颗粒分散在另一种物质中所形成的体系，称为分散系。在分散系中被分散的物质，称为分散质或分散相，通常分散质在分散系中含量较少，是不连续的；另一种在分散质周围的物质，称为分散剂或分散介质，通常分散剂在分散系中含量较多，是连续的。

熟石灰跟水混合后，得到的是浑浊的液体。静置片刻后，悬浮在水里的固体小颗粒逐渐下沉。像这种固体小颗粒悬浮在液体里的混合物，叫作悬浊液。

植物油跟水混合后，得到的是乳状浑浊的液体。静置片刻后，分散在水里的小液滴逐渐浮起来，分成两层。像这种小液滴分散到液体里的混合物，叫作乳浊液。

在悬浊液和乳浊液里，不溶解的固体小颗粒和小液滴都是许许多多分子或离子的集合体。由于固体小颗粒一般比水重，小液滴一般比水轻，静置片刻后，在地心引力的作用下，固体小颗粒逐渐下沉，小液滴则逐渐上浮，所以在这两种液体中的物质分散得都不均匀，而且不稳定。

食盐和蔗糖等放进水里，振荡后，得到无色透明的液体。这两种液体不仅是透明的，而且是均一的、稳定的。一种或一种以上的物质分散到另一种物质里，形成的均一、稳定的混合物，叫作溶液。

（2）溶质和溶剂

溶液是由溶质和溶剂组成的。在溶液里被溶解的物质叫作溶质；用于溶解其他物质的物质叫作溶剂。例如，食盐水中，食盐是溶质，水是溶剂。用水做溶剂的溶液，叫作水溶液。通常不指明溶剂的溶液，一般指的是水溶液。除了水做溶剂外，其他物质也能做溶剂。

（3）饱和溶液与不饱和溶液

蔗糖虽然易溶于水，但是溶解的量不是无限的。如在一杯水里放进蔗糖，不是放多少都能溶解的，当蔗糖水中溶解的蔗糖达到一定量时，再放进蔗糖就不能再溶解了。有什么办法可以使蔗糖继续溶解呢？一般有两种方法：一是增加水量。水越多，溶解的蔗糖越多。二是升高温度。通过加热使溶液温度升高，蔗糖溶解的量便会增加。

因此，我们在讨论某种溶质在某种溶剂里溶解的量时，必须限定"温度"和"溶剂量"这两个条件。化学上，在一定温度下和一定量的溶剂中，若所溶解的溶质不能再溶解了，这时的溶液就叫作这种溶质的饱和溶液，如果这种溶质还能继续溶解，就是不饱和溶液。通过上面讨论，很容易理解：升高温度，饱和溶液可以转化为不饱和溶液；增加溶剂量，饱和溶液也可以转化为不饱和溶液。在相反的条件下，不饱和溶液也可以转化为饱和溶液。

可见，饱和溶液与不饱和溶液是相对的，有条件的。当温度或溶剂量改变时，可以相互转化。

（4）溶液的浓度和配制

溶液的浓度是指一定量溶液中含有溶质的量的多少，它可以有多种表示方法。如果用一定质量的溶液中溶质的百分含量来表示，称为质量浓度（质量分数）。在学习物质的量以后，还可以用物质的量浓度来表示。

在 1 L 溶液里含有 1 mol 的溶质，这种溶液的物质的量浓度表示为 c=1 mol/L。如果溶质的物质的量为 n（mol），溶液的体积为 V（L），则：

$$物质的量浓度 c（mol/L）= \frac{溶质的物质的量 n（mol）}{溶液的体积 V（L）}$$

配制物质的量浓度的溶液时，首先称取（或量取）所需物质的质量（或体积），经溶解（稀释）后再用容量瓶定容。

例如：配置 100 mL 1 mol/L NaCl 溶液，步骤如下：

①根据计算，先在天平上称取 5.85 g 氯化钠；

②用适量蒸馏水在烧杯中溶解，冷却至室温（20 ℃）；

③将溶液小心地转入 100 mL 容量瓶中，用少量蒸馏水洗涤烧杯两次，洗涤液倒入容量瓶中，使溶液混合均匀；

④再加蒸馏水至离刻度大约 2 cm 处，改用胶头滴管滴加蒸馏水，使溶液凹面最低点与刻度线相切（平视）；

⑤塞好瓶塞，反复摇匀。

（5）溶液中的化学平衡

生活中，很多反应都是在溶液中进行的，溶液中常发生一种特殊的化学平衡，这就是电离平衡。

①电解质

根据化合物在水溶液里或熔融状态下能否导电，可以把化合物分为电解质和非电解质。

电解质的水溶液能够导电，靠的是在水溶液里电离出的能自由移动的带电粒子。以氯化钠为例，溶解在水中的氯化钠能产生可自由移动的钠离子和氯离子，这个过程就叫电离，可以用电离方程式表示：

$$NaCl == Na^+ + Cl^-$$

当在氯化钠溶液中插入电极并连接直流电源时，带正电的钠离子向阴极移动，带负电的氯离子向阳极移动，因而，氯化钠的水溶液能够导电。酸、碱和大部分的盐都是电解质。

②弱电解质的电离平衡

根据电解质在水溶液里的电离能力的大小，又可以把电解质分为强电解质和弱电解质。强电解质是指在水溶液里能完全电离的电解质。通常，强酸（盐酸、硫酸、硝酸等)、强碱(氢氧化钠、氢氧化钾、氢氧化钡等)、盐(氯化钠、硝酸银、高锰酸钾等)是强电解质。弱电解质在水中只能部分电离成离子。

弱电解质溶于水时,在水分子的作用下,弱电解质分子电离出离子,而离子又可以重新结合成分子,因此,弱电解质的电离过程是可逆的。这个可逆的电离过程也与可逆的化学反应是一样的,它有相反的两种反应趋向,最终将达到平衡。在一定的条件下,当弱电解质分子电离的速率和离子重新结合生成分子的速率相等时,电离过程就达到了平衡状态,这就是电离平衡。它与其他的化学平衡一样,也是动态平衡。平衡时,单位时间里电离的分子数和离子重新结合成的分子数相等,在溶液里离子的浓度和分子的浓度都保持不变。

③水的电离和溶液的pH值

水是一种极弱的电解质,它能微弱地电离,生成H^+和OH^-:

$$H_2 \rightleftharpoons H^+ + OH^-$$

25 ℃时,1 L纯水中只有1×10^{-7} mol水电离,因此,纯水中$[H^+]$和$[OH^-]$均等于1×10^{-7} mol/L。在一定温度时,水跟其他弱电解质一样,也会达到电离平衡状态。

常温下,由于水的电离平衡的存在,不仅是纯水,就是在酸性或碱性溶液里,$[H^+]$与$[OH^-]$的乘积总是一个常数——1×10^{-14} ($mol/L)^2$。在中性溶液里,$[H^+]=[OH^-]=1 \times 10^{-7}$ mol/L;在酸性溶液中不是没有OH^-,而是其中的$[H^+]>[OH^-]$,即$[H^+]>1 \times 10^{-7}$ mol/L;在碱性溶液中也不是没有H^+,而是其中的$[OH^-]>[H^+]$,即$[H^+]<1 \times 10^{-7}$ mol/L。

$[H^+]$越大,溶液的酸性越强;$[H^+]$越小,溶液的酸性越弱,碱性越强。如果溶液中$[H^+]$值很小,例如:$[H^+]=1 \times 10^{-7}$ mol/L的溶液、$[H^+]=2.1 \times 10^{-11}$ mol/L的溶液等等,这样的表示方式来表示溶液的酸碱性的强弱很不方便。为此,化学上常用pH来表示溶液酸碱性的强弱:

$$pH=-lg[H^+]$$

例如:纯水的$[H^+]=1 \times 10^{-7}$ mol/L,其$pH=-lg1 \times 10^{-7}=7$。由此可知:中性溶液的$pH=7$,酸性溶液的$pH<7$,碱性溶液的$pH>7$。溶液的酸性越强,pH越小;溶液的碱性越强,pH越大。但是当溶液的$[H^+]$或$[OH^-]$大于1 mol/L时,一般不用pH来表示溶液的酸碱性,而是直接用$[H^+]$浓度来表示。

同样,若已知$pH=4$,就可知道$[H^+]=1 \times 10^{-4}$ mol/L,而$[OH^-]=1 \times 10^{-10}$ mol/L。

我们可以用pH试纸和酸度计来测定溶液的pH。pH试纸是利用有些物质在一定pH范围内结构发生变化而显示出不同颜色的性质,来指示溶液的pH,这种物质称为酸碱指示剂(简称指示剂)。指示剂发生颜色变化的pH范围,称为指示剂的变色范围。不同指示剂有不同的变色范围。例如,石蕊是一种指示剂,它的变色范围是$pH=5\sim8$,当$pH<5$时显红色,$pH>8$时显蓝色,pH介于5~8时显紫色。用混合指示剂做成的pH试纸,可以在不同pH时显示不同的颜色。把溶液滴到pH试纸上,将试纸的颜色与标准色对照,就可以知道待测溶液的pH。酸度计是利用玻璃电极做指示电极,可以把电势与pH的关系反映出来,从酸度计上直接精确地读出溶液的pH。

④盐的水解

强碱弱酸所生成的盐(乙酸钠、碳酸钾等)的水溶液呈碱性,强酸弱碱所生成的盐(氯化铵、硫酸铁等)的水溶液呈酸性,强酸强碱所生成的盐(氯化钠、硝酸钾、硫酸钠）的水溶液呈中性。这是为什么呢？

我们知道水是很弱的电解质，能微弱地电离出 H^+ 和 OH^-，二者浓度基本相等，并处于动态平衡状态。而乙酸钠是由强碱氢氧化钠与弱酸乙酸中和所生成的盐，它是强电解质。

由于乙酸根与水电离的氢离子结合而生成弱电解质乙酸，消耗了溶液中的氢离子，从而破坏了水的电离平衡，随着溶液里氢离子浓度的减小，水的电离平衡向右移动，于是氢氧根离子的浓度增大，直到建立新的平衡，电离平衡移动的结果是溶液里 $[H^+]<[OH^-]$，从而使溶液呈现碱性。

这种溶液中，盐电离出来的离子跟水电离出来的离子结合生成弱电解质的反应，叫作盐类的水解。盐类的水解反应可以看成是中和反应的逆反应，我们知道酸碱中和反应是放热反应，所以盐类的水解反应是吸热反应，因此升高温度可以促进盐类的水解反应。

在化工生产和科学实验中，有时要利用盐类的水解反应，有时又要防止盐类水解反应的发生。

例如：泡沫灭火器中盛装的两种溶液分别是硫酸铝和碳酸氢钠溶液，使用时倒置泡沫灭火器，可使两种溶液混合，发生强烈水解反应，产生大量的二氧化碳气体，用于灭火。利用盐的水解反应还可以净化水，用三氯化铁或明矾做净水剂，就是因为铁离子或铝离子与水电离出来的氢氧根离子会结合生成氢氧化铁或氢氧化铝胶体，这些胶体能吸附水中悬浮的微粒而沉积水底，使水变澄清。

五、有机物

有机化合物都是碳的化合物，简称有机物。它的结构特征是：有机化合物分子中碳和碳之间的共价键特别强，碳原子之间可以用一个、两个或三个共价键联结成单键、双键或叁键。例如：

乙烷：$CH_3—CH_3$；乙烯：$CH_2=CH_2$；乙炔：$CH\equiv CH$

绝大多数有机化合物易燃，熔点和沸点低，难溶于水，易溶于有机溶剂；有机化合物的反应速度一般很慢，常利用催化剂、光辐射或加热等方法加速反应；有机化合物的反应复杂，得到的产物往往是混合物。

（一）烃类

仅由碳和氢两种元素组成的一类有机化合物，通称为烃。烃可以看作一切有机物的母体，其他有机物都能看作烃的衍生物。

1.饱和链烃

（1）烷烃

碳原子间以单键连接的烃，称为烷烃。代表物是甲烷（CH_4）。甲烷是天然气和沼气的主要成分，同时它也是一种温室气体，其全球变暖潜能为21（即它的暖化能力比二氧化碳高20倍）。在标准压力的室温环境中，甲烷是一种无色、无味的气体；甲烷能作为燃料，它燃烧时放出大量的热。

$$CH_4 + 2O_2 \xrightarrow{\text{点燃}} CO_2 + 2H_2O + 890\ kJ$$

当空气中含甲烷5%～14%时，遇火会发生爆炸。有天然气的矿井中，必须采取安全措施。

甲烷性质相对稳定，当甲烷与氯在黑暗中混合时，两者不会发生化学反应，只有在光照或加热条件下，甲烷跟氯气发生一系列的取代反应，生成一氯甲烷、二氯甲烷、三氯甲烷和四氯甲烷（或称为四氯化碳）。

$$2CH_4 + Cl_2 \xrightarrow{\text{光照或加热}} 2CH_3Cl + 2HCl$$

$$CH_3Cl + Cl_2 \xrightarrow{\text{光照或加热}} CH_2Cl_2 + HCl$$

$$CH_2Cl_2 + Cl_2 \xrightarrow{\text{光照或加热}} CHCl_3 + HCl$$

$$CHCl_3 + Cl_2 \xrightarrow{\text{光照或加热}} CCl_4 + HCl$$

有机物分子里的某些原子或原子团，被其他原子或原子团替代的反应，称为取代反应。被卤素取代的称为卤代反应，产物称为卤代烃。饱和链烃除了甲烷外，还有乙烷（C_2H_6）、丙烷（C_3H_8）……它们的结构相似，分子组成上相差一个或若干个 CH_2 原子团，这样一系列的化合物，称为同系物，这种系列称为同系列。烷烃同系列的通式为 C_nH_{2n+2}。常温下，$n=1\sim4$ 的烷烃是气态的，$n=5\sim16$ 的烷烃是液态的，$n\geq17$ 的烷烃是固态的。一般情况下，烷烃很稳定。

（2）不饱和烃

烃类分子中含有 C＝C 结构的不饱和烃，称为烯烃。最简单的是乙烯（CH_2＝CH_2）。乙烯是无色易燃气体，熔点为 $-169\ ℃$，沸点为 $-103.7\ ℃$，几乎不溶于水，难溶于乙醇，易溶于乙醚和丙酮。乙烯分子里含有双键，其中一个键较易断裂，所以它的化学性质比较活泼。它和甲烷一样能燃烧，放出大量的热。

$$CH_2＝CH_2 + 3O_2 \xrightarrow{\text{点燃}} 2CO_2 + 2H_2O + 141\ kJ$$

乙烯不但能和氧气直接反应，还能被氧化剂氧化。例如，把乙烯通入酸性 $KMnO_4$ 溶液中，立刻可以观察到溶液紫红色褪去，乙烯被氧化为二氧化碳，由此可用于鉴别乙烯。把乙烯通入到溴水中，可以观察到溴水的颜色消失。这是因为乙烯和溴水中的溴发生下列化学反应：

$$CH_2＝CH_2 + HBr \longrightarrow CH_3—CH_2Br（溴乙烷）$$

这种有机化合物分子中不饱和的碳原子跟其他原子或原子团直接结合生成别的物质的反应，称为加成反应。乙烯除与溴可发生加成反应外，它还能与氢气、卤化氢、水、氯气等发生加成反应。

$$CH_2＝CH_2 + HCl \xrightarrow[\triangle]{\text{催化剂}} CH_3CH_2Cl（制氯乙烷）$$

$$CH_2＝CH_2 + H_2O \xrightarrow[300℃,\ 加压]{H_3PO_4/硅藻土} C_2H_5OH（乙醇）$$

$$CH_2＝CH_2 + H_2 \xrightarrow[200℃\sim300℃]{Ni} CH_3—CH_3$$

$$CH_2＝CH_2 + Cl_2 \rightarrow CH_2ClCH_2Cl$$

在一定条件下，乙烯分子双键中的一个键断开后，会相互联结成很长的链，形成高分子化合物聚乙烯。

$$nCH_2＝CH_2 \longrightarrow \left[\ CH_2—CH_2\ \right]_n$$

这种不饱和化合物由低分子化合物结合成高分子化合物的反应，称为聚合反应。它是制造塑料、合成纤维和合成橡胶（三大合成高分子材料）的基本反应。

乙烯也有同系物，其同系列称为烯烃，其通式是 C_nH_{2n}（$n \geq 2$）。常温下，n=2，3，4 的乙烯、丙烯、丁烯是气态的，$C_5 \sim C_{18}$ 的烯烃是液态的，C_{19} 以上的烯烃是固态的。烯烃也有同分异构体现象，除了和烷烃相似的支链异构体外，双键位置不同也能形成同分异构体。

烃类分子中含有 C≡C 结构的不饱和烃，称为炔烃。最简单的是乙炔（CH≡CH），俗称风煤、电石气，是炔烃化合物系列中体积最小的一员。纯乙炔为无色、有芳香气味的易燃气体，熔点（118.656 kPa）为 -80.8 ℃，沸点为 -84 ℃，相对密度为 0.6208（-82.4 ℃），自燃点为 305 ℃。在空气中含量为 2.3%～72.3%（体积）的乙炔，遇火会爆炸。使用乙炔气必须注意安全。乙炔微溶于水，可溶于乙醇、苯、丙酮等。

乙炔的化学性质很活泼，能发生氧化、加成、聚合及取代等反应。利用乙炔在氧气里燃烧能达到 3000 ℃ 左右的高温，可以焊接或切割金属。

$$2C_2H_2 + 5O_2 \xrightarrow{\text{点燃}} 4CO_2 + 2H_2O + 2\,599\ kJ$$

乙炔也能和氧化剂反应，把乙炔气通入酸性高锰酸钾溶液，也能使溶液褪色。

$$C_2H_2 + 2KMnO_4 + 3H_2SO_4 == 2CO_2 + K_2SO_4 + 2MnSO_4 + 4H_2O$$

乙炔也可以跟 Br_2、H_2、HX 等多种物质发生加成反应。

$$CH \equiv CH + HCl \xrightarrow[150\sim160\ ℃]{HgCl_2} H_2C = CHCl$$

由于乙炔与乙烯都是不饱和烃，所以化学性质基本相似，也能发生聚合反应。例如：用活性炭或铬做催化剂，600～650 ℃ 下，三分子乙炔可以聚合成苯。

乙炔的聚合反应在不同条件下，可得到不同产物。如用氯化铜做催化剂可得到乙烯基乙炔，它是合成橡胶的一种原料。

$$2CH \equiv CH \xrightarrow[80\sim85\ ℃]{CuCl_2(NH_4Cl)} H_2C = CH - C \equiv CH$$

炔烃同系列的通式是 C_nH_{2n-2}，炔烃也有同分异构现象，例如，分子式为 C_4H_6 的炔烃化合物有：CH≡C—CH₂—CH₃；H₃C—C≡C—CH₃。

同样的分子式可能是炔烃，也可能是二烯烃（含有两个 C=C 的化合物）。例如，C_4H_6 也可能是丁二烯，其结构式为：

$$CH_2 = CH - CH = CH_2 \qquad\qquad H_2C = C = CH - CH_3$$

1，3-丁二烯　　　　　　　　　　　　　1，2-丁二烯（不稳定）

因此，含有相同碳原子的二烯烃与炔烃彼此互为同分异构体。

（3）环烷烃

$$\begin{array}{c} CH_2 \\ \diagup \diagdown \\ CH_2 - CH_2 \end{array} \qquad\qquad \begin{array}{c} CH_2 - CH_2 \\ |\quad\quad\ | \\ CH_2 - CH_2 \end{array}$$

环丙烷　　　　　　　　　　　　　　　环丁烷

烃类分子结构除了链状以外，也可以呈环状，称为环烃。分子中碳原子间全部以单键结合的环烃，称为环烷烃。例如，环丙烷（C_3H_6）、环丁烷（C_4H_8）等。它们的性质与烷烃相似，但通式与烯烃相同，是C_nH_{2n}。因此，环烷烃跟相同碳原子数的烯烃，互为同分异构体。

（4）芳香烃

苯是芳香烃中最简单、最基本的化合物。其结构式为：

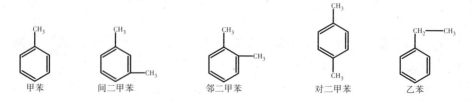

苯在常温下为一种无色、有甜味的透明液体，并具有强烈的芳香气味，可燃，有毒，为IARC的第一类致癌物。苯是一种碳氢化合物，也是最简单的芳香烃，难溶于水，易溶于有机溶剂，本身也可作为有机溶剂。苯的性质是易取代、难氧化、能加成。苯具有的环系叫苯环，是最简单的芳环。苯分子去掉一个氢以后的结构叫苯基，用Ph表示。

苯跟浓硫酸发生磺化（取代）反应，生成苯磺酸。苯在浓硫酸作用（催化、脱水）下，跟浓硝酸发生硝化（取代）反应，生成的化合物为硝基苯。

苯也可以和氢发生加成反应，生成环己烷。

苯是很好的有机溶剂，也是化工生产中最重要的基本原料。

苯的同系物有：

属于芳香烃的化合物还有萘（$C_{10}H_8$）、蒽（$C_{14}H_{10}$）等。萘有特殊气味，易升华，曾做防蛀剂，因对人体有毒，现已被禁用。

2.烃的衍生物

（1）卤代烃

烃分子里的一个或几个氢原子被卤素原子替代而生成的化合物，称为卤代烃。例如，一氯甲烷（CH_3Cl）、氯乙烯（CH_3CH_2Cl）等。卤代烃的重要反应有：

①取代反应

如：氯乙烷跟氰化钾作用，生成丙腈。

$$CH_3CH_2Cl + KCN \longrightarrow \underset{\text{丙腈}}{CH_3-CH_2-CN} + KCl$$

②消去反应

如：氯乙烷跟强碱在醇溶液中共热，脱去一分子氯化氢，生成乙烯。

$$CH_3-CH_2Cl + NaOH \xrightarrow[\text{加热}]{\text{乙醇}} CH_2=CH_2 + NaCl + H_2O$$

（2）羟基化合物

直链烃上的一个（或几个）氢原子被羟基取代得到的化合物，称为醇（或几元醇），我们最熟悉的化合物是乙醇（C_2H_6O），其结构简式为 CH_3CH_2OH。它在常温、常压下是一种易燃、易挥发的无色透明液体，它的水溶液具有特殊的、令人愉快的香味，并略带刺激性。乙醇的用途很广，可用它来制造醋酸、饮料、香精、染料、燃料等。医疗上也常用为 70%～75% 的乙醇做消毒剂等。

乙醇可以和活泼金属（钾、钙、钠、镁、铝）反应，生成醇金属和氢气，醇金属遇水则迅速水解生成醇和碱性物质。乙醇具有还原性，可以被氧化为乙醛。

跟金属钠反应：$2CH_3CH_2OH + 2Na \longrightarrow 2CH_3CH_2ONa + H_2\uparrow$

跟氧气反应：$2CH_3CH_2OH + O_2 \xrightarrow[\text{加热}]{Cu（\text{或}Ag）} 2CH_3CHO + 2H_2O$

若不加控制地让乙醇在空气中燃烧，可放出大量的热，因此，乙醇可以做燃料。

$$CH_3CH_2OH + 3O_2 \xrightarrow{\text{点燃}} 2CO_2 + 3H_2O + 1\ 368\ kJ$$

乙醇跟浓硫酸在高温催化下发生脱水反应，随着温度的不同生成物也不同，实验室中可用此法制取乙烯和乙醚。

$$CH_3CH_2OH \xrightarrow[170℃]{\text{浓}H_2SO_4} CH_2=CH_2 + H_2O \quad （\text{分子内脱水制乙烯}）$$

$$2CH_3CH_2OH \xrightarrow[140℃]{\text{浓}H_2SO_4} C_2H_5OC_2H_5 + H_2O \quad （\text{分子间脱水制乙醚}）$$

分子中含有两个或两个以上羟基（—OH）的称为多元醇，多元醇中大家熟悉的是甘油（丙三醇）。丙三醇对皮肤有保湿作用，是化妆品的原料之一。它还有一个重要用途是制造一种称为硝化甘油的烈性炸药。

苯环上的一个（或几个）氢原子被羟基取代得到的化合物称为酚。最简单的是苯酚（简称酚），结构简式为 C_6H_5OH，结构式为 ![苯酚结构式]，又名石炭酸，常温下为一种无色晶体，有毒，其水溶液显弱酸性，能和氢氧化钠发生中和反应。

苯酚用于制造酚醛塑料（俗称电木）、合成纤维、炸药、药物、农药、环境消毒剂。

（3）羰基化合物

分子里含有羰基的化合物，称为羰基化合物。羰基的碳原子跟氢原子相连成的称为醛基，含醛基的化合物称为醛，其结构通式为 R—CHO，其中的羰基中心连接了一个氢原子与一个 R 基团。例如，甲醛（HCHO）和乙醛（CH_3CHO）；羰基与两个烃基相连的化合物，称为酮，例如丙酮（CH_3COCH_3）等。

甲醛广泛用于有机合成工业中，是生产塑料、合成纤维的原料，是重要的化工原料；甲醛有杀菌消毒作用，可做消毒剂。丙酮是优良的有机溶剂，也是有机化工原料。

（4）羧酸和酯类

分子里含有羧基（—COOH）的化合物，称为羧酸。最常见的是乙酸（CH_3COOH），俗称醋酸。食醋的主要成分是乙酸和水，乙酸是有机合成的重要原料，也是一种溶剂。

羧酸的水溶液显酸性，能和碱作用生成盐。12～18个碳组成的羧酸（脂肪酸）钠盐，是肥皂的主要成分。

羧酸和醇发生反应生成的化合物，称为酯，这类反应称为酯化反应。例如，乙酸和乙醇在无机酸的催化下，生成乙酸乙酯和水。

$$CH_3COOH + C_2H_5OH \underset{}{\overset{H^+}{\rightleftharpoons}} CH_3COOC_2H_5 + H_2O$$

酯化反应是一个可逆反应，反应物不能全部转化成产物。

酯也是优良的有机溶剂，用于溶解、稀释清漆、喷漆和硝化纤维素等。

思考与练习

1. 简述物质的微观组成结构。

2. 原子、电子、质子和中子分别是由哪几位科学家发现的？

3. 简述卢瑟福的原子有核模型的主要内容。

4. 简述物质的分类。

5. 什么是元素周期律？它与元素周期表之间的关系是什么？

6. 简述碱金属的成员及碱金属的性质。

7. 简述卤族元素的成员及卤族元素的性质。

8. 简述氧族元素的成员及氧族元素的性质。

9. 将 11.7 g 氯化钠（摩尔质量为 58.5 g/mol）溶于 200 ml 水中，请问溶液的物质的量浓度为多少？

10. 配制 100 ml 0.1 mol/L 的 Na_2CO_3 溶液，需用无水 Na_2CO_3 多少克？需用 $Na_2CO_3 \cdot 10H_2O$ 多少克？

11. 简述一些重要有机物的性质。

【学习重点】
*运动的描述
*功和能
*能的转化和守恒定律
*光的反射、折射和全反射
*声波的反射、折射和衍射

第三章　自然界的运动性

　　自然界是由物质所组成的。一切物质都在不停地运动着，运动是物质的基本属性，也是物质存在的唯一形式。物质的运动形式多种多样、千变万化。有机械运动，天体运动，电、磁、光、热等物理运动；分解、化合等化学运动；生物进化、遗传变异等生命运动。所有这些物质的运动形式，都是互相依存的，又是本质上互相区别的。自然界的一切现象，都是运动着的物质各种不同的表现形态。

第一节　物体的运动

一、运动的概念

　　物体的运动，表现为物体在空间的位置改变。我们把物体之间或物体内部各部分之间，相对位置发生改变的过程，称为机械运动，简称运动。如天体的运行，高山的瀑布飞流而下，车辆的行驶，人体运动等。

　　如果在运动过程中，物体上所有各个点的运动状况都相同，并且研究的问题，只跟物体的质量有关，而跟物体的形状、大小无关，或者物体本身的大小对所研究的问题影响很小，即它的大小和形状可以忽略时，就把物体当作是一个有一定质量的点，这样的点通常称为质点。本节所研究的物体一般都当作质点来处理。

二、运动的描述

（一）运动的相对性

1.参照系与质点

物体的运动，表现为物体在空间的位置改变。显然，要描述一个物体的运动，需要以某个物体作参照，这个被选作参照的物体叫作参照系。通常我们看到树木、房屋是静止的，行驶的汽车是运动的，这是以地面为参照系。参照系的选择是任意的。同一个物体的运动，如果选取的参照系不同，描述的结果也不同。例如，坐在行驶的汽车里的乘客，如果以车厢为参照系，他是静止的；如果以地面为参照系，他是随车厢一起运动的。因此，在描述物体运动情况时，必须指明是对什么参照系而言的。一个相对于地面来说是静止的物体，对太阳来说则它与地球一起绕太阳运动。更进一步来讲，太阳也不是静止的，它在整个银河系中也以每秒200多千米的速率运动着。所以，任何物体的静止都是相对的、有条件的，而运动是绝对的。

任何物体都具有一定的大小和形状，在研究物体运动时，如果物体的大小和形状对物体的运动影响较小或是次要因素，为了使问题得到简化，我们可以不考虑它的大小和形状，而把物体看成一个具有它全部质量的几何点，我们把这个几何点叫作质点。

质点是一个理想模型，它突出了"物体具有质量"和"物体占有空间位置"这两个主要力学性质，合理地简化了问题。一个物体能否看作质点，要根据具体情况而定。例如，要研究火车从兰州到北京的运动速度则可以不考虑火车内部的运动和火车的形状与大小，把火车看作一个质点。

2.路程和位移

描述物体在运动过程中，从空间的一个位置运动到另一个位置的轨迹长度，称为物体在运动过程中通过的路程。例如，计算从天水运往北京的货物运费时，就要知道火车或汽车从天水到北京运动的轨迹长度，即它通过的路程。描述物体在运动过程中，从空间的一个位置，运动到另一个位置的位置变化，称为物体在运动过程中发生的位移。

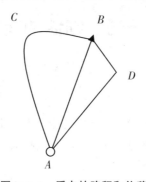

图3-1-1　质点的路程和位移

路程和位移，都用s表示，国际单位是米（m）。在图3-1-1中，足球的轨迹可以是直线AB\弧线ACB，或反弹时的折线ADB，路程虽然各不相同，但三种不同情况下位移都是AB，即由A指向B的有向线段，线段的箭头表示位移的方向，线段的长度表示位移的大小，位移是一个既有大小又有方向的量，它是一个矢量。

3.速度和加速度

（1）速度

把物体位移s和在这段位移中运动所用的时间t的比值叫作速度v。

$$v=s/t$$

在国际单位制中，速度的单位是米每秒（m/s）。速度是描述物体运动快慢的物理量。速度和位移一样有大小也有方向，也是一个矢量。通常把速度的大小叫作速率。速度的方向跟物体运动的方向相同。

实际上，物体的运动速度往往是变化的。例如，火车出站时速度越来越快，进站时速度越来越慢，最后停下来。这时用速度公式求出的是物体在时间 t 内的平均速度。通常物体在不同时间间隔内的平均速度一般也是不同的，要精确地描述物体的运动，就要知道物体在某一时刻的运动快慢程度。我们把物体经过某一时刻（或某一位置）的速度，叫作瞬时速度。

匀速直线运动就是具有恒定速度的直线运动。因为速度是矢量，恒定的速度意味着速率不变和运动方向不变。因此，匀速直线运动是具有恒定速率的直线运动。静止的物体是速率为零的匀速运动的特例。

（2）加速度

不以恒定速度运动的物体就是所谓加速运动的物体。通常，物体运动速度的变化非常复杂。意大利物理学家伽利略研究后认为，经过相等的时间速度变化相等的直线运动，是最简单的变速运动。例如，发炮时炮弹在炮筒里的运动，火车、汽车等交通工具在开动后和静止前的一段时间内的运动，都可以看作是匀变速直线运动。

不同的变速运动，速度变化的快慢一般也是不同的。例如，开炮时炮弹在炮筒里的速度在 0.01 s 内就可以由零增加到 500 m/s，而运动员投出铅球时，铅球的速度在 0.01 s 内从零增加到 13.5 m/s。显然，炮弹的速度变化得快，铅球的速度变化得慢。为了描述物体运动速度变化的快慢，引入加速度这个物理量，它等于速度的改变跟发生这一改变所用时间的比值。若用 v_0 表示物体初速度，时间为 t_0，v_t 表示末速度，时间为 t_1，这段时间的加速度 a 可以表示为：

$$a = \frac{v_t - v_0}{t_1 - t_0} = \frac{\Delta v}{\Delta t}$$

式中符号 Δ 表示变化。上式仅仅给出了在 t_0 和 t_1 之间的平均加速度，但只要时间间隔充分地小，平均加速度近似等于 t_0 和 t_1 中间时刻的瞬时加速度。

加速度是矢量，国际单位为米每平方秒（m/s²）。加速度的大小在数值上等于单位时间内速度的改变。若取初速度 v_0 的方向为正方向，当 $v_t > v_0$ 时，加速度是正值，表示加速度的方向跟初速度的方向相同，物体做加速直线运动；当 $v_t < v_0$ 时，加速度是负值，表示加速度的方向跟初速度的方向相反，物体做减速直线运动；如果速度不变化，$v_t = v_0$，则加速度为零，表示物体做匀速直线运动。

4.几种变速运动的规律

（1）匀加速直线运动

根据匀变速直线运动中加速度的公式，可以得到匀变速直线运动的末速度为：

$$v_t = v_0 + at$$

同时，由于匀变速直线运动的速度是均匀改变的，所以它的平均速度就等于它的初速度和末速度的平均值，即

$$v = \frac{v_0 + v_t}{2}$$

匀变速直线运动的位移公式为：

$$s = vt = \frac{v_0 + v_t}{2}t$$

即
$$s = v_0 t + \frac{1}{2}at^2$$

自由落体运动是物体只在重力作用下从静止开始下落的一种匀加速直线运动。16世纪以前，许多学者认为，物体下落的快慢是由它们所受的重力决定的，物体越重，下落得越快。其实，这个结论是错误的。意大利科学家伽利略，根据他对落体运动的研究，发现所有物体都以匀加速直线运动降落，并发现（在真空中）加速度的大小对一切物体都是相同的。羽毛无疑地不像石块降落得那样快，这仅仅是因为空气对下落的羽毛施加了一个较大的向上的力（空气阻力），这个力对羽毛起到了阻碍下落的作用。在真空中，羽毛和石块确实以同样的加速度运动。

物体在做自由落体运动时的加速度叫作重力加速度，用g表示。重力加速度的方向与物体自由下落的运动方向相同。国际上规定，标准重力加速度$g=9.80665 \text{ m/s}^2$，计算时一般取$g= 9.8 \text{ m/s}^2$。

自由落体运动是匀加速直线运动。按照匀变速直线运动的基本公式，取$v_0=0$，$a=g$，可得到自由落体运动的公式为：

$$v=gt$$
$$h = \frac{1}{2}gt^2$$
$$v^2 = 2gh$$

（2）匀速圆周运动

物体沿圆周运动是一种常见的曲线运动。例如：风车、转盘、电风扇等旋转物体上各点的运动，旋转的航模飞机的运动。月球和人造地球卫星绕地球的运动也可以近似地看作圆周运动。

做圆周运动的物体，如果在相等时间内通过的圆弧长度相等，这种运动就叫作匀速圆周运动。在描述物体做匀速圆周运动快慢时，常用下面几个物理量：

①周期

物体沿圆周运动1周所用的时间叫作周期。用T表示，其单位是秒（s）。T越大，表示质点旋转得越慢；T越小，表示质点旋转得越快。

②频率

物体在1秒内沿圆周运动的周数，叫作频率。频率用f表示，其单位是赫兹（Hz）。f越大，表示旋转得越快；f越小，表示旋转得越慢。

如果物体在1秒内运动f周，那么它运动1周所需要的时间是$1/f$，所以，周期和频率的关系是

$$T=1/f \text{ 或 } f=1/T$$

③角速度

圆周运动的快慢也可以用物体沿圆周转过的圆心角φ跟所用时间t的比值来描述（见图3-1-2所示），这个比值叫作匀速

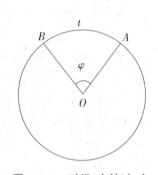

图3-1-2　时间t内转过φ角

圆周运动的角速度，用 ω 表示。即：

$$\omega=\varphi/t$$

④线速度

物体做匀速圆周运动时，它所通过的弧长 s 跟所用时间 t 的比值，叫作匀速圆周运动的线速度，用 v 表示，则

$$v=s/t$$

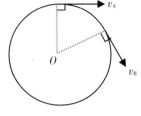

图 3-1-3　线速度

线速度的单位是米每秒（m/s）。线速度是矢量，其方向为该点在圆周上的切线方向（见图 3-1-3 所示）。在匀速圆周运动中，物体在各个时刻的线速度大小不变，但它的方向时刻在改变，所以，匀速圆周运动实际上是一种变速运动。

三、运动和力

（一）力的性质

力是物体间的相互作用。物体间的相互作用，可以产生于相互接触的物体之间，如书对桌面的压力；也可以产生于没有直接接触的物体之间，如磁铁与磁针间的相互作用力。

1. 力的作用效果

物体受到力的作用，会产生什么效果呢？力可以使物体发生形变。手用力拉弹簧，弹簧就伸长；用力拉弓弦，弓就发生弯曲。这都是使物体发生形变的实例。物体的形状或体积的改变，叫作形变。力还可以改变物体的运动状态，也就是改变速度的大小和方向。原来静止的足球被踢出去，在力的作用下由静止变为运动；给运动的足球施加一阻力，可以使它停下来；直线滚动的铁球在经过侧面的磁铁时，因受到磁铁的吸引而改变了运动方向。这些都是使物体的运动状态发生改变的实例。物体间相互作用的大量事实说明：力的作用效果是使受力物体的形状或物体的运动状态发生变化。大量力的特性实例说明，力具有如下三个基本特性：

（1）力不能脱离物体而单独存在。一个物体受到力的作用，一定有另一个物体施加了这种作用。前者是受力物体，后者是施力物体。力是物体间的相互作用，因此，力不能离开物体而单独存在。

（2）力总是成对出现。当甲物体受到乙物体施加的力的作用时，乙物体一定同时也受到甲物体力的作用。物体间的相互作用都是同时成对出现的。

（3）力不仅有大小而且有方向和作用点。每一个力总是沿一定的方向作用于物体。人推箱子的力是向前的，地面对箱子的阻力是向后的，用同样大小的力沿不同的方向去推箱子，力的效果是不同的。如同样一个力 F 在图 3-1-4（a）所示情况下，可能推动箱子；而在图 3-1-4（b）所示情况下，可能就推不动。

力的作用效果还跟力在物体上的作用点有关。沿水平方向以同样大小的力去推一个箱子，作用点不同时，作用效果可能不同。在图 3-1-4（a）所示的情况中，箱子可能移动；在图 3-1-4（c）所示的情况中，箱子可能被推倒。

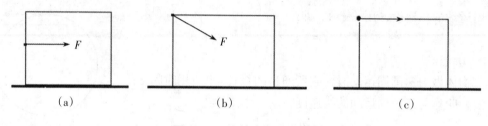

图3-1-4 力的方向和作用点

力的大小、方向和作用点叫作力的三要素。力的大小可用弹簧秤测量。在国际单位制中，力的单位是牛（N）。

2.力的图示

为了直观地表示物体的受力情况,可以用一根带箭头的线段表示一个力。线段是按一定比例（标度）画出来的，它的长度表示力的大小，箭头的指向表示力的方向，线段的起点（或终点）表示作用点，箭头所在的直线叫作力的作用线。这种表示力的方法，叫作力的图示（图3-1-5）。

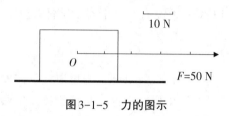

图3-1-5 力的图示

（二）力的分类

力的分类一般有两种方法。一是按力的性质分，有重力、弹力、摩擦力、分子力、电磁力等；二是按力的作用效果分，有拉力、压力、支持力、动力、阻力等。效果不同的力，性质可能相同。例如，拉力、压力、支持力实际上都是弹力，只是效果不同。性质不同的力，效果可能相同。例如，不论是什么性质的力，效果是加快物体运动的力，就可称它为动力；效果是阻碍物体运动的力，就可称它为阻力。力学中的常见力有重力、弹力、摩擦力。

1.重力

一个物体失去支撑时就会落向地面，而且速度不断增大，这是重力引起的。物体由于地球的吸引而受到的力，叫作重力。地球上的一切物体都要受到重力的作用，所以，重力具有特别重要的意义。

在已知物体质量的情况下，重力的大小跟物体的质量成正比。重力 G 跟质量 m 的关系式为 $G=mg$。式中 $g=9.8$ N/kg，它表示质量是 1 kg 的物体受到的重力是 9.8 N。

2.弹力

用力拉橡皮筋时，橡皮筋会伸长且变细；金属丝受到扭力作用要发生扭转。不同的物体在受到相同力的作用后，所产生的形变往往不同，有的形变明显，有的形变不明显。实践证明，任何物体无论受到多么微小的作用力，都会发生形变。发生形变的物体，一旦除去外力，就会恢复原状，如压缩后的弹簧、弯曲了的弓弦等。像这种在外力停止作用能够恢复到原来状态的形变，叫作弹性形变。然而物体的这种形变是有条件的，若施加在物体上的作用力超过一定限度，撤去作用力后物体就不能恢复到原来的状态。这个限度，叫作弹性限度。如图3-1-6所示，变弯的细竹片，会使顶住它的木头受力而在水中开始移动；被拉长了的弹簧，对跟它接触并发生作用的物体也有力的作用。可见，发生形变的物体，由于要恢复原状，就会对引起它形变的物体产生力的作用，这种力叫作弹力。

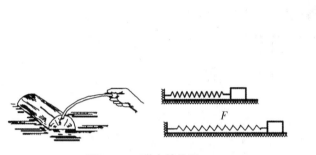

图3-1-6　弹力的作用　　　　　　　　　　图3-1-7　弹力的大小

　　显然，只有在物体间直接接触并发生形变时，才能产生弹力，因此，弹力是一种接触力。挂在电线下面的电灯，在重力作用下拉紧电线，使电线与电灯同时发生微小形变。电灯的微小形变对电线产生向下的弹力，这就是电灯对电线的拉力；电线的微小形变对电灯产生向上的弹力，这就是电线对电灯的拉力。

　　压力、支持力和拉力都是弹力。弹力的方向总是与引起形变的外力方向相反。受压的桌面所产生的弹力垂直于桌面，指向被支持的物体；被拉伸的绳子所产生的弹力与拉伸的方向相反；被压缩的弹簧所产生的弹力与压力方向相反（图3-1-7）。

　　弹力大小与形变的关系，一般来说比较复杂，然而，弹簧的弹力与形变的关系比较简单。研究证明，在弹性限度内，弹簧弹力的大小F跟弹簧伸长（或压缩）的长度x成正比：$F=kx$。

　　式中的k称为弹簧的劲度系数，简称为劲度，它与弹簧的材料、长度、粗细等有关。在国际单位制中，F的单位是牛（N），x的单位是米（m），k的单位是牛每米（N/m）。k在数值上等于弹簧每伸长（或压缩）单位长度时所产生的弹力。弹力的方向总是与伸长或压缩的方向相反，此规律是英国物理学家胡克（1635—1703年）发现的，所以又叫胡克定律。

　　3.摩擦力

　　如图3-1-8所示，放在桌面上的木块跟跨过滑轮的绳子相连接，绳子的另一端悬挂吊盘，盘上有重物，它们通过绳子对木块产生一个水平拉力。当这个拉力较小时，木块相对于桌面虽有相对运动的趋势，但却静止不动。这表明，一个物体在另一个物体表面上有相对运动的趋势时，会受到另一个物体对它的阻碍作用，这种阻碍相对运动趋势的力叫作静摩擦力。这时，静摩擦力恰好与绳子拉木块的力大小相等、方向相反，并且都作用在木块上，彼此平衡。可见，静摩擦力的方向总是跟接触面相切，并且与物体的相对运动趋势方向相反。

由图3-1-8显示，给吊盘增加重物，木块仍然不动，这说明静摩擦力随着绳子拉力的增大而增大。增大后的静摩擦力，仍然与绳子的拉力大小相等、方向相反。这是静摩擦力的量变过程。但是，当吊盘上的重物增加到某一数量时，木块就要开始沿着桌面滑动，就在木块将要开始滑动但又保持相对静止的一瞬间，它受到的静摩擦力达到了最大值，因而，叫作最大静摩擦力。静摩擦力的量变引起了摩擦力质的飞跃，由静摩擦力变为滑动摩擦力。最大静摩擦力在数值上等于使木块开始运动时的最小拉力。

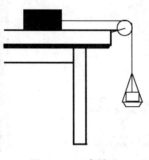

图3-1-8　摩擦力

静摩擦力是常见的一种力。如，拿在手中的瓶子、毛笔不会滑落，就是静摩擦力作用的结果。静摩擦力在生产技术中有着广泛的应用。例如，皮带运输机是靠货物和皮带之间的静摩擦力来运输货物的；皮带传动装置是靠皮带和皮带轮之间的静摩擦力来传递动力的。

在木块开始滑动后，仍然需要一个拉力才能使之做匀速运动，否则它就会慢慢地停下来。这表明，滑动的物体受到摩擦力的作用。滑动物体受到的摩擦力叫作滑动摩擦力，滑动摩擦力略小于最大静摩擦力。滑动摩擦力的方向总是跟接触面相切，并且跟物体相对运动的方向相反。

实验表明：两个物体间滑动摩擦力的大小 F，跟这两个物体表面的正压力 F_N 的大小成正比，即：

$$F=\mu F_N$$

式中的 μ 是比例常数，称为动摩擦因数。它的数值与相接触的两个物体的材料及其接触面的情况（如粗糙程度等）有关。

四、牛顿运动定律

1687年，牛顿在开普勒、伽利略等人研究的基础上，总结了力学的研究成果，发表了他的代表作《自然哲学的数学原理》，这部伟大著作的出版标志着经典力学（也叫牛顿力学）体系的建立。在书中，他提出了力学的三大定律和万有引力定律，对宏观物体的运动规律做出了正确的描述。该书把地球上物体的运动和太阳系内行星的运动统一在相同的物理定律之中，这是物理学史上第一次大综合，也是牛顿创造性研究的结晶，是整个经典力学的基础。下面我们就对这三个定律逐一介绍。

（一）牛顿第一定律

牛顿继承并发展了伽利略关于物体在无加速或减速因素作用时将保持其运动速度的观点，并给出了如下的描述：任何物体都将保持其静止或匀速直线运动状态，直到外力迫使它改变运动状态为止，这就是牛顿第一定律（Newton first law）。下面我们对牛顿第一定律作以下几点说明：

（1）牛顿第一定律表明，任何物体都具有保持其运动状态不变的性质，我们把这个性质叫作惯性（Inertia）。因此，牛顿第一定律常常被称为惯性定律（Law of inertia）。惯性是物体本身的固有属性，在经典物理范围内，惯性的大小与物体是否运动无关。

（2）牛顿第一定律还指出，由于任何物体都具有惯性，要使物体的运动状态发生变化就必须有外力作用。因此，该定律给出了力的概念，力就是物体与物体之间的相互作用。

（3）牛顿第一定律是大量观察与实验事实的抽象与概括。它无法用实验来证明，因为完全不受其他物体作用的孤立物体是不存在的。力的作用规律表明，物体间相互作用力的大小都随着物体间距离的增加而减小，那么远离其他所有物体的该物体就可以看作是孤立物体，那么该物体的运动状态的确就非常接近匀速直线运动状态，如远离星体的彗星的运动。这一事实使我们相信牛顿第一定律是正确的，是客观事实的概括和总结。

（4）牛顿第一定律定义了惯性系。我们把牛顿第一定律在其中严格成立的参照系称为惯性系（Inertial system）。而牛顿第一定律不成立的参照系称为非惯性系。在一般精度范围内，地球可看作是惯性系。

我们把物体保持原来静止或匀速直线运动状态的性质叫作惯性。这是物体本身的一种固有性质，任何物体都具有惯性，它的大小跟质量有关。惯性的大小在实际生活和工作中是经常要考虑的。当我们要求物体的运动状态容易改变时，应尽可能地减小物体的质量。例如，歼击机的动作要十分灵敏，它的质量应可能地小。为了减小它的惯性，战斗前还要抛掉副油箱。当我们要求物体的运动状态不易改变时，应该尽可能地增大物体的质量。例如，工厂的机床都固定在很大的机座上，就是为了增大它的惯性，以防止因受力而发生移动或明显的振动。

（二）牛顿第二定律

从牛顿第一定律知道，力不是物体运动的原因，要改变物体的运动状态就必须对它施加力的作用。例如，要使汽车从静止开始运动，必须启动发动机提供牵引力，牵引力越大，汽车速度变化越大。而要使汽车从运动到静止，必须脚踩车闸并依靠路面阻力使它停下来。由此可见，力可以使物体的速度发生变化。即力是使物体产生加速度的原因。

用同样大小的力推两辆质量不同的车，比如一辆空车和一辆装着货物的重车，空车得到的加速度较大，重车得到的加速度较小，这说明物体的加速度与物体的质量有关。如果用大小不相等的力，分别推同一辆车，车运动的速度变化程度也不同。作用力大，车的速度增加得快，则产生的加速度大；作用力小，车的速度增加得慢，则产生的加速度就小。可见，物体的加速度与作用在它上面的力的大小有关。那么，物体产生的加速度 a 与物体的质量 m 及物体受外力 F 三个物理量之间存在着什么样的关系呢？

牛顿通过精确的实验测量得知：物体加速度 a 的大小跟所受的外力 F 成正比，跟物体

的质量 m 成反比，加速度的方向跟所受外力的方向相同。这就是牛顿第二定律，其数学表达式为：

$$F=ma$$

当物体受到几个力的同时作用时，上式中的 F 应是物体所受外力的合力。如果合外力等于零，则物体的加速度也等于零，这时物体将保持静止或匀速直线运动状态。

如果用相同的外力作用在质量不同的物体上，质量大的物体得到的加速度小，它的运动状态改变得小，它保持原来运动状态的能力强，说明它的惯性大；质量小的物体，得到的加速度大，它的运动状态容易改变，即它的惯性小，所以，质量是物体惯性大小的度量。

加速度和力都是矢量，它们既有大小又有方向。牛顿第二定律不但确定了加速度与力大小之间的关系，而且也确定了它们的方向关系，即加速度的方向与合外力的方向相同。

如果用 G 表示物体的重量，用 m 表示物体的质量，用 g 表示重力加速度，根据牛顿第二定律，我们可以得到质量与重量的关系式：

$$G=mg$$

可见，质量和重量是密切相关的，但它们是完全不同的两个物理量。质量是表示物体所含物质的多少，是物体惯性大小的量度，质量是标量。重量是地球对物体的吸引而使物体受到的力，是矢量。

在地球上相同地区，物体的重力加速度都相同。设有两个质量分别是 m_1 和 m_2 的物体，它们的重量分别为 $G_1=m_1g$ 和 $G_2=m_2g$，由上式可得

$$G_1/G_2=m_1/m_2$$

上式说明，在地球上的同一个地方，物体的重量和它们的质量成正比。如果两个物体重量相等，它们的质量也相等，等臂天平就是利用这个原理称出物体的质量。

（三）牛顿第三定律

力是物体对物体的作用，这种作用是相互的。例如，用手拉弹簧，弹簧受到手的拉力，手也同时受到弹簧的拉力。人走路时，脚尖给地面一个向后的作用力，地面也同时给脚一个向前的作用力，使人前进。我们把物体间相互作用的一对力叫作作用力和反作用力，若把其中的一个力叫作用力，另一个就叫反作用力（图3-1-9）。

图3-1-9　作用力与反作用力

大量的实验表明：物体之间的作用力和反作用力，总是大小相等，方向相反，作用在同一条直线上。这就是牛顿第三定律，又叫作用力和反作用力定律。数学表达式为：

$$F=-F'$$

式中的负号表示它们的方向相反。

牛顿第三定律实际上是关于力的性质的定律。正确理解牛顿第三定律，对分析物体受力情况是很重要的，下面对其作几点说明：

（1）作用力和反作用力总是成对出现的，同时产生，同时消失。

（2）作用力和反作用力是分别作用在两个相互作用的物体上的，不能相互抵消。

（3）作用力和反作用力总是属于同种性质的力。

牛顿第三定律在生产和生活中应用很广泛。轮船（或螺旋桨飞机）的发动机带动螺旋桨高速旋转时，螺旋桨对水（或空气）施加一个向后的作用力，水（或空气）同时也给船（或飞机）一个大小相等的向前的反作用力，使船（或飞机）前进。

五、功和能

自然界中存在着各种不同形式的物质运动：机械运动、热运动、电磁运动以及原子和原子核内部的运动等。各种运动形式在一定的条件下都能直接或间接地相互转化。远古时代，人们在生活实践中发现了摩擦生热的现象，传说的燧人氏发明钻木取火就是机械运动转化为热运动的一个例子。

（一）功

机械运动是人类历史上最先被利用的运动形式之一。原始时期人们就知道投石击兽，进行狩猎。进入农耕时期后，人们就挥锄破土、拉犁耕地进行种植。随着人类文明的进展，机械运动在人们生活和生产中的应用也更加广泛。人们发明创造各种机械，利用它们做功，进一步实现对机械运动的应用。

1. 功的概念

一个物体受到力的作用，并在力的方向上发生了位移，我们就说这个力对物体做了功。力和物体在力的方向上发生的位移是做功的两个不可缺少的因素（见图 3-1-10）。

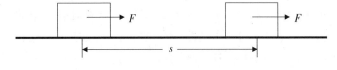

图 3-1-10　功的概念

人推物体使物体沿水平方向运动，物体在推力的方向上发生一段位移，推力对物体就做了功。如果物体被墙挡住，人推物体，物体没有发生位移，推力便没有做功。在推动物体的过程中，物体还受到重力和支持力的作用，这两个力都没有对物体做功，因为物体在竖直方向上没有发生位移。做功的多少是由力的大小和在力的方向上位移的大小所决定的。功等于力 F 和沿力的方向上的位移 s 的乘积，即 $W=Fs$。

我国法定计量单位规定功的单位是焦耳，简称焦，符号是 J。1 牛的力使物体在力的方向上发生 1 m 的位移，力对物体所做的功等于 1 J。

功是一个标量。

2. 功的一般公式

在现实生活中，物体运动的方向并不总是跟力的方向完全一致的。人们用跟水平方向成 α 角的力 F 去推或拉一只箱子沿水平道路前进时，这个推力或拉力做不做功呢？如果做功，怎样计算做功的大小呢？

可以把力 F 分解成两个分力：跟位移方向一致的分力 F_1 和跟位移方向垂直的分力 F_2。设箱子在水平道路上发生的位移是 s，那么力 F_1 所做的功等于 $F_1 s$；力 F_2 的方向跟位移 s 的方向垂直，在 F_2 的方向上箱子没有发生位移，所以，F_2 不做功。因此，力 F 对箱子所做的功就等于它的一个分力 F_1 所做的功，即 $W=F_1 s$，因为 $F_1=F\cos\alpha$，所以 $W=F s\cos\alpha$。如图 3-1-11 所示。

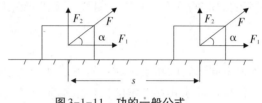

图 3-1-11　功的一般公式

这就是说，力对物体所做的功，等于力的大小、位移的大小、力和位移方向夹角的余弦三者的乘积。上式公式中，当 $\alpha<90°$ 时，W 是正值，力对物体做正功；$\alpha=90°$ 时，$W=0$，力对物体不做功；$\alpha>90°$ 时，W 是负值，力对物体做负功。例如，列车在行驶中受到阻力的作用，阻力的方向和列车位移的方向相反，阻力对列车就做负功。火箭竖直上升时，推力对火箭做正功，而火箭所受重力跟火箭位移的方向相反，重力对火箭做负功。人提着箱子走上楼梯时，人提箱子的力对箱子做正功，重力对箱子做负功。

当一个力对物体做正功时，这个力就是动力，我们就说这个力的施力体"对物体做功"。例如，机车牵引列车前进时，我们就说机车对列车做功。当一个力对物体做负功时，这个力总是阻碍物体运动的，成为物体运动的阻力，我们也可说成"物体克服阻力做功"，这时只取功的绝对值来表示它的大小。例如，阻力对前进中的列车做负功，也可说成列车克服阻力做功；重力对上升的火箭做负功，也可说成火箭克服重力做功。

人类在几千年前已经懂得利用机械做功。我国是世界上最早发展机械的国家之一，从用人力作为动力，发展到用水力和风力等作为动力对机械做功，以利用机械克服阻力或重力做功。

（二）能

能量简称"能"，它是描述物质（或系统）运动状态的一个物理量，是物质运动的一种量度。任何物质都离不开运动，在自然界中物质的运动形式是多种多样的，相应于各种不同的运动形式，就有各种不同形式的能量。自然界中主要有机械能、热能、光能、电磁能、原子能等形式的能量。当运动形式之间相互转化时，它们的能量也随之而转换。例如，利用水位差产生的河水冲击力推动水轮机转动，能使发电机发电，将机械能转换为电能；电流通过电热器能够发热，使电能转换为热能；电灯泡可使电能转换为光能和热能；各种内燃机，利用汽油或柴油在汽缸中燃烧的过程，将化学能转换为热能，热能再转换为机械能，推动活塞往复移动。上述实例证实，各种形式的能量都可相互转化，在转化过程中，一种形式的能增加了多少，必有另一种形式的能减少多少，能的总量保持不变。自然界一切过程都服从能量守恒和转换定律。物体要对外界做功，就必须消耗本身的能量或从别处得到能量的补充，因此，一个物体的能量越大，它对外界就有可能做更多的功。能量是一个标量，其单位与功的单位一致，常用的单位是焦耳、千瓦时等。能量和质量之间具有密切的关系。

1. 动能

由于物体本身运动而具有的能量，或者说，由物体运动的速度所确定的能量叫作动能。当物体做变速运动时，其动能是随时在变化的，所以，计算变速运动物体的动能时应明确是在哪一时刻的动能。由于物体的运动速度是相对的，因此，物体的动能也是相对的，它对于不同的参照物有不同的值。

2. 动能定理

合外力对物体所做的功，等于物体动能的增量，这一结论叫作动能定理。

即

$$E_{K_2} - E_{K_1} = W_合$$

式中 E_{K_1} 和 E_{K_2} 分别表示运动物体在初状态时和末状态时所具有的动能，$W_合$ 表示合外力（即外力的合力）对物体所做的功，也就等于各个外力对物体所做的总功 W。如果 $W > 0$，则表示外力对物体做正功，物体获得能量，动能增加；如果 $W < 0$，则表示外力对物体做负功，即物体对外做正功，或者说物体克服外力做功，物体必须消耗能量，它的动能减少；如果 $W = 0$，则说明外力对物体不做功，物体的动能不增加也不减少。动能定理是力学中的一条重要规律，它是根据牛顿运动定律推导出来的。动能是反映物体本身运动状态的物理量，物体的运动状态一定，能量也就唯一确定了，故能量是"状态量"，而功并不决定于物体的运动状态，而是和物体运动状态的变化过程，即能量变化的过程相对应的，所以功是"过程量"。功只能量度物体运动状态发生变化时，能量变化了多少，而不能量度物体在一定运动状态下所具有的能量。此定理体现了功和动能之间的联系，由于动能定理不涉及物体运动过程中的加速度、时间、物体运动的路径，因而在只涉及位置变化与速度的力学问题中，应用动能定理比直接运用牛顿第二定律要简单。

3. 势能

物体并不是仅靠运动才能获得能。由相互作用的物体之间的相对位置，或由物体内部各部分之间的相对位置所确定的能，叫作势能。例如，你把地上的书捡起来放到桌子上或给玩具上发条，你就向它们传递了能，这些能被存储了起来。若书掉到地上或者发条重新松开，能量又会被释放。势能是属于物体系共有的能量，通常说一个物体的势能，实际上是一种简略的说法。势能是一个相对量。选择不同的势能零点，势能的数值一般是不同的。

势能按作用性质的不同，可以分为引力势能、弹性势能、电势能等。力学中势能有引力势能、重力势能和弹力势能。

（1）重力势能

由于地球和物体间的相互作用（重力）物体所具有的能量叫作重力势能。物体由于被举高才具有重力势能，而物体在被举高的过程中是在克服重力做功。因此，重力势能跟克服重力做功有密切的关系。用 E_p 表示重力势能，则：

$$E_p=mgh$$

从上式看，物体的重力势能等于它的重力和高度的乘积，或等于物体的质量、重力加速度、高度三者的乘积。物体的质量越大，高度越大，它的重力势能就越大。重力势能是相对的，同一物体的重力势能的大小决定于零势能位置的选择。零势面以下的物体，重力势能为负值。物体的重力势能属于物体与地球所共同具有的。重力对物体做的功等于物体重力势能的增量的负值。即重力所做的功只跟初末位置有关，而跟物体运动的路径无关。

（2）弹性势能

物体由于发生弹性形变，各部分之间存在着弹性力的相互作用而具有的势能叫作弹性势能。例如，被压缩的气体、拉弯的弓、卷紧的发条、拉长或压缩的弹簧都具有弹性势能。被压缩或伸长的弹簧具有的弹性势能，等于弹簧的劲度系数 K 与弹簧的压缩量或伸长量 x 的平方乘积的一半，弹性势能的单位与功的单位是一致的。确定弹性势能的大小需选取零势能的状态，一般选取弹簧未发生任何形变，而处于自由状态的情况时，其弹性势能为零。弹力对物体做功等于弹性势能增量的负值。即弹力所做的功只与弹簧在起始状态和终了状态的伸长量有关，而与弹簧形变过程无关。弹性势能以弹力的存在为前提，所以弹性势能是发生弹性形变，各部分之间有弹性力作用的物体所具有的。如果两物体在相互作用时都发生形变，那么每一物体都有弹性势能，总弹性势能为二者之和。

（3）引力势能

物体系的各物体之间由于万有引力相互作用而具有的势能叫作引力势能。例如，地球周围各物体和地球之间有引力作用，因此这些物体具有引力势能。

（4）功能原理

合外力（不包括万有引力、重力和弹性力）对物体所做的功等于物体机械能的增量，这个结论就叫作功能原理。

其表达式为：$W_合 = E_2 - E_1$

式中 E_1 和 E_2 分别表示物体在初状态和末状态时的机械能，$W_合$ 表示合外力（不包括重力和弹性力）对物体所做的功。从式中可知：当机械能增加时，即 $E_2 > E_1$，则 $W_合 > 0$，合外力对物体做正功；当机械能减少时，即 $E_2 < E_1$，则 $W_合 < 0$，合外力对物体做负功；机械能不变时，即 $E_2 = E_1$，则 $W_合 = 0$，合外力对物体不做功。从上述分析可知：能是表达物体运动状态的物理量，用做功的多少可以量度能量的变化量。功和能都是标量，它们的单位相同，但却是两个本质不同的物理量。能是用来反映物体的运动状态的物理量。处于一定的运动状态的物体就具有一定的能量。而做功的过程是物体在力的作用下，位置变化的过程，也就是能量从一个物体传递给另一个物体的过程。

六、能的转化和守恒定律

（一）动能和势能的相互转化

我们已学过了三种不同形式的能：动能、重力势能和弹性势能，我们把这三种形式的能统称为机械能。不同形式的机械能之间，是可以互相转化的。当物体自高处自由下落时，高度虽在逐渐减小，但速度却在增大，在这个过程中，随着高度的改变，物体的势能转化为物体的动能。与此相反，物体在竖直上抛的过程中，高度逐渐增大，速度逐渐减小，物体的动能转化为物体的势能。

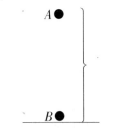

图 3-1-12 自由落体运动图

图 3-1-12 是一个质量为 m 的物体在下落过程中的能量转化（空气阻力忽略不计）。在最高点 A 上的总机械能为 $E_A = E_{PA} + E_{KA} = mgh + 0 = mgh$；地面 B 点上的总机械能为 $E_B = E_{PB} + E_{KB} = 0 + \dfrac{1}{2}m \times 2gh = mgh$。

可见，物体在自由下落过程中，它的势能不断地转化为动能，但是在任何时刻动能和势能的和不变，也就是它的总机械能不变。在只有重力和弹力做功的情况下，任何物体在势能和动能相互转化的过程中，总机械能保持不变。这个结论，称为机械能转化和守恒定律，它是力学中的一条重要规律，又是更为广泛的能量守恒定律的一个重要部分。

在讨论机械能守恒定律时，必须指出：只有在重力或弹力对物体做功而其他力不做功的条件下，机械能守恒定律才成立。这是为什么呢？下面我们通过两个例子来进一步说明机械能守恒定律成立的条件。

1. 设有一放在地面上的物体，它的动能和势能均为零。在绳索的牵引下被加速提到空中，在提升过程中，物体系统的动能和势能都增加了，总的机械能不守恒了。这是因为在提升过程中，外力（绳索的拉力）对物体做了功，使得系统的机械能增加了。

2. 有一个在水平面上滑行的物体，由于受到摩擦力的作用，速率逐渐减小，最后停了下来，在这个过程中，物体的势能并没有改变，但动能却减少了，总的机械能不守恒了。这是因为在滑行过程中，摩擦力对物体做了功，使物体的机械能转化为热能，致使机械能减少。

上述两例告诉我们，对一个物体系统来说，如果有摩擦或外力对它做功，此物体系统的机械能就不守恒。但是，如果摩擦力或外力对系统不做功，那么，系统内的动能和势能不仅可以相互转换，而且它们的总和是守恒的。

机械能守恒定律，可以用来解决许多力学问题，而且在方法上比较简捷。

例题：质量为 m 的宇宙火箭，为了完全逃脱地球的引力，自地球发射的速率必须是多少？（设地球半径为 R_e，地球质量为 m_e。）

解：在地球表面上火箭的势能是

$$E_p = -\frac{Gm_e m}{R_e}$$

而距地球无限远处的势能是 $E_p=0$，我们要求火箭能逃逸的最小速率，因而可以设它最终到达无限远处的动能为零，$E_k=0$。宇宙火箭的机械能是一个恒量。所以

$$E_p + E_k = 0$$

$$E_k = -E_p = \frac{Gm_em}{R_e} = \frac{1}{2}mv^2$$

因为

$$G = \frac{gR_e^2}{m_e}$$

所以

$$v^2 = \frac{2Gm_e}{R_e} = 2gR_e$$

计算得出 $v=11.2$ km/s。这也是完全逃脱地球作用所需要的最小速率，所以也称它为逃逸速度或第一宇宙速度。它就是火箭离开地球的大致速率。

（二）内能及其转化

1. 内能

物体的内能是由两部分能量所组成的。一部分是物体分子做无规则运动的动能，称为分子动能。由于分子运动快慢不同，因此，每一个分子的动能也不相等，所以，一般所谈的分子动能是物体内所有分子动能的平均值。我们知道温度越高，分子运动越剧烈，无规则运动的速度增大，分子的平均动能就越大，所以，从分子运动论的观点来看，温度是物体分子平均动能的标志。另一部分是由分子与分子间相互作用的力所决定的，即由与力相关的分子间相对位置所决定的势能，称为分子势能。分子间的相互作用比较复杂，如果分子间的距离 r 大于 0，它们的相互作用是引力，分子势能随着分子间距离的增大而增加，这种情况与弹簧被拉长时的弹性势能的变化相似。如果分子间的距离 r 小于 0，它们的相互作用是斥力，分子势能随着分子间距离的减小而增加，这种情况与弹簧被压缩时弹性势能的变化相似。一个物体的体积改变时，分子间的距离随着改变，分子势能也随着改变。所以，分子势能跟物体的体积有关系。

由于物体分子的平均动能同温度有关系，分子势能同物体的体积有关系，所以物体的内能多少同物体的温度和体积都有关系。

2. 物体内能的变化

任何物体都具有内能，这是物体固有的属性，但是，也可以改变外界的条件来改变物体的内能。做功可以改变物体的内能。例如，钻头钻孔时做了功，钻头和工件都变热，内能都增加；活塞压缩空气做功，空气发热，内能增大。这些都说明了做功可以改变物体的内能。热传递也可以改变物体的内能。例如，灼热的火炉，可以使它上面和它周围的物体温度升高，内能增多；火炉熄灭以后，这些物体温度降低，内能减少。可见，热可以通过传导、对流、辐射等传递方式，使物体的内能改变。

综上所述，能够改变物体内能的物体过程有两种：做功和热传递。当物体的内能增多时，表明它从别的物体得到了某一数量的能；当物体的内能减少时，表明它把自己的一部分内能传给了其他的物体。物体内能的改变，如果是由于做功的原因，就可以用做功的大小来量度；如果是由于热传递的原因，就可以用热量的交换来量度。

3. 热力学第一定律

在热力学中，一般把要研究的宏观物体看成是热力学系统，简称系统。对系统做功或对系统传递热量，都能使系统的内能增加；反之，系统对外界做功或向外界传递热量，系统的内能则减少。如果系统在开始时的内能为 E_1，变化后的内能为 E_2，即内能的改变为

E_2-E_1。在此过程中，系统由外界吸收的热量为 Q，它对外做的功为 W，则根据能量守恒与转换定律，系统吸收的热量，一部分使系统的内能增加，另一部分是系统对外做功，则有：

$$Q =(E_2 - E_1)+ W$$

这就是热力学第一定律的数学表达式。显然，热力学第一定律就是包括热力学现象在内的能量守恒与转换定律。

由热力学第一定律可以知道，要使系统对外做功，必然要消耗系统的内能或由外界吸收热量。历史上曾有不少人企图制造一种机器，既不消耗系统的内能，又不需要外界对它传递热量，即不消耗任何能量而能不断地对外做功。这种机器成为第一类永动机。很明显，它违反了热力学第一定律，制造第一类永动机是不可能的。

世界是由运动的物质组成的，物质的运动形式多种多样，并在不断相互转化。正是在研究运动形式转化的过程中，人们逐渐建立起了功和能的概念，能是物质运动的普遍量度，而功是能量变化的量度。这种说法概括了功和能的本质，在物理学中，从19世纪中叶产生的能量定义："能量是物体做功的本领"，一直沿用至今。

（三）能的转化和守恒定律

随着人类对机械能、内能、电能、化学能、生物能等各种能量形式认识的发展，以及它们之间都能以一定的数量关系相互转化的发现，使得能量守恒定律得以建立。这是一段以百年计的漫长历史过程，随着科学的发展，许多重大的新物理现象，如物质的放射性、核结构与核能、各种基本粒子等被发现，都只是给证明这一伟大定律的正确性提供了更丰富的事实。地球上利用的一切主要能源，除了核能以外，大部分都来自太阳。太阳以光的形式供给能量，植物借助光合作用使太阳能转化为化学能。人类在长期的生产实践和科学研究中，认识到在任何物理、化学过程中，一切形式的能量增加，必有等量的其他形式的能量减少，最后得出了能量转化和守恒定律：

1. 自然界中不同的能量形式与不同的运动形式相对应：物体机械运动具有机械能、分子运动具有内能、电荷的运动具有电能、原子核内部的运动具有原子能等。

2. 不同形式的能量之间可以相互转化：摩擦生热是通过克服摩擦力做功将机械能转化为内能；水壶中的水沸腾时，水蒸气对壶盖做功将壶盖顶起，表明内能转化为机械能；电流通过电热丝做功可将电能转化为内能等。这些实例说明了不同形式的能量之间可以相互转化，且是通过做功来完成这一转化过程。

3. 某种形式的能减少，一定有其他形式的能增加，且减少量和增加量一定相等。某个物体的能量减少，一定存在其他物体的能量增加，且减少量和增加量一定相等。

能量守恒定律的发现告诉我们，尽管物质世界千变万化，但这种变化绝不是没有约束的，最基本的约束就是守恒律，也就是说，一切运动变化无论属于什么样的物质形式，反映什么样的物质特性，服从什么样的特定规律，都要满足一定的守恒律。能量既不会凭空产生，也不会凭空消失，它只能从一种形式转化为别的形式，或者从一个物体转移到别的物体，在转化或转移的过程中其总量不变。能量守恒定律如今被人们普遍认同。

能量守恒定律是自然界最普遍、最重要的基本定律之一。从物理、化学到地质、生物，大到宇宙天体，小到原子核内部，只要有能量转化，就必须服从能量守恒的规律。从日常生活到科学研究、工程技术，这一规律都发挥着重要的作用。人类对各种能量，如煤、石油等燃料以及水能、风能、核能等的利用，都是通过能量转化来实现的。能量守恒定律是人们认识自然和利用自然的有力武器。

能量转化和守恒定律是自然界中的基本规律，任何自然现象都遵守这个规律。历史上有不少人希望设计一种机器，这种机器不消耗任何能量，却可以源源不断地对外做功。这种机器被称为永动机。历史上曾经无数人痴迷于永动机的设计和制造，虽然人们经过多种尝试，做了多种努力，但永动机无一例外地都归于失败。人们把这种不消耗能量的机器叫作第一类永动机。能量守恒定律的发现，使人们进一步认识到：任何一部机器，只能使能量从一种形式转化为另一种形式，而不能无中生有地制造能量，因此第一类永动机是不可能造出来的。能不能制造完全将不同种形式的能互相转化而无损失的热机呢？这种热机无冷凝器，只有单一的热源，它从这个单一的热源吸收的热量，可以全部用来做功，而不引起其他变化。人们把这种想象中的热机称为第二类永动机。它虽然不违反能量守恒定律，但因为机械能和内能的转化具有方向性，因此也不可能实现。

第二节　光与视觉

我们生活在充满阳光的世界里，依靠光和许多仪器的帮助，既能观察广阔无际的宇宙太空，又能探索肉眼无法辨认的微观粒子。在日常生活中，我们也是依靠眼睛等感觉器官来认识我们周围事物的。

光是一种传递能量而不传递质量的波。太阳光对地球上的一切生物来说都是必不可少的。它以光的形式给地球输送太阳能，植物通过光合作用，把无机物合成为有机物，而植物本身又作为动物的食物链基础。光除了输送能量以外，还给动物、人类提供维持生命所必需的有关周围环境的信息。动物用来察觉光的复杂机制已逐步进化、形成、发展成了各种各样的感光器官——眼。

一、光的量度

（一）光源

有许多物体，像太阳、电灯、萤火虫、水母等，它们都能自己发光，而月亮、星星，虽然看上去很亮，但它们不能自己发光。习惯上，我们把自己能够发光的物体叫作发光体，也称为光源。

物体发出的光有两种，即冷光和热光，例如太阳、电灯、蜡烛，它们发出的光是热光，一般是把热转变成光；而日光灯、原子灯、水母等，它们不是把热转变为光，而是把其他形式的能量直接转变为光，这种光和热光不同，发光物体的温度没有升高，我们称它为冷光。

物体分为发光体或非发光体，是因其构成的材料及状况而定，白炽灯内的灯丝，在没有通电以前，它不是发光体，当灯丝中通过的电流逐渐增加时，灯泡的亮度也会随之增加，颜色也随之改变。而冷的铁片放入炉内加热，它便可以发出红、黄乃至白炽的光，这些特性就是热光源所具有的，都与其温度有关，然而冷光源的颜色则主要是随其发光物质构成的种类而定，与温度无关。

如果光源是一个极小的发光点，或者光源虽有一定的大小，但是与其被照射物体的距离来比却是很小的，那么，这种光源就称为点光源。一般光源可以视为许多点光源的集合体。电光源发出的光是均匀向周围发散的。有时候，光源赋以适当的装置后，发出的光不是发散的，而是平行的光束（例如，探照灯等），这种光源称为平行光源。

（二）光强度、光通量和发光亮度

不同光源的发光强弱是不同的，即使是同一个光源，沿着不同的方向，它的发光强弱也可能是不相同的。发光强度就是表示光源发光强弱的量。光源发光时，总要消耗其他形式的能量。从光源向空间不断辐射出去的可见光具有一定的能量。我们把光源在单位时间内，向各个方向发出的全部光能，称为光源的光通量。发光体在单位面积上发出的光通量，称为发光体的发光亮度。发光体的发光强度是相同的，但发光面积不同，发光亮度也不同。例如，同是160 W的白炽透明灯和白炽磨砂灯，前者的光是从钨丝表面发出来的，亮度较大，但很刺眼；后者是从灯泡表面发出来的，亮度较小，但却柔和。荧光灯管就是由于发光面积大，亮度均匀而接近自然，使人易于适应。

（三）照度

在日常生活中，我们能不能看清楚一个物体，或能否辨别物体上极其细微的部分，这与物体表面被照明的程度有关系，在受照物体表面上得到的光通量与被照射的面积之比，称为这个表面的照度，也称为光通密度。它描述的是物体表面被照明的程度，当物体表面积一定时，表面得到的光通量越多，表面的照度就越大，如果表面所得到的光通量一定，则在均匀照射的情况下，被照射的面积越大，照度越小。

二、光的反射和折射

一般情况下，光在真空和在同一种均匀的媒质中是直线传播的。当光从一种媒质射入另一种媒质中，或者媒质本身不均匀的时候，光的传播情况就比较复杂了。假设光从空气射入水中，在空气和水的分界面上，光线将分成两部分，一部分返回原来的媒质（空气），另一部分折入另一媒质（水），前一种现象称为光的反射，后一种现象称为光的折射。

（一）光的反射和反射定律

光在两种物质分界面上改变传播方向又返回原来物质中的现象，叫作光的反射。光在反射时，具有一定的规律（见图3-2-1）。光的反射定律如下：

1. 在反射现象中，反射光线、入射光线和法线都在同一个平面内；
2. 反射光线和入射光线分居法线两侧；
3. 反射角等于入射角。

可归纳为："三线共面，两线分居，两角相等。"

根据反射定律，如果光线逆着原来反射光线的方向入射到界面，它就要逆着原来入射光线的方向反射。所以，在反射时，光路是可逆的。

平行光线射到光滑表面上时，反射光线也是平行的，这种反射叫作镜面反射；平行光线射到凹凸不平的表面上时，反射光线射向各个方向，这种反射叫作漫反射。

（二）光的折射和折射定律

光从一种媒质斜射入另一种媒质时，传播方向一般会发生变化，这种现象叫光的折射。光的折射与光的反射一样都是发生在两种媒质的交界处，只是反射光返回原媒质中，而折射光则进入到另一种媒质中，由于光在两种不同的媒质里传播速度不同，故在两种媒质的交界处传播方向发生变化，这就是光的折射。在两种媒质的交界处，既发生折射，也可发生反射。光在折射时，也有一定的规律（见图3-2-1）。光的折射定律如下：

1.光从空气斜射入水或其他媒质中时，折射光线与入射光线、法线在同一平面上，折射光线和入射光线分居法线两侧；

2.当光线垂直射向媒质表面时，传播方向不变，在折射中光路可逆；

3.入射角的正弦跟折射角的正弦的比值，对于给定的两种媒质是一个常数（这个常数称为光线由一种媒质射入第二种媒质时的折射率），它等于光在这两种媒质中的光速之比。

光在任何媒质里的传播速度都比在真空中的传播速度小，所以，任何媒质的折射率都大于1。光速在空气中和在真空中极为接近，可看成近似相等，其折射率近似等于1。

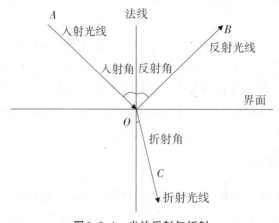

图3-2-1　光的反射与折射

（三）透镜成像

1.透镜

以两个球面（或其中一个是平面）为折射界面的透明体，叫作透镜。透镜分为凸透镜和凹透镜两类：凸透镜边缘薄，中央厚；凹透镜边缘厚，中央薄。这两种透镜除了中央以外，都可以看作是由许多棱镜组成的。由于这些棱镜的折射，一般而言，凸透镜能把平行的入射光会聚在透镜的另一侧，形成焦点；凹透镜能把入射的平行光线，在透镜的另一侧发散，反向延长后会聚在入射光线一侧，形成虚焦点。

如图3-2-2所示，通过透镜的两个球面中心的直线 C_1C_2，称为透镜的主光轴或主轴；在主轴上有一点 O，通过这个点的光线，射入透镜前和射出透镜后的方向不变，称为透镜的光心；平行于主轴的光线经过透镜后，其折射线或折射线的反向延长线跟主光轴相交的点 F，叫作主焦点或焦点。

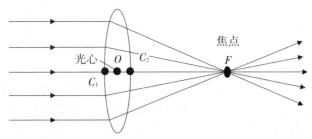

图3-2-2　透镜的主轴和焦点示意图

从光心到焦点的距离 OF，称为透镜的焦距，用 f 表示。从图3-2-2可以看出，透镜的焦距越短，光线偏折得越厉害。因此，可以用焦距的倒数 $1/f$ 来表示透镜的折光能力，$1/f$ 称为透镜的焦度，用 D 来表示，因此

$$D=1/f$$

取焦距等于1 m的透镜的焦度为焦度的单位，称为1屈光度。凸透镜的焦度是正的，凹透镜的焦度是负的。通常所使用的眼镜的度数，是用屈光度的100倍来表示的。例如：某一老花镜的焦距为0.4 m，它的焦度 $D=1/0.4=2.5$ 屈光度，这眼镜就是250度；另一近视镜的焦距为-0.4 m，它的焦度 $D=-1/0.4=-2.5$ 屈光度，就是-250度。

2.透镜成像

透镜成像可以用作图法求出。光源（或被照亮的物体）发出的无数条光线中，有三条特殊的光线，它们通过透镜后方向是完全确定的：

A.通过光心的光线，经透镜后方向不变；

B.跟主轴平行的光线，折射后通过焦点；

C.通过焦点的光线，折射后与主轴平行。

所以，经常利用这三条线中的任意两条作图，由其交点作出物体某光点的像。物体可以看作是点的集合。因此，用点的集合的方法就能得到整个物体的像（图3-2-3）。

从成像图可以看出：在凸透镜焦点以外的物体所成的像总是与该物体处于透镜异侧，呈倒立实像；在焦点以内的物体所成的像，总是与该物体处于透镜同侧，呈放大正立虚像；而凹透镜所成的像只能是与物体处于透镜同侧，呈缩小正立虚像。

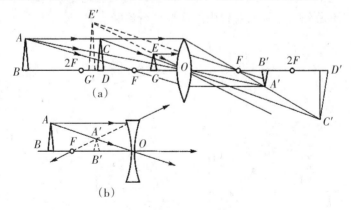

（a）凸透镜　（b）凹透镜

图3-2-3　透镜成像示意图

三、全反射

（一）全反射现象

光从一种媒质射入另一种媒质时，一般是同时发生反射现象和折射现象的。当光线从折射率较小的媒质（光在其中的传播速度较大）进入折射率较大的媒质（光在其中的传播速度较小）时，折射角小于入射角，它就朝向法线折射；当光线从折射率较大的媒质进入折射率较小的媒质时，折射角大于入射角，它就远离法线折射。如果入射角为小于90°的角时，折射角刚好等于90°，折射光恰好掠过界面，跟界面平行，这时的入射角称为临界角；如果入射光线的入射角再继续增大，大于临界角，那么，光线全部从媒质分界面上返回折射率较大的媒质，这种现象称为全反射（见图3-2-4）。

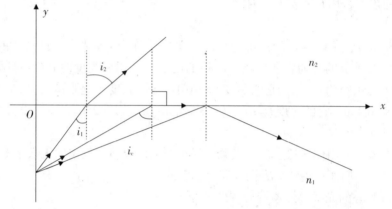

图3-2-4　全反射示意图

因此，发生全反射的条件是：（1）光线从折射率比较大的媒质射入折射率比较小的媒质；（2）入射角大于临界角。

（二）全反射现象的应用

近年来发展起来的光导纤维，就是全反射的一种应用。光导纤维在医学上也获得了应用（见图3-2-5）。例如，病人胃的内部可通过插入整齐排列的纤维束来进行检查。为了照明胃的内壁，光沿着纤维束的外侧纤维传下去，而反射光则通过纤维束内侧的纤维传回来。这样，可以不做外科手术而对胃内的病变进行诊断。

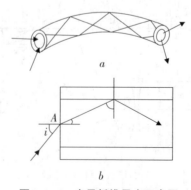

图3-2-5　光导纤维导光示意图

四、眼睛及视觉的形成

(一) 人眼构造

眼睛是人体的一个重要感觉器官,从外界传入大脑信息的70%～80%都是来自人体的眼睛。依靠眼睛的调节作用,可以把距离不同的物体,都在像距相同的视网膜上成像,得到一个缩小倒立的实像。

眼睛可以分为三部分:眼球、眼附属器和视觉通路。眼球接受外界光线的刺激;视觉通路把视觉冲动传至大脑的视觉中枢,获得视觉形象;眼附属器则主要对眼球及视觉通路起保护作用。

在这些结构中最重要就是眼球,下面重点介绍它的构造(见图3-2-6)。

眼球的外形近似球形,其结构及功能类似一个微型照相机,但远比照相机精密、准确。

眼球由眼球壁和眼内容物所组成。

1. 眼球壁

它由外向内可分为三层:外层为纤维膜;中层为葡萄膜;内层为视网膜。

外层纤维膜由纤维组织构成,坚韧而有弹性。前1/6透明的角膜和后5/6乳白色的巩膜共同构成完整、封闭的外壁,起到保护眼内组织、维持眼球形状的作用。角膜是光线进入眼球的入口,俗称"黑眼珠";巩膜与角膜紧接,不透明,俗称"白眼珠"。

中层具有丰富的色素和血管,所以又叫色素膜,具有营养眼内组织及遮光的作用。自前向后又可分为虹膜、睫状体、脉络膜三部分。虹膜呈环圆形,表层有凹凸不平的皱褶,这些皱褶像指纹一样每个人都不相同,而且不会改变。虹膜中间有一直径为2.5～4 mm的圆孔,这就是我们熟悉的瞳孔,依光线强弱可缩小或放大,以调节进入眼球的光线,就如同照相机的光圈;睫状体参与眼的调节功能;脉络膜连接于睫状体后,含有丰富的色素,呈紫黑色,起遮光作用,就相当于照相机的暗箱。

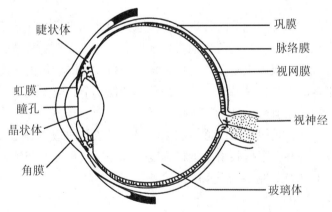

图3-2-6 眼球的构造示意图

内层视网膜是一层透明的膜,具有感光作用,是视觉形成的神经信息传递的最敏锐的区域,其作用好比照相机的底片。

2. 眼内容物

眼球内的组织，包括房水、晶状体和玻璃体。三者均为屈光间质，有曲折光线的作用。

房水为无色透明的液体，充满前后房，由睫状体的睫状突产生，具有营养角膜、晶体及玻璃体，维持眼压的作用。

晶状体位于虹膜、瞳孔之后，玻璃体之前，借助悬韧带与睫状体相连。形状如双凸透镜，是一种富有弹性、透明的半固体，能改变进入眼内光线的屈折度，相当于照相机调焦的作用。

玻璃体位于晶状体后面，充满眼球后部的4/5空腔，为透明的胶质体，主要成分为水，具有屈光和支撑视网膜的作用。

这三部分加上外层中的角膜，就构成了眼的屈光系统。外界物体发出或反射出来的光线经过这些透明的屈光介质后，在视网膜上形成一个倒立的图像，视神经把双眼获得的图像信息传递给大脑，再由大脑将颠倒的图像翻转，两眼图像组合，我们便可以清晰地看到外界的事物了。由此可见，视觉形成是一个复杂、精细的过程（见图3-2-7）。

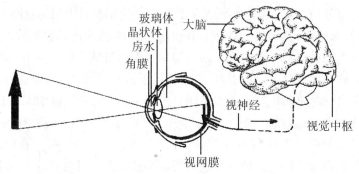

图3-2-7　视觉形成的示意图

3. 眼睛的缺陷及矫正

（1）近视眼及其矫正

近视眼是指眼睛在不使用调节时，平行光线通过眼的屈光系统屈折后，焦点落在视网膜之前的一种屈光状态，眼睛不能清楚地看见远处的物体，而只能看清较近的物体（近点也小于10 cm）。近视眼的成因很复杂。从成像角度分析，当晶状体的焦距太短，或角膜到视网膜的距离比正常的眼睛长一些时，无论晶状体如何调节，也不能把平行光束会聚在视网膜上（成像于视网膜之前），造成了近视。

近视眼的矫正方法，是佩戴用凹透镜制成的眼镜。依靠凹透镜对光束的发散作用，可使物体所成的像移后一些。根据眼睛的近视程度，选择适当焦度的凹透镜，可使远处物体恰好成像于视网膜上（如图3-2-8所示）。

（2）远视眼及其矫正

处在休息状态的眼睛使平行光在视网膜的后面形成焦点，称为远视眼。远视眼不能看清楚近处物体（近点比25 cm还要远），远视眼的成因也比较复杂。从成像角度分析，当晶状体的焦距太长，或角膜到视网膜的距离比正常的眼睛短一些时，无论晶状体如何调节，也不能把平行光束会聚在视网膜上（成像于视网膜之后），造成了远视。

远视眼矫正的方法，是佩戴用凸透镜制成的眼镜。依靠凸透镜对光束的会聚作用，使物体所成的像移前一些。根据眼睛的远视程度，选择适当焦度的凸透镜，使近处物体恰好成像于视网膜上。另外，某些老年人的晶状体，由于失去了调节作用，注视近物时，其情形与远视眼相似，这称为老花眼。老花眼也可通过佩戴凸透镜制成的眼镜进行矫正（如图3-2-9所示）。

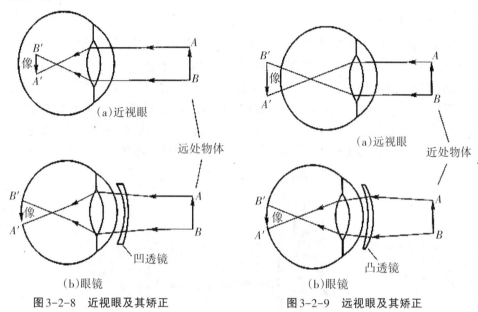

图3-2-8　近视眼及其矫正　　　图3-2-9　远视眼及其矫正

（3）散光眼

晶状体及角膜，原为球形，如果晶状体及角膜不成球形，而角膜两垂直截面的曲率半径各处不等，则所成之像，各方不能同样明晰，物体上一点之像成为一短线，及物体上各点不能同时对光，此缺点称为散光。补救的办法是用圆柱形透镜制成眼镜，由此透镜之曲率补救眼睛在该方向曲率之畸形，而与其他方向之曲率一致。

第三节　声和听觉

声和光一样，也是一种传递能量而不传递质量的波。声波在那些具有产生和接收声的专门器官的高等动物的生活中（尤其在人类生活中）具有重要的意义。

一、声音的产生和传播

（一）声音的产生

我们拉动胡琴的弦，弦线因振动而发声；敲锣打鼓，亦因鼓面和锣面振动而发声；笛、萧等则依靠空气柱的振动而发声。仔细观察日常生活中听到的各种声音，可以发现它们都是由相关的物体振动而发出的。这种振动的物体，称为声源。固体、气体振动会发声，即使是液体振动，亦一样可以发出声音，比如瀑布所发出的声，就是液体振动时的声音。人发声是由于声带的振动。鸟鸣声是由于其气管和支气管交界处鸣管、发声肌膜的振动；蝉的叫声是由于其翅膀的抖动。往热水瓶中灌水到即将满时，由于水和空气的振动相同，则可听到较大的声音。

（二）声音的传播

声音是由物体的振动产生的，它又是如何传到我们的听觉器官的呢？现将一正响着的电铃置于有抽气机的玻璃罩内（见图3-3-1），这时，虽有隔绝，但仍可听见电铃声；若将玻璃罩内的空气逐渐抽出，电铃声便逐渐变弱，当罩内的空气仅余少许时，则电铃声减弱到几乎听不见。若再把空气徐徐放入罩内，则电铃声又逐渐增强。这个实验表明：物体的振动所发出的声音需要通过传递声音的媒质来传播到听觉器官——耳，这媒质通常是空气。若没有传声的媒质（如气体、液体、固体等），声音是不能传播开来的。

通至抽气管

图3-3-1　铃声的变化

（三）声音的传播速度

在雷电交集时，我们总是先看见闪电，然后才听到雷声；从远处看爆山，先见到炸药发出的白烟，稍后才听见爆破声。其实，雷声和闪电、炸药的白烟和爆炸声都是同时发生的，只是因为光在空气中传播的速度大，声音传播的速度比光速小得多。由实验测得，在0℃时，声音在干燥不动的空气中传播的速度为331 m/s。声音在空气中的传播速度与压强和温度有关。声音在空气中的传播速度随温度的变化而变化，温度每上升或下降5℃，声音的传播速度上升或下降3 m/s。声波在不同的媒质中有不同的传播速度，在常温下，在液体和固体中的声速比在空气中大。

二、声波的反射、折射和衍射

声波在传播过程中常会遇到各种各样的"障碍物"。例如，声波从一种媒质进入另一种媒质时，第二种媒质对前一种媒质所传的声波来说就是一种障碍物。众所周知，当投掷一个物体时，物体碰到一块挡板以后就会弹回来；但是如果在声的传播路径上放置一块挡板，一般来说，会有一部分声波反射回来，同时也有一部分声波会透射过去。例如，一堵普通的砖墙既可以隔掉部分声音，但又不能把全部的声音都隔掉；一堵木板墙将有更多的声音透射进去。声波的这种反射和透射现象也是声波传播的一个重要特征。

（一）声波的反射

当声波从媒质一中入射到与媒质二的分界面时，在分界面上一部分声波能反射回媒质一中，其余部分穿过分界面，在媒质二中继续向前传播，前者是反射现象，后者是折射现象，如图3-3-2所示。由图中看到，从媒质一向分界面传播的入射线与界面法线的夹角为θ，称为入射角；从界面上反射回媒质一中的反射线与界面法线的夹角为θ_1，称为反射角。入射波与反射波的方向满足下列关系式：

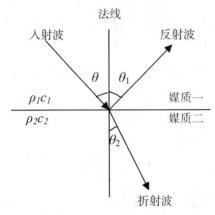

图3-3-2　声波的反射和折射

$$\frac{\sin \theta}{c} = \frac{\sin \theta_1}{c_1}$$

式中c_1、c_2分别表示声波在媒质一和媒质二中的声速。由上式看出，入射角与反射角相等。图3-3-2中，ρ_1、ρ_2分别表示媒质一和媒质二的密度；ρc为声阻抗率（特性阻抗）。

理论和实验研究证明，当两种媒质的声阻抗率接近时，即$\rho_1 c_1 = \rho_2 c_2$，声波几乎全部由第一种媒质进入第二种媒质，全部透射出去；当第二种媒质的声阻抗率远远大于第一种媒质的声阻抗率时，即$\rho_1 c_1 \gg \rho_2 c_2$，声波大部分都会被反射回去，透射到第二种媒质的声波能量是很少的。

在自然界中，声源发出的声音，在传播中遇到山崖和高墙等障碍物时，一部分声波就会因为声波的反射返回原处。如果在悬崖空谷中或森林附近发声，常会听到声波反射返回的音响，这就是回声。我们对于声音的感觉通常能保持十分之一秒的时间，如果回声是在直接听到声音的感觉消失以后，才传到耳朵里，那么我们就能够把回声跟原来的声音区分开。空气中声速约为340 m/s，声波从某人发出到由障碍物再反射回来所经历的全部时间，按上述至少是十分之一秒，那么该人离开障碍物至少要17 m远，才能把原声和回声区分开来。如果某人离障碍物很近（17 m以内），对原来声音的感觉还没有消失，而回声又传到他的耳朵，这样回声就跟原来的声音合并在一起，使原声加强，这时就无法明显地分辨回声和原声。

在室内讲话时，声波遇到四周的墙、房顶、地面及窗、桌、椅等的阻挡，声波一部分被反射，另一部分被吸收。各种材料吸收和反射声波的能力是不同的，例如，大理石、玻璃等硬而光滑的材料，能够把绝大部分的声波反射回去，而只吸收一小部分声波；地毯、泡沫塑料等软材料，能够吸收绝大部分的声波，而只把一小部分声波反射回去。由于反射波的存在，在声源停止发声后，在短时间内还能够听到声音，这种现象称为交混回响。如果扬声器发出的声音连续多次在室内反射成为多重回音，交混在一起，这就是我们平时所说的混响。在室内不同的位置安放两个以上的扬声器，使人感觉到声源分布的空间，就能产生立体声的效果。

声源停止发声到声强减小到为原来的百万分之一时所需的时间，称为交混回响时间。交混回响时间太长，会产生轰轰声，太短就显得静悄悄。小于 350 m³ 的音乐厅的最合适交混回响时间为 1.06 s。北京的首都剧场，坐满观众时的交混回响时间为 1.36 s，空座时为 3.3 s。人民大会堂的交混回响时间，不论是满座还是空虚，都能成功地控制在 1.8 s 左右。

（二）声波的折射

如图 3-3-2 所示，当声波从媒质一中入射到与媒质二的分界面时，在分界面上除一部分声能反射回媒质一中外，还有一部分穿过分界面，在媒质二中继续向前传播，这就是声波的折射现象。透入媒质二中的折射线与界面法线的夹角为 θ_2，称为折射角。入射波、反射波和折射波的方向满足下列关系式：

$$\frac{\sin\theta}{c} = \frac{\sin\theta_1}{c_1} = \frac{\sin\theta_2}{c_2}$$

由上式可知，声波的折射是由声速决定的，除了在不同媒质的界面上能产生折射现象外，在同一种媒质中，如果各点处声速不同，也就是说，存在声速梯度，也同样会产生折射现象。在大气中，使声波折射的主要因素是温度和风速。例如，白天地面吸收太阳的热能，使靠近地面的空气层温度升高，声速变大，自地面向上温度降低，声速也逐渐变小。根据折射的概念，声线将折向法线，因此，声波的传播方向向上弯曲。反之，傍晚时，地面温度下降得快，即地面温度比空气中的温度低，因而，靠近地面的声速小，声波传播的声线将背离法线，而向地面弯曲。这就是为什么声音在晚上比白天传得远的原因。

（三）声波的衍射

"闻其声而不见其人"，是我们司空见惯的现象。这种现象是由声波的衍射所造成的。声波在传播过程中，遇到障碍物或孔洞时，会产生衍射现象，即传播方向发生改变。衍射现象与声波的频率、波长及障碍物的尺寸有关。当声波频率低、波长较长、障碍物尺寸比波长小得多时，声波将绕过障碍物继续向前传播。如果障碍物上有小孔洞，声波仍能透过小孔扩散向前传播（图 3-3-3）。

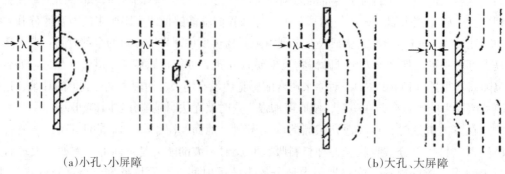

（a）小孔、小屏障　　　　　　　　　　　（b）大孔、大屏障

图 3-3-3　声波在空气中传播的衍射现象

　　由于波的波长不同，在同样条件下，有的波会发生明显的衍射，有的表现为直线传播。声波的波长在 1.7 cm～17 m 之间，比一般障碍物的尺寸大，所以声波能绕过一般障碍物，使我们听到障碍物另一侧的声音；而光波的波长，约在 0.4 μm～0.8 μm 的范围内，比一般障碍物的尺寸小得多，在一般情况下几乎不发生衍射。这就是"闻其声而不见其人"的原因。

三、声音的要素

　　和谐悦耳的声音叫作乐音，它是由做周期性振动的物体发出来的，它的波形图像也是呈周期性的。乐音有三个要素：音调、响度和音品。

（一）音调和频率

　　音调就是乐音的高低，它跟声源振动的快慢有关。用一纸片接触齿数不同的、转动着的齿轮，听纸片转动时发出的声音。我们发现，纸片振动得越快，即每秒内振动的次数越多，频率越大，音调越高。

　　男子发音的频率一般是 95 Hz～142 Hz，歌唱时男高音的频率不超过 488 Hz。女子发音的频率是 272 Hz～588 Hz，歌唱时女高音的频率可达 1034 Hz。频率高于 20 000 Hz 的声波叫超声波，低于 20 Hz 的声波叫作次声波。人对高音和低音的听觉有一定的限度——在 20 Hz～20 000 Hz 范围内，所以，乐音中使用的频率在 30 Hz 到 4000 Hz 之间。

（二）响度和振幅

　　声音的响度与声波运载的能量有关，是听者对声波主观上感觉到的声音强弱，跟声源振幅有关，振幅越大，响度越大。击鼓、敲锣和拉琴时，用力越大，声源的振幅越大，发声越响。

　　声源在振动发音时，使周围媒质的分子振动，把自己的一部分能量传递给分子，声强越大，响度越大，单位时间内传递出去的能量也越大，常用单位时间内通过与声波传播方向相垂直的单位面积的能量来量度声强。

　　声源发出的声波是向各个方向传播的，其声强将随着距离的增大而逐渐减弱，因为声源每秒钟发出的能量是一定的。离开声源的距离越远，能量的分布面越大，通过单位面积的能量就越小，人所听到的声音就越小。为了增大响度，可增加振动空气的表面积，以起到增强远处空气振幅的作用；有时用纸板（或用手）制成传声筒，吹奏乐器用喇叭，使声波向一个比较集中的方向传播，是很有效的。

（三）音品

　　两种声源发出的声音，有时音调和响度都相同，但我们仍能辨别声源的不同发声体，例如，接亲近人的电话时，一听声音就可知道对方是谁。这说明乐音除了音调和响度这两个特性以外，还有第三个特性，那就是音品。音品跟发音器官的发音方式和结构有关，它反映声音的特色，也叫音色。

四、超声波和次声波

　　人耳能够听到的声波的频率在 20 Hz 到 20 000 Hz 之间，而低于 20 Hz 和高于 20000 Hz

的声波，都不能引起人耳的听觉。频率高于 20 000 Hz 的声波称为超声波，频率低于 20 Hz 的声波称为次声波。

（一）超声波及其应用

超声波在自然界中是存在的。例如，风声和海浪声中，除了有我们能够听到的声波以外，还含有超过我们听觉范围的声波。有些动物的器官，如蝙蝠、蟋蟀、纺织娘等都能发出超声波。早在两百多年前，有人就对蝙蝠进行过试验，探测到蝙蝠一边飞行，一边从喉咙里产生每秒钟振动 20 000 Hz 以上的超声波，经过嘴发射出去。超声波遇到障碍物发射回来，传回到蝙蝠又大又灵敏的耳朵里，使它能立即判断出前面是什么物体、物体的大小和距离，并采取相应的行动。如果没有接收到回声，蝙蝠就照直继续前进，蝙蝠就是利用自己身上特有的超声定位器来探路和寻找食物的。这时蝙蝠的耳兼具了"眼"的功能。

与可听声波比较，超声波具有一些独特的性能：

1. 束射性

超声波可以像光一样聚集成为一束能量高度集中的波束，向着一定的方向直线传播出去，这种性能使波具有较好的方位分辨力和较远的作用距离。频率越高，束射性越好。

2. 高能性

超声波由于频率高，所引起的质点振动，即使振幅很小，但加速度也很大，因此可以产生很大的力，使它所传播的能量比可听声波大得多，10^6 Hz 的超声波所传播的能量相当于振幅相同的 10^3 Hz 的可听声波的 10^6 倍。

3. 穿透性

超声波在液体里传播，损耗很小，在固体里传播，损耗更小。因此，超声波对液体和固体有很强的穿透性，可以利用它来对液体或固体的深部进行探测。

由于超声波具有以上特性，它在近代的科学研究和技术上得到日益广泛的应用。我们可以用人工方法制造许多型号不同的超声波发射器，它们的频率变化从 $2×10^4$ 到 $1×10^9$ Hz 不等，同时也能制造相应的各种型号的超声波接收器，用它们接收各种超声波信号。因此，可以利用它来测量海的深度，记录发送和接收时间间隔，再根据声波在水中的传播速度，就可以计算出反射处的距离，反复测量多次，最终画出海底的地形图（见图 3-3-4）。按相同的原理，超声波也能用来帮助探索鱼群、暗礁、潜水艇，大雾天气进行自动导航等。

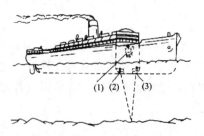

（1）深度记录装置 （2）声波发生器 （3）接收器

图 3-3-4　超声波探测仪测深示意图(引自张民生等,2008)

利用超声波进行操作与测量的技术发展很快。它既是一种波动形式，可作为探测与负载信息的载体和媒质，又是一种能量形式，可对传声媒质产生一定的影响，使传声媒质的性质、状态或结构发生变化乃至将传声媒质破坏。半个多世纪以来，在上述特性基础上发展的超声技术，已在人类社会的许多领域获得广泛应用。

在工业上，超声波可以用来诊断金属内部的气泡、伤痕和裂缝，又可以以能量的形式进行焊接，尤其在电子工业中大型集成电路等的同时多点快速焊接，它不会像普通焊接那样引起化学变化与机械变形。超声波测井技术现已广泛用于石油地质、煤田地质及水文工程的勘探。电子计算机参与测井数据处理，使得这一技术得到了更迅速的发展。

在医学上，用超声波振动能量代替通常的手术刀进行临床治疗（超声手术刀），已在骨科、胸科、脑科及肿瘤、息肉切除中得到成功的应用。用超声波对癌细胞实施热疗作为配合化疗（药物疗法）和放疗（放射疗法）的辅助手段也取得了较好的效果。由于超声波能够使媒质微粒产生很大的相互作用力，所以，它也被用来清除玻璃、陶瓷等制品表面的污垢，并对这些制品进行加工（如钻极细的孔）。此外，还可以利用它来粉碎和剥落金属表面的氧化膜。利用超声的粉碎、乳化作用可使各种在通常情况下不能混合的液体混合在一起，制成各种乳浊液，例如，它可用于制药工业及日常工业部门制造化妆品、皮鞋油，制成油（汽油、柴油）与水或煤灰的乳化燃烧物，以提高单位燃料的燃烧值。

（二）次声波及其应用

近年来，次声波的应用也有很大的发展。建立次声波接收站，可以监听几千里外的核武器试验、导弹的发射。仿生学专家模拟水母耳研制出的台风预报仪可以预报海啸、地震和台风。最近，也有科学家利用次声波对人体产生作用的特点，探索研制一种能导致神经麻痹的"武器"——"次声炸弹"。

五、人的发声和听觉

（一）人的发声

在人的颈部内有一种产生声音的结构，叫作喉。如图3-3-5所示，它的内部有一个空腔，称为喉腔，喉腔中部连着两块能够振动发声的肌肉——声带。它们紧密地并列在一起，而且像橡皮筋一样，拉得越紧，反弹的声音越大。在两根声带中间有一条裂缝，叫作声门裂。随着声带的一紧一松，声门裂也忽长忽短，忽大忽小。平时你在呼吸时，声门裂是半开的，这时，两根声带互相分离，处于松弛的状态，于是空气从两块肌肉间较大的空隙中通过，所以，呼吸的声音非常轻。而当你准备发出声音时，总要先吸一口气然后暂时停止呼吸。这时，松弛的声带被喉部的肌肉上下拉紧，相互靠拢，声门裂变得又细又长，只留下一道窄小的缝隙。因为屏气的时候，气流都积在气管里，气管内的压力一时间大大增加，等到你放掉这口气时，被久压的气流会迅速地冲向声带并试图从这条细缝中穿过，这就像给气球放气一样。

空气使得声带发生振动，而且这种振动还会使喉腔里的空气也一起动起来，因而发出了嗓音。嗓音的高低、粗细是由声带的紧张程度、呼出的气体多少决定的。青少年声带比较娇嫩，如果说话时间过久，它会发生充血现象，声音会变得嘶哑。所以，为了使自己有一副美妙的歌喉，一定要注意保护嗓子。

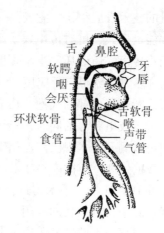

图 3-3-5　人的发音器官

（二）听觉

听觉是声波作用于听觉器官，使其感受细胞兴奋并引起听神经的冲动发放传入信息，经各级听觉中枢分析后引起的感觉。外界声波通过介质传到外耳道，再传到鼓膜。鼓膜振动，通过听小骨传到内耳，刺激耳蜗内的毛细胞而产生神经冲动。神经冲动沿着听神经传到大脑皮层的听觉中枢，形成听觉。

人耳包括外耳、中耳和内耳三部分（见图 3-3-6）。听觉感受器和位觉感受器位于内耳，因此耳又叫位听器。外耳包括耳郭和外耳道两部分。耳郭的前外面上有一个大孔，叫外耳门，与外耳道相接。耳郭呈漏斗状，有收集外来声波的作用。它的大部分由位于皮下的弹性软骨做支架，下方的小部分在皮下只含有结缔组织和脂肪，这部分叫耳垂。耳郭在临床应用上是耳穴治疗和耳针麻醉的部位，而耳垂还常是临床采血的部位。外耳道是一条自外耳门至鼓膜的弯曲管道，长约 2.5～3.5 cm，其皮肤由耳郭延续而来。靠外面三分之一的外耳道壁由软骨组成，内三分之二的外耳道壁由骨质构成。软骨部分的皮肤上有耳毛、皮脂腺和耵聍腺。

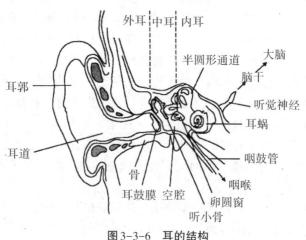

图 3-3-6　耳的结构

鼓膜为半透明的薄膜，呈浅漏斗状，凹面向外，边缘固定在骨上。外耳道与中耳以它为界。经过外耳道传来的声波，能引起鼓膜的振动。

鼓室位于鼓膜和内耳之间，是一个含有气体的小腔，容积约为 1 cm³。鼓室是中耳的主要组成部分，里面有三块听小骨：锤骨、砧骨和镫骨，镫骨的底板附着在内耳的卵圆窗上。三块听小骨之间由韧带和关节衔接，组成听骨链。鼓膜的振动可以通过听骨链传到卵圆窗，引起内耳里淋巴的振动。

鼓室的顶部有一层薄的骨板把鼓室和颅腔隔开。某些类型的中耳炎能腐蚀、破坏这层薄骨板，侵入脑内，引起脑脓肿、脑膜炎。所以，患中耳炎要及时治疗，不能大意。鼓室有一条小管——咽鼓管，从鼓室前下方通到鼻咽部。它是一条细长、扁平的管道，全长约3.5～4 cm，靠近鼻咽部的开口平时闭合着，只有在吞咽、打呵欠时才开放。咽鼓管的主要作用是使鼓室内的空气与外界空气相通，因而使鼓膜内、外的气压维持平衡，这样，鼓膜才能很好地振动。鼓室内气压高，鼓膜将向外凸；鼓室内气压低，鼓膜将向内凹陷，这两种情况都会影响鼓膜的正常振动，影响声波的传导。人们乘坐飞机，当飞机上升或下降时，气压急剧降低或升高，因咽鼓管口未开，鼓室内气压相对增高或降低，就会使鼓膜外凸或内陷，因而使人感到耳痛或耳闷。此时，如果主动做吞咽动作，咽鼓管口开放，就可以平衡鼓膜内外的气压，使上述症状得到缓解。

内耳包括前庭、半规管和耳蜗三部分，由结构复杂的弯曲管道组成，所以又叫迷路。迷路里充满了淋巴，前庭和半规管是位觉感受器的所在处，与身体的平衡有关。前庭可以感受头部位置的变化和直线运动时速度的变化，半规管可以感受头部的旋转变速运动，这些感受到的刺激反映到中枢以后，就引起一系列反射来维持身体的平衡。耳蜗是听觉感受器的所在处，与听觉有关。人类的听觉很灵敏，从每秒振动16次到每秒振动20000次的声波都能听到。当外界声音由耳郭收集以后，从外耳道传到鼓膜，引起鼓膜的振动。鼓膜振动的频率和声波的振动频率完全一致。声音越响，鼓膜的振动幅度也越大。

鼓膜的振动再引起三块听小骨同样频率的振动。振动传导到听小骨以后，由于听骨链的作用，大大加强了振动力量，起到了扩音的作用。听骨链的振动引起耳蜗内淋巴的振动，刺激内耳的听觉感受器，听觉感受器兴奋后所产生的神经冲动沿位听神经中的耳蜗神经传到大脑皮层的听觉中枢，产生听觉。位听神经由内耳中的前庭神经和耳蜗神经组成。

思考与练习

1. 简述光的反射与折射规律。

2. 简述声波的反射、折射及衍射规律。

3. 简述超声波与次声波的特点及应用。

4. 简述人的眼球和耳的结构。

5. 简述机械能守恒定律和热力学第一定律。

6. 让一石块从井口下落，经 3 s 后，听到石块落到水面的声音。请问井口到水面的深度为多少（声音的传播速度为340 m/s）？

7. 若某人用 30 N 的力，与水平方向成60°夹角推一个 2 kg 物体，物体在水平方向移动了 1 m。请问这个人在水平方向上对该物体做功为多少？

8. 试述近视眼和远视眼的原因及矫正方法。

【学习重点】
*生物的基本特征
*生命的物质与结构基础
*生物的遗传与变异
*生命的起源与进化
*人类发展的基本阶段

第四章 生命与自然

第一节 地球上的生物

地球上的生物品种繁多，遍布天上、地下及海洋，无处不在，无处不有，处处都能见到它们的身影。目前，已知生物种类达 200 多万种，它们广泛地生活在不同的环境里，各自占领着一定的生活领域。虽然生物间千差万别，但它们都有共同的特征，就是会运用各种方法，以维持物种的生存和繁衍。

一、生物的基本特征

生物和非生物之间存在着本质上的差别，归纳起来，生物具有下列基本特征，这是非生物所没有的。

（一）严整复杂的结构

生命的基本单位是细胞，细胞内的各结构单元（细胞器）都有特定的结构和功能。生物界是一个多层次的有序结构。一个成年人体约有 1800 万亿个细胞，细胞经过分化形成了许多形态、结构和功能不同的细胞群，细胞群通过细胞间质连接在一起，共同组成生物组织。如植物体内的输导组织、机械组织、分生组织，动物和人体的上皮组织、结缔组织、肌肉组织和神经组织。由几种不同的组织构成的，按一定的次序联合起来，形成具有一定功能的结构单位叫作器官。被子植物有根、茎、叶、花、果实、种子六大器官，动物和人体有眼、耳、鼻、舌等感觉器官，心、肝、肺、胃、肾等内脏器官。在大多数动物体和人体中，能够共同完成一种或几种生理功能的多个器官还按照一定的次序构成系统。例如，人体有运动系统、神经系统、循环系统、呼吸系统、消化系统、泌尿系统、内分泌系统和生殖系统。生物体内各器官和系统协调活动就构成了完整有序的生物个体。生活在同一地点的同种生物的一群个体构成了种群；生活在一定的自然区域内相互联系的各种生物种群又构成了生物群落；生物群落与它的无机环境相互作用形成的整体就是生态系统，如森林生态系统、草原生态系统、海洋生态系统、湿地生态系统等。地球上的全部生物和它们的无机环境的总和叫生物圈，是最大的生态系统。

总之，生物具有严整有序的结构，各种生物编制基因程序的遗传密码是统一的，都遵循 DNA-RNA-Protein 的中心法则。

（二）新陈代谢

任何生物时时刻刻与它们周围的环境进行着物质交换和能量转换，借以完成自身的不断更新，适应体内外环境的变化，这个过程叫作新陈代谢。在新陈代谢过程中，既有同化作用，又有异化作用。生物体从食物中摄取养料，合成自身需要的复杂有机物，并把能量储存起来，这个过程叫作同化作用。同时，生物体又把体内的复杂有机物分解，并释放能量，供生命活动的需要，最终把废物排出体外的过程叫作异化作用。同化作用和异化作用同时进行，并相互依赖，这是一切生物赖以生存的基本条件。新陈代谢是生命体最主要的生命活动形式，如果新陈代谢失调，就会导致疾病，一旦新陈代谢停止，生命即将结束。

（三）生长、发育和生殖

任何生物的一生，都要经历从小到大的生长过程，也要经历从简单到复杂再到性成熟的发育过程。新陈代谢过程中，当同化作用大于异化作用时，体内物质增加，促进生长。细胞生物的生长，除细胞体积和重量增长外，主要靠细胞分裂，增加细胞数量，靠细胞分化形成不同类型的细胞。当生长到一定程度时，生物体的结构和机能逐步趋于复杂和完善。对高等生物来说，到性成熟，具有生殖能力，便完成了发育阶段。

每个生物个体都有一个出生、生长、发育、衰老和死亡的过程。生物体生长发育到一定时期，都能产生与自己相似的后代，这一现象叫作生殖。由于生殖才能保持种族的繁衍，整个生物界才有进化与发展的可能。

（四）应激性和适应性

任何生物体在生活过程中，都能对外界环境的刺激产生相应的反应，这种特性叫作应激性。外界环境中的光、水、温度、电、声、食物、化学物质、机械运动和地心引力等的变化，都能构成刺激。例如，植物的根有向水性和向地性；植物的枝条和叶片有向光性；飞蛾有趋光性；高等动物有发达的神经系统和各种感觉器官，对各种刺激能做出迅速的反应。应激反应能使生物趋利避害，有利于个体和种族的繁衍生息。

当外界环境条件发生变化时，生物体能随之改变自身的特性或生活方式，借以维持正常的生命，生物的这种特性叫作适应性。如生活在干旱沙漠地带的仙人掌，它们的叶变成了针刺状，而茎却变得肥厚肉质，这样可以保持体内水分，减少蒸腾作用。又如水毛茛，生长在水中的叶呈细丝状，而生长在水外的叶则宽而扁。自然界中的每种生物对环境都有一定的适应性，否则早就被淘汰了，这就是适应的普遍性。但是，每种生物对环境的适应都不是绝对和完全的适应，只是一定程度上的适应。

（五）遗传和变异

每种生物的后代都跟它们的亲代相似，这种亲代的性状通过遗传物质传递给下一代的现象叫作遗传。"种瓜得瓜，种豆得豆"是自然界中的遗传现象。但每种生物与它的后代又不会完全相同，必然有或多或少的差异，这种现象叫作变异。所谓"一猪生九仔，连母十个样"就是指变异。生物由于遗传，生物的种族才能保持稳定；由于变异和变异的遗传，才能在环境改变的条件下，引起物种的进化。

以上是生物的基本特性，都是非生物所没有的。一切生物都是一个能在周围环境中进行自我更新、自动调节和自我增殖的物质体系。一旦丧失或者停止这种自我更新、自动调节和自我增殖的能力，生命也就随之停止，生命物质体系也就随之解体，这就是死亡。

二、地球上生命存在的必要条件

地球上，几乎到处都有生命的踪迹，即使在冰天雪地的两极、酷热干旱的沙漠、深达10 000 m的海底以及10 000 m以上的大气层里，处处都有生物的踪迹，说明地球上具备了生命存在的条件。地球上的阳光、适宜的温度、提供生物呼吸的大气和生命活动所必需的水，为生命的存在和发展创造了条件。

（一）阳光

地球是太阳系中的一颗行星，太阳发出的光和热，照亮了地球，温暖了大地，养育着地球上的万物。地球上气候的变化，江河湖海的出现，地层里煤和石油的形成，生命的起源，生物的进化等，都离不开太阳。太阳是地球上一切生物能量的源泉。

（二）适宜的温度

地球和太阳之间的距离远近适中，使地球表面的平均温度维持在22 ℃左右，这种适宜的温度是生命存在和发展的根本保证。有的行星离太阳太近，致使行星表面温度过高，生命无法生存，如水星和金星；而有的行星离太阳太远，致使行星的表面温度过低，也不利于生命的存在，如木星和土星。

（三）水

水是生命存在和发展的根本保证。原始生命起源于水域环境，生物的物质构成中也包括水，生物的各种生命活动需要水的参与，人类的生活和生产离不开水，没有水也就没有生命。

（四）大气

由于地球的质量和体积适当，因此它具有足够的引力使自身拥有浓厚的大气，大气中含有适于生物呼吸的氧气以及绿色植物所需要的二氧化碳气体。由于地球具备生命生存的必要条件，才有可能形成了丰富多彩、形形色色、生生不息的生物界。

三、生命的物质基础

（一）组成生物体的元素

自然界中，已知构成物质的元素有100多种，构成生物体的元素有30多种，其中主要的是O、C、H、N、P、S、K、Na、Mg、Cl、Ca、Fe等。在这12种元素中，O、C、H、N四种元素的含量多，占生物体总组成的90%以上。在生物体内，除以上12种元素外，还有B、Zn、Mn、Cu、I、Mo、Co等元素，它们的含量虽很少，但在生命活动中起着不可缺少的重要作用，这些元素称为微量元素。

组成生物体的元素都是自然界中普遍存在的，没有任何一种元素是生物体所特有的，这说明了生物和非生物在元素组成上具有统一性。

（二）组成生物体的化合物

组成生物体的化学元素，一般都以化合物的形式存在。组成生物体的化合物包括无机物和有机物两类，无机物主要有水和无机盐，有机物主要有糖类、脂类、蛋白质、核酸和维生素等。

1. 水

在生物体的化学组成中，水的含量最高，占生物体重的65%～95%。一般来说，水生生物和生命活动旺盛的细胞中含水量较高，陆生生物和生命活动弱的细胞中含水量较低。如水母体内含水量占其体重的98%，而休眠的种子和孢子的含水量则低于10%。

水是细胞中良好的溶剂，很多物质都能溶于水，有利于进行各种生化反应。水溶液能在生物体内和细胞间流动，将营养物质运送到各个细胞，又能将细胞代谢产生的废物运送到体外；水还直接参与多种代谢反应，如植物的光合作用、许多大分子物质的水解等都需要有水的参与；水还能起到调节体温的作用，由于水的比热和蒸发热都较大，当生物体处于高温条件下时，即以蒸发水分散热。

2. 无机盐

生物体中无机盐的含量仅占身体干重的2%～5%，无机盐的含量虽少，但在组成生物体结构和维持正常的生命活动中却起着重要的作用。生物体内的无机盐大都以离子状态存在，如K^+、Na^+、Ca^{2+}、Fe^{2+}、Fe^{3+}、Mg^{2+}、Cl^-、SO_4^{2-}、PO_4^{3-}、HCO_3^-等。

有的无机盐参与生物大分子的形成，如PO_4^{3-}是合成磷脂和核苷酸的成分，Fe^{2+}是组成血红蛋白和细胞色素的成分。有的无机盐是构成生物体结构的成分，如Ca^{2+}是组成动物骨骼和牙齿的成分，Ca^{2+}还可使血液中凝血酶原转变成有活性的凝血酶；Cl^-可激活唾液淀粉酶的活性。无机盐还能调节体内渗透压和酸碱度，对维持生物体内环境的稳定起着重要作用。任何一种无机盐在含量上以及与其他无机盐含量的比例上过多或过少，都会引起生命活动的失常，导致疾病的发生，甚至死亡。

3. 糖类

糖类广泛存在于生物体内，是生物体的主要能源物质。糖的种类很多，按其结构特点大体可分为单糖、双糖和多糖。

（1）单糖

单糖是最简单的糖。生物体中最重要的单糖是葡萄糖，其分子式为$C_6H_{12}O_6$，葡萄糖是生物体内的直接能源物质，细胞生命活动所需要的能量主要靠葡萄糖提供。例如，1 g葡萄糖彻底氧化可释放出17 138 J的热量。许多植物果实中富含葡萄糖，人的血液中也含有葡萄糖。除葡萄糖外，高等动物和人类乳汁中的半乳糖、蜂蜜和鲜果中的果糖等都属于单糖。

（2）双糖

双糖是由两个单糖分子脱去一分子水缩合而成的，分子式为$C_{12}H_{22}O_{11}$。植物中最重要的双糖是蔗糖和麦芽糖，动物中主要的是乳糖，它们都溶于水，便于在生物体内运输。当生物体需要能量时，它们又可水解成各自组成的单糖。

（3）多糖

多糖是由许多单糖分子脱水缩合而成为链状或分支链状结构的大分子。植物中最重要的贮藏多糖是淀粉，动物中最重要的贮藏多糖是糖原。当生物体生命活动需要能量时，淀粉和糖原都可经过水解，最终成为葡萄糖。纤维素是许多葡萄糖分子缩合而成的多糖，是植物细胞壁的主要成分。植物细胞依赖纤维素的支撑，保持植物体的形态和坚韧性。

4. 脂类

脂类是生物体的重要组成成分，广泛分布于动植物体内，其难溶于水，而溶于乙醚、氯仿、丙酮等有机溶剂。脂类主要包括脂肪、类脂和固醇。

（1）脂肪

脂肪是动植物体内的贮能物质。在动物的脂肪组织和油料作物种子中，脂肪的含量特别高。脂肪的功能是氧化供能，1 g脂肪彻底氧化，可释放出38 874 J的热能，比糖的热能高1倍多，因此，脂肪是生物体内最经济的贮能物质。在人体和动物体内，脂肪广泛分布于皮下和内脏器官的周围，可减少相互摩擦和撞击等，起着保护垫和缓冲机械撞击的作用。脂肪组织不易导热，还能起着热垫的保温作用。

（2）类脂

生物体内最重要的类脂是磷脂，磷脂是构成细胞膜的基本原料。每个磷脂分子都有一个亲水性头部和疏水性尾部。当磷脂分子被水包围时，便会自动排列为双层分子的膜，在膜的两侧是亲水性头部，而疏水性尾部则朝向膜的内面。所以磷脂在细胞里参与膜结构的形成。

（3）固醇

人体和动物中最重要的固醇类是胆固醇。胆固醇在紫外线照射下，在体内能转变成维生素D、肾上腺皮质激素和性激素，调节人体和动物的生长、发育和代谢等重要生理过程。但如果体内胆固醇过高或胆固醇代谢失调，会使动脉硬化、血管阻塞，引起高血压、心脏病和中风。人类食物中蛋黄、肥肉、猪内脏、鱼肝油、带鱼、虾、蟹等胆固醇含量较高，而瘦猪肉、牛奶、蛋白、植物油等胆固醇含量较低。

5. 蛋白质

蛋白质是构成生命体最基本的物质之一。组成生物体的有机物中，蛋白质的含量最高，约占身体干重的50%。蛋白质是细胞中结构最复杂的生物大分子，最简单的蛋白质的相对分子质量也有6000左右，大的蛋白质的相对分子质量可达几百万以上。

（1）组成蛋白质的基本单位——氨基酸

现已知组成蛋白质的氨基酸有20种，这20种氨基酸在结构上具有共同的特点，即每种氨基酸至少含有一个氨基（$-NH_2$）和一个羧基（$-COOH$），并且都连接在同一个碳原子上。氨基酸的通式如下：

这是组成生物体的氨基酸所共有的部分

通式中的R代表连接在碳原子上的基团。R不同，构成的氨基酸也不同。当两个氨基酸相互连接时，一个氨基酸的羧基和另一个氨基酸的氨基，脱去一分子水，缩合形成肽键（—CO—NH—），这样，两个氨基酸分子就连接成二肽。二肽分子中还有一个自由的氨基和一个自由的羧基，都可以分别与其他氨基酸脱水缩合成三肽、四肽……多个氨基酸脱水缩合形成多肽，由于多肽是链状结构，又称多肽链（图4-1-1）。

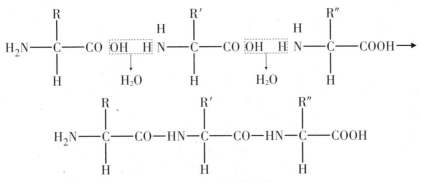

图4-1-1　多肽链的形成

（2）蛋白质的多样性

蛋白质分子是由一条或几条多肽链聚合而成的，它包含着上百个乃至上千个氨基酸。由于氨基酸的种类和排列的顺序不同，构成了蛋白质的多样性，就像26个英文字母，可以组成成千上万单词一样。同时，蛋白质分子中的多肽链可以以不同的方式折叠，又构成了蛋白质复杂而多样的空间结构，这也是构成蛋白质多样性的原因（图4-1-2）。

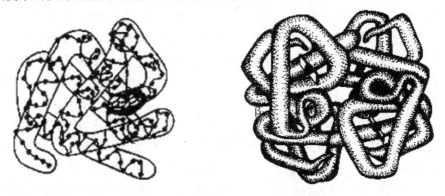

（a）血红蛋白分子中β多肽链的二、三级结构　　　（b）血红蛋白分子的四级结构

图4-1-2　血红蛋白的结构（引自王镜岩等，2002）

不同的蛋白质，其功能不同。例如，牛奶中有贮藏养料的乳蛋白，红细胞中有运输O_2和CO_2的血红蛋白，构成肌肉的是肌蛋白，催化机体所有生化反应的酶蛋白、调节生理功能的多种激素也是蛋白质。

（3）酶

酶是活细胞所产生的具有催化能力的蛋白质，这种催化能力称为酶的活性。生物体内的一切代谢反应，只有在酶的催化下才能顺利而迅速地进行。在催化过程中，酶本身的化学性质和数量并不改变。

酶在行使催化功能时，必须与参与代谢反应的物质短暂结合，这种物质称为底物。酶与底物结合形成酶-底物复合物，这时底物在酶的催化下迅速分解或者合成为代谢的产物，立即从酶分子上释放出来，而酶分子又可跟第二个底物结合，反复行使它的催化功能（图4-1-3）。

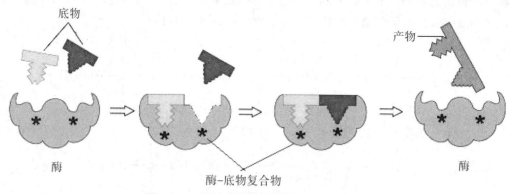

图4-1-3　酶的催化图解（引自生物谷）

酶的催化具有高效性。酶的催化速度要比一般无机催化剂大几千万倍。如过氧化氢酶，它与过氧化氢结合并催化过氧化氢分解成水和氧，很快释放出产物分子，这个过程每分钟可进行560万次。又如红细胞上的一种碳酸酐酶，能催化二氧化碳和水合成碳酸，每分钟能释放3 600万个产物分子，因此，酶的催化具有高效性。

酶的催化具有专一性。酶分子之所以能和底物结合成酶-底物复合物，是因为酶分子有一个与底物分子互补的表面，这是由酶分子的空间结构所决定的，它们相互嵌合就像一把钥匙开一把锁，因此，能与这种底物结合的酶一般就不能和另一种底物结合。如淀粉酶只能催化水解淀粉，而不能催化蛋白质或脂肪。又如，麦芽糖酶只能催化麦芽糖分解成葡萄糖，而不能催化其他糖类。由于酶具有专一性，因此，能催化这种化学反应的酶，一般就不能催化另一种化学反应。

酶的种类具有多样性。生物体内，新陈代谢作用中的生化反应极其多样复杂，如一个葡萄糖分子彻底氧化要涉及22种中间产物，最后分解成水和二氧化碳。每一个中间代谢反应，都需要有专一性的酶参与，这样整个机体的新陈代谢就需要种类繁多的酶。细胞是生物体结构和功能的基本单位，在一个细胞中可进行上千种不同的生化反应，那就需要上千种专一性的酶。但由于酶催化的高效性，以及可反复使用，所以，每一种酶都是微量的。

6. 核酸

核酸最初是从细胞核中提取出来的，呈酸性，故名核酸。核酸是生物的遗传物质。生物体内存在两大类核酸：一类是脱氧核糖核酸，简称DNA，主要存在于细胞核中；另一类是核糖核酸，简称RNA，主要存在于细胞质中。核酸也是生物大分子，相对分子质量差别很大，一般在2.5万～3000万。

（1）组成核酸的基本单位——核苷酸

核酸是由许多核苷酸组成的多核苷酸链。把DNA和RNA放在酸或碱的环境中，在酶的作用下水解，可以分别得到4种核苷酸。每个核苷酸由3种成分组成：一个五碳糖、一个磷酸和一个含氮碱基。在DNA中，五碳糖都是脱氧核糖，含氮碱基有4种，即腺嘌呤（A）、鸟嘌呤（G）、胞嘧啶（C）、胸腺嘧啶（T）。在RNA中，五碳糖都是核糖（比脱氧核糖多一个氧原子），含氮碱基也是4种，所不同的是尿嘧啶（U）替代了DNA中的胸腺嘧啶（T），其他3种碱基DNA和RNA相同（图4-1-4）。

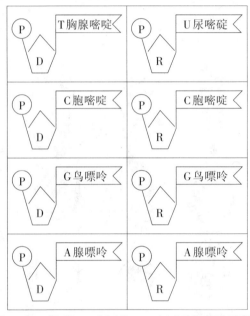

图4-1-4　组成DNA(左)和RNA(右)的核苷酸示意图

（2）核酸的多样性

DNA核苷酸和RNA核苷酸虽然各有4种，但由于它们的组合不同、排列顺序不同，使DNA和RNA分子具有极大的多样性。在DNA分子中通常包含着几千万乃至几亿个核苷酸。在RNA分子中，一般也包含着不止1000个核苷酸，即使最小的RNA分子，也有80个以上的核苷酸。如以1000个核苷酸计算，单体核苷酸有4种，2个核苷酸的排列组合有$4^2=16$种，3个核苷酸的排列组合有$4^3=64$种，1000个核苷酸的排列组合就有4^{1000}种。生物学家认为，DNA和RNA中不同核苷酸的排列顺序，蕴藏着遗传无穷无尽的信息。

在丰富多彩的生物界中，每一种生物的细胞核里，都有着自己特有的DNA。细胞分裂时，DNA把自己蕴藏的信息从一个细胞传递给分裂产生的两个子细胞，从亲代传给子代。所以，核酸对指导各种蛋白质的合成和控制生物体的生长、遗传、变异等现象起着决定性的作用。

蛋白质和核酸都是生命活动最主要的物质基础。

四、生命的结构基础

细胞是生物体最基本的单位。单细胞生物一个细胞就能表现出生命的基本特征，多细胞生物的生命活动也以细胞为基本单位。因此，细胞是生命体最基本的结构单位和功能单位。

（一）细胞的形态和大小

细胞的形态是多种多样的，不同形态的细胞其功能也不同。如单细胞藻类的细胞多为球形；高等植物体内行使运输功能的导管细胞多为圆筒形，起支持作用的细胞多为圆柱形和长纺锤形，贮藏养料的薄壁细胞常为多面体；动物体内排列紧密、担负保护功能的上皮细胞多为扁平、方形或柱形，血细胞和卵细胞多为扁圆形和卵圆形，接受刺激传导信息的神经细胞多为星形，并有很多突起等等（图4-1-5）。

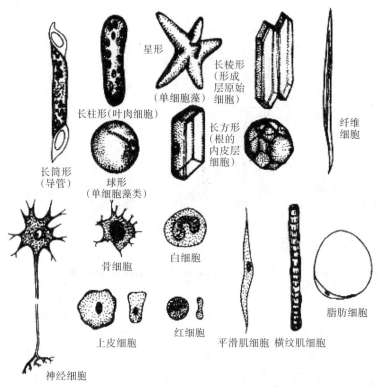

图4-1-5 细胞的形态(引自张民生等,2008)

细胞的大小差异很大，一般细胞都极其微小，必须借助显微镜才能观察到，测量细胞的大小通常用微米（μm）为单位。细菌的直径仅有1 μm左右，人的红细胞直径为7.5 μm、白细胞直径为8~10 μm。有的细胞较大，肉眼也能观察到，如大变形虫的直径有300 μm，人的卵细胞直径有140~160 μm。人体的神经细胞的突起可长达1 m左右（图4-1-6）。尽管细胞的形态千姿百态，但绝大多数细胞都具有共同的结构特征。

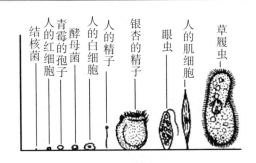

图4-1-6　细胞的大小

（二）细胞的结构和功能

下面以动物细胞为例，介绍细胞的亚显微典型结构（图4-1-7）。

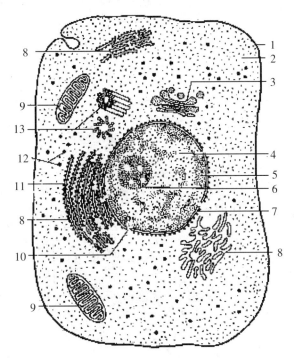

1.细胞膜　2.细胞质　3.高尔基体　4.核液　5.染色质　6.核仁
7.核膜　8.内质网　9.线粒体　10.核孔　11.内质网上的核糖体　12.游离的核糖体　13.中心体
图4-1-7　动物细胞的亚显微结构模式图

1.细胞膜

细胞最外面包着一层极薄的膜，叫细胞膜。细胞膜主要由蛋白质和磷脂分子组成，膜上还有少量多糖。双层磷脂分子有规则地排列形成细胞膜的骨架，蛋白质分子附着在磷脂双分子层的内外侧，有的蛋白质分子镶嵌在磷脂双分子层中，有的贯穿双分子层（图4-1-8）。磷脂双分子层是半流动性的，蛋白质分子也可做移动运动。

细胞膜是一种选择透过性膜，它具有保护作用和控制、调节物质进出细胞的作用，既能允许某些物质有选择地透过，又可限制另一些物质。植物细胞除有细胞膜外，还有一层细胞壁，主要由纤维素构成（图4-1-9）。细胞壁对细胞有保护和支持作用。细胞壁是全透性的。

2. 细胞质

细胞膜与细胞核之间的透明胶状物质，称为细胞质。细胞质里悬浮着许多特定功能的微细结构，称为细胞器，如线粒体、核糖体、内质网、高尔基体和液泡等。

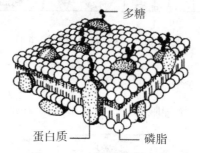

图4-1-8　细胞膜的构造图

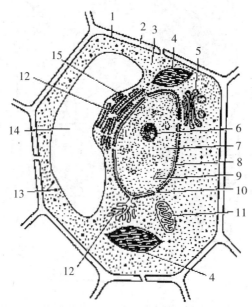

1. 细胞膜　2. 细胞壁　3. 细胞质　4. 叶绿体　5. 高尔基体　6. 核仁
7. 核液　8. 核膜　9. 染色质　10. 核孔　11. 线粒体　12. 内质网　13. 游离的核糖体
14. 液泡　15. 内质网上的核糖体

图4-1-9　植物细胞的亚显微结构模式图

（1）线粒体

线粒体普遍存在于动物和植物细胞中，是呈粒状或杆状的小体。线粒体具有内外两层膜，内膜向内腔折叠形成嵴，嵴的内表面分布着许多带小柄的基粒。嵴的周围充满液态的基质（图4-1-10）。在内膜、基粒和基质中含有多种与细胞呼吸有关的酶。线粒体的数量随细胞的种类和生理状态不同而不同，生命活动旺盛的细胞中线粒体含量多，反之则少。

如高等动物的肝细胞中，大约有2000个线粒体。线粒体是进行有氧呼吸、产生大量高能物质的细胞器，它能释放能量供生命活动需要，因此，人们把它比喻为细胞的"供能中心"或"动力工厂"。

（2）内质网

内质网是由膜连接起来的网络状结构，广泛分布于细胞质中，内质网膜成对地围成扁平囊状、管状或泡状（图4-1-11）。在靠近细胞膜处，内质网与细胞膜内褶部相通，在靠近细胞核处，与核膜相通。内质网与脂类的合成有关，同时又是细胞内物质运输的网络。

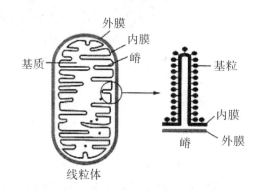

图4-1-10 线粒体模式图

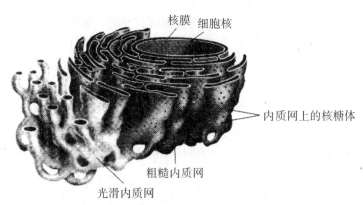

图4-1-11 内质网模式图

（3）核糖体

核糖体是悬浮在细胞质里和附着在内质网膜上无包膜的颗粒结构，呈葫芦形。核糖体的数量很多，如人体每个细胞中约有15 000个核糖体。核糖体是细胞中合成蛋白质的唯一场所。

（4）高尔基体

高尔基体由扁平的囊泡状的结构和大小不等的液泡组成（图4-1-12）。在动物细胞内高尔基体参与蛋白质的加工和分泌，植物细胞形成细胞壁的纤维素也是由高尔基体产生的。人们把高尔基体比成细胞里的"加工车间"。

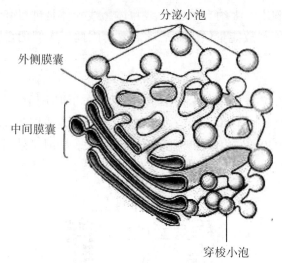

图4-1-12　高尔基体模式图

（5）液泡

液泡是细胞质中的泡状结构，外有液泡膜和细胞质分开，内有液态的细胞液，细胞液中含有水、糖、有机酸、无机盐类和各种色素等物质。动物细胞中液泡小而不明显，幼年的植物细胞中液泡较小而多，成熟的植物细胞中液泡较大，常相互合并成中央液泡。液泡是细胞中营养物质的贮藏器和废物的排泄器。

以上所提到的细胞器是动物细胞和植物细胞所共有的。绿色植物的细胞中还有专门进行光合作用的细胞器——叶绿体；动物细胞和某些低等植物中还有与细胞分裂有关的细胞器——中心体。

3. 细胞核

细胞核是细胞内遗传信息贮存、复制和转录的主要场所。通常每个细胞只有一个核，少数细胞有2个或多个核，如兔的肝细胞就有多个核，人的骨骼肌细胞有几百个核。细胞核常呈球形和椭球形，也有不规则的。细胞核由核膜、核液、染色质和核仁组成（图4-1-13）。

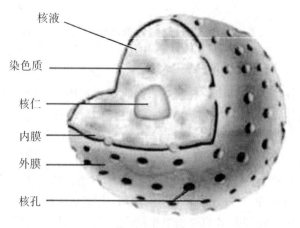

图4-1-13　细胞核的结构模式

（1）核膜

核膜是分隔细胞质和细胞核的界膜，核膜由双层膜构成，核膜上有许多小孔，称为核孔，是细胞核与细胞质间进行物质交换的通道。

（2）核液

核液是细胞核中饱含蛋白质、酶分子、无机盐和水的透明胶态物质，它是细胞核内进行各种代谢作用的场所。

（3）染色质

染色质是细胞核里一些易被碱性染料染成深色的物质，呈颗粒状或网状，主要由DNA和蛋白质组成。在细胞分裂间期，染色质是丝状物。在细胞分裂期，染色质螺旋化缩短增粗，形成染色体（图4-1-14）。不同的生物细胞中染色体的数目和结构都不同。

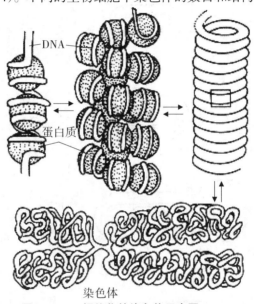

图4-1-14 螺旋化的染色体示意图

（4）核仁

核仁是细胞核中折光较强的圆球颗粒状结构，没有外膜，它是合成核糖核酸的场所。

以上介绍的细胞，其结构和功能都比较复杂，这类细胞也是大多数生物所具有的细胞，称为真核细胞。由真核细胞构成的生物体称为真核生物。

另有一类如细菌和蓝细菌的细胞，它们的结构和功能都较简单，这类细胞称为原核细胞，由原核细胞构成的生物称为原核生物。

原核细胞与真核细胞的主要区别是：第一，原核细胞体积较小，一般为1～10 μm，而真核细胞体积较大，一般为10～100 μm。第二，原核细胞的染色质是裸露的DNA，它们分散在细胞质里或集中在细胞中央，形成核区，核区外没有核膜，因此也没有核的结构。而真核细胞的染色质除DNA外还有蛋白质，相互结合成复杂的染色体结构，已有成形的细胞核，核外有核膜。第三，原核生物的细胞器除核糖体外，细胞膜也会内陷折叠形成一些简单的结构，但没有真核细胞里有膜包围的内质网、高尔基体、线粒体、叶绿体等细胞器。

（三）细胞分裂和分化

1. 细胞分裂

细胞生长到一定阶段，会以分裂的方式产生新细胞。细胞分裂的方式有无丝分裂、有丝分裂和减数分裂三种。下面重点介绍无丝分裂和有丝分裂。

（1）无丝分裂

无丝分裂是一种最简单的分裂方式，所有原核生物和低等的单细胞真核生物都以无丝分裂来实现个体增殖。分裂开始时先是细胞核变长，中部收缩，然后分裂成两个细胞核，在细胞核伸长分裂时，整个细胞也随着伸长，中间收缩，最后缢缩处断裂，分裂成两个子细胞（图4-1-15）。无丝分裂结束，每个子细胞都能获得一份相同的遗传物质。

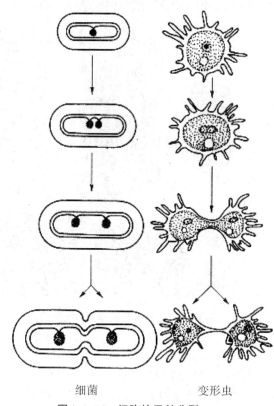

细菌　　　　　　　　变形虫

图4-1-15　细胞的无丝分裂

（2）有丝分裂

有丝分裂是高等生物体细胞增殖的主要分裂方式，是一个连续的动态变化过程。为研究方便起见，人们根据光学显微镜下观察到的细胞形态变化特征，人为地将有丝分裂分为分裂间期和分裂期两个阶段。

分裂间期是从细胞一次分裂结束到下一次分裂之前的一个阶段。这个时期，细胞除体积稍有增大外，看不出其他的什么变化。实际上，细胞内部正在完成DNA分子的复制和蛋白质的合成，为细胞分裂的到来做准备。

在分裂期，细胞核发生明显的一系列连续变化，按照变化的规律，又将分裂期分为前期、中期、后期和末期。下面以植物细胞有丝分裂为例，来说明四个时期的特征（图4-1-16）。

| 间期 | 前期 | 中期 | 后期 | 末期 |

图4-1-16 植物细胞的有丝分裂

前期 细胞核中染色质高度螺旋化，缩短变粗，形成有一定形态和数目的染色体，这时每条染色体包含两条并列的染色单体，中间有着丝点相连。此时，核仁、核膜消失，两极发出纺锤丝，纵贯于细胞中央形成纺锤体。

中期 染色体聚集到细胞中央的赤道板上，每个染色体的着丝点都连在纺锤丝上，中期细胞的染色体形态稳定，染色体数目也较清晰可见。

后期 每条染色体的着丝点分裂，两条染色单体分开成两条染色体，接着纺锤丝收缩，牵引着染色体向两极移动。结果成对存在的染色体，平均分为两组，这两组染色体的形态和数目完全相同。

末期 两组染色体分别到达两极，随之染色体解旋，伸长变细，核仁、核膜重新出现，形成两个新的子核。同时，在赤道板处出现细胞板，由中央向四周扩展形成细胞壁，至此，两个新细胞形成。

动物细胞的有丝分裂过程与植物细胞基本相似，不同处有两点：第一，动物细胞核附近有叫中心体的细胞器。在细胞分裂间期已复制成两个中心体，分裂前期分别移向两极。每个中心体周围出现许多放射状的星射线，由星射线组成纺锤体。第二，动物细胞分裂末期，原来赤道板四周的细胞膜向内凹陷，形成缢沟，缢沟逐渐加深，最后将细胞质缢隔成两部分，这样两个完整的新细胞也就形成了（图4-1-17）。

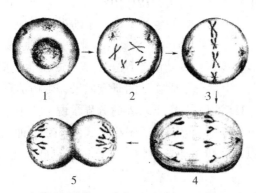

1.间期 2.前期 3.中期 4.后期 5.末期

图4-1-17 动物细胞的有丝分裂

2.细胞分化

细胞不断分裂，产生大量细胞，这些细胞各自向一定方向发展，成为各种形态和功能不同的细胞，这一过程称为细胞分化。如植物中有的细胞分化成根尖细胞，有的分化成叶肉细胞等。动物中有的细胞分化成肌细胞，有的分化成骨细胞，有的分化成神经细胞、生殖细胞等。

分化出来的细胞，由许多形态结构相似的细胞连在一起形成组织，如植物中的营养组织、输导组织等，动物中的上皮组织、肌肉组织等。由多种不同的组织联系起来行使一定的功能，构成器官，如植物中有根、茎、叶、花、果实、种子，动物中有脑、胃、心脏、肺、眼、耳等。在高等动物和人体中，由许多不同的器官联系起来，共同完成某种或几种生理功能，构成系统，由多种系统构成个体。高等动物和人类共有11个系统：被覆系统、骨骼系统、肌肉系统、呼吸系统、消化系统、循环系统、泌尿系统、内分泌系统、神经系统、感觉系统和生殖系统。各种系统在内分泌系统和神经系统的调节下，相互协调、相互制约，共同完成机体的新陈代谢。

下面以消化系统为例，说明从细胞到系统，再由多种系统构成个体的层次（图4-1-18）。

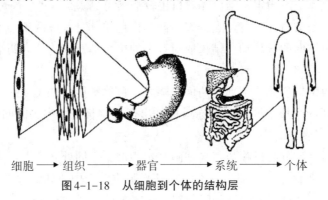

细胞 ——→ 组织 ——————→ 器官 ——————→ 系统 ——————→ 个体

图4-1-18　从细胞到个体的结构层

五、生物的类群

为了便于对生物进行研究和利用，人们按照它们的异同程度，从简单到复杂、从低等到高等进行分类。200多年前，瑞典的博物学家林奈（C. V. Linné，1707—1778年）将生物分为植物和动物两界系统，以后的生物学家，不断提出多种新的分类方法。1969年，魏泰克（R. H. Whittaker，1924—1980年）将整个生物界分成原核生物界、原生生物界、真菌界、植物界和动物界五界系统。五界系统虽然能反映出生物间的亲缘关系和进化历程，但仍不够完善。近年来，根据分子生物学的研究成果，生物学家对五界系统进行了完善。

目前常用的生物分界系统是三主干六界的分界学说。三主干是真核生物、真细菌和古细菌三个主群。古细菌主群算一界，种类最少，大约有数十种到数百种。真细菌主群也算一界，它包括古细菌以外的所有原核生物。真核生物主群最庞大，包括原生生物、真菌、植物和动物四界。

病毒不具有细胞形态结构，它仅仅由核酸和蛋白质构成（图4-1-19）。病毒是不是生物，长期以来存在争议，在各种分界系统中都没有病毒分类地位。但是，人们一直以来又是把病毒当作重要的生物进行研究，因此，有人把病毒称作分子生物。

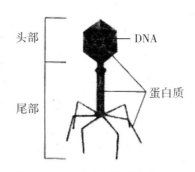

图4-1-19　噬菌体的结构图

在自然界中，病毒种类很多，已知约有1000多种，形态多种多样。根据所含核酸不同，可将病毒分为DNA病毒和RNA病毒两类。根据病毒所寄生的细胞不同，又可将病毒分为动物病毒、植物病毒和噬菌体三类。

（一）古细菌界

古细菌又称作嗜极细菌，生活在极端环境（高温、高盐、高压、极端酸或碱等）中，在生理、生化和分子机制方面与真细菌之间存在着巨大的差别。根据所耐受的环境条件不同，可将它们分为嗜热菌、嗜冷菌、嗜盐菌、嗜酸菌、嗜碱菌、嗜压菌等等。嗜热菌的生长温度为50～90 ℃，还有一些超嗜热菌能在90 ℃以上生长；嗜冷菌的最适生长温度是-2 ℃，高于10 ℃不能生长；嗜盐菌能生长在饱和的食盐水中；嗜酸菌能生长在pH<1的条件下；嗜碱菌能生长在pH>11的环境中；嗜压菌能生长在海平面下10 500 m深处，最适的压强为$7×10^7～8×10^7$ Pa，能耐受的最高压强为10^8 Pa。有些嗜极菌还能生长在多种极端参数的环境条件下，例如嗜热嗜酸菌能在pH 2.0以下和75 ℃以上环境中生长；嗜压菌生长于深海中，同时，承受深海中0 ℃左右的低温条件。

（二）真细菌界

真细菌界包括古细菌以外的所有原核生物。它们过着典型的独居或群居生活，单细胞，且细胞较小，细胞内没有成形的核，没有核膜，只有一个核区，染色体仅由裸露的DNA分子组成，没有线粒体、内质网、叶绿体等细胞器。通常以直接分裂进行繁殖，如细菌、蓝藻等属于此类（图4-1-20）。

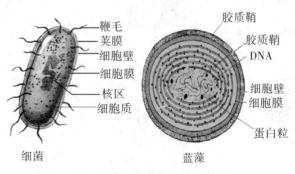

图4-1-20　细菌和蓝藻的结构示意图

（三）原生生物界

本界包括所有单细胞真核生物。原生生物界是真核生物中最低等的类群，真菌界、植物界、动物界都起源于原生生物界。许多原生生物是单细胞，但细胞内有高度分化的复杂结构。原生生物界已有明显成形的细胞核，染色体由DNA和蛋白质组成，具有线粒体等细胞器，在自养类型中还有叶绿体。通常以核内有丝分裂进行无性繁殖，在寒冷或干旱等不良条件下，也可进行有性生殖，形成合子，度过不良环境。本界中有甲藻、金藻、裸藻、变形虫和草履虫等原生生物（图4-1-21）。

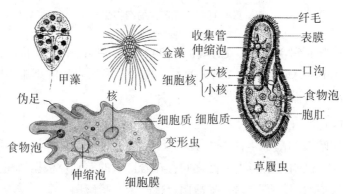

图4-1-21　几种常见的原生生物

（四）真菌界

真菌界是一类没有叶绿体，营腐生或寄生生活的生物，少数为单细胞，大多数为多细胞，形成分枝或不分枝的菌丝体。繁殖有无性繁殖和有性繁殖两种。本界包括各种霉菌，如青霉、曲霉、毛霉等，酵母菌、蕈类（如蘑菇）均属此类（图4-1-22）。

生物学中又把一群体形微小、结构简单的单细胞或多细胞的原核生物、真核生物以及没有细胞结构但具有生命现象的病毒总括在一起，统称为微生物。如病毒、支原体、螺旋体、细菌、放线菌、酵母菌、霉菌、蕈菌、变形虫和单细胞藻类都属于微生物。绝大多数的微生物必须借助显微镜才能观察到。

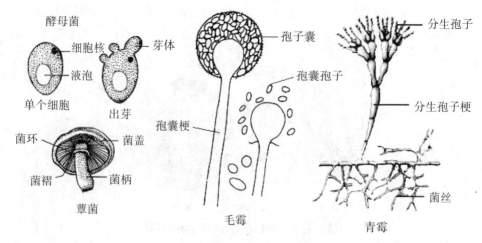

图4-1-22　几种常见的真菌形态图

（五）植物界

植物界包括所有典型的多细胞植物，细胞结构复杂，大多数种类已有根、茎、叶的分化，已形成了维管束，输送水分和养料，能进行光合作用。生活史中有明显的世代交替（有无性生殖的孢子体世代和有性生殖的配子体世代）现象，在从低等生物向高等生物的进化过程中，配子体世代逐渐退化，而孢子体世代逐渐发达。植物界又可分为藻类植物、苔藓植物、蕨类植物和种子植物。

（六）动物界

动物界是生物界中种类最多的一大类，已知动物有150万种左右。动物不能进行光合作用，只能以植物、动物等现成的有机物为营养，是异养生物。多数种类具有完备的器官系统，特别是感觉、神经、运动等系统尤为发达。除少数低等类型外，都有较完善的有性生殖过程。按动物从低等到高等大致可分成无脊椎动物和脊椎动物两大类。无脊椎动物主要包括：海绵动物、腔肠动物、扁形动物、线性动物、环节动物、软体动物、节肢动物和棘皮动物等。脊椎动物是动物界中最高等的一类，体内都有一条许多脊椎骨连接而成的脊柱。脊椎动物包括鱼类、两栖类、爬行类、鸟类和哺乳类。

第二节　高等生物的构成与功能

为了明确生物体的构成及功能，我们分别以植物界中最高等的被子植物和动物界中最高等的人类为例来说明高等生物的构成与功能。

一、植物的构成与功能

（一）被子植物的营养器官——根、茎和叶

1.根

根是指植物在地下的部位，主要功能为固持植物体、吸收水分和无机盐、将水与无机盐输导到茎以及储藏养分。

（1）根系

植物根的总和称为根系，分为直根系和须根系。直根系是指植物的根系由一明显的主根（由胚根形成）和各级侧根组成。大部分双子叶植物都具有直根系，如陆地棉、大豆等。大多乔木、灌木以及某些草本植物，例如石榴、蚕豆、蒲公英、萝卜等植物的根系是直根系。须根系是指植物的根系由许多粗细不定的根组成。在须根系中不能明显地区分出主根（这是由于胚根形成主根生长一段时间后，停止生长或生长缓慢造成的）。大部分单子叶植物都为须根系，如高粱等。禾本科植物如稻、麦、各种杂草、苜蓿以及葱、蒜、百合、玉米、水仙等的根系都是须根系。

（2）根的结构组成

根最重要的部位是根尖，根尖是主根或侧根尖端，是根的最幼嫩、生命活动最旺盛的部分，也是根的生长、延长及吸收水分的主要部分。根尖包含根冠、分生区、伸长区和成

熟区（图4-2-1）。根冠是包围在分生区外的帽状结构，由许多薄壁细胞组成，起保护分生区的作用，并可分泌黏液，有利于根尖推进生长。分生区是根的顶端分生组织，前端为原分生组织，后部为初生分生组织。分生区细胞持续分裂活动，增加根的细胞数目。伸长区的细胞逐渐停止分裂，迅速伸长生长，产生大液泡。后部分化出最早的导管和筛管，是分生区与成熟区的过渡区域。根毛区的内部组织全部分化成熟，故也称成熟区。根毛区最显著的特征是表面密被根毛。根毛是表皮细胞向外突出形成的顶端密闭的管状结构。根毛的形成大大地扩大了根表皮的吸收面积，因此，根毛区是根行使吸收功能的主要区域。

（3）根的生理功能

根是在长期进化过程中适应陆地生活发展起来的器官，它的功能是吸收水分和无机盐。根系从土壤中吸收水分最活跃的部位是根尖的根毛区。通常仅由根系的活动而引起的吸水现象，称为主动吸水，而把由地上部分的蒸腾作用所产生的吸水过程，称为被动吸水。根系从土壤中吸收矿物质是一个主动的生理过程，它与水分的吸收之间，各自保持着相对的独立性。根部吸收矿物质元素最活跃的区域是根冠与顶端分生组织，以及根毛发生区。此外，根的生理功能还有固着和支持功能、有机化合物的合成转化功能、贮藏功能以及输导功能等。

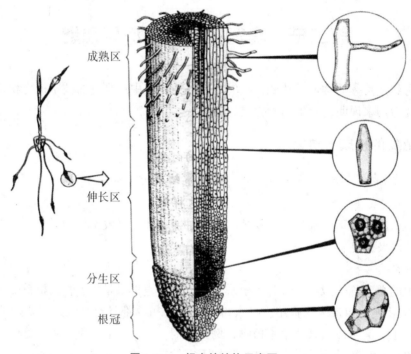

图4-2-1　根尖的结构示意图

2. 茎

茎是指植物地上部分的骨干，上面着生叶、花和果实。茎上着生叶的位置叫节，两节之间的部分叫节间。茎顶端和节上叶腋处都生有芽，当叶子脱落后，节上留有的痕迹叫作叶痕。这些茎的形态特征可与根进行区别。茎具有输导营养物质和水分以及支持叶、花和果实在一定空间的作用。有的茎还具有光合作用、贮藏营养物质和繁殖的功能。

（1）茎的生长方式

不同植物的茎在适应外界环境上，有各自的生长方式，使叶能在空间展开，获得充分的阳光，制造营养物质，并完成繁殖后代的作用。茎主要的生长方式有直立茎、缠绕茎（如牵牛花）、攀缘茎（如丝瓜、葡萄）、匍匐茎（如番薯）。

（2）茎的变态

有些植物的茎在长期适应某种特殊环境的过程中，逐步改变了它原来的功能，同时也改变了原来的形态，这种和一般形态不同的茎的变化称为茎的变态。按照茎的变态来分有茎卷须、茎刺、根状茎、块茎、鳞茎、球茎等。

茎卷须是在植物的茎节上，不是长出正常的枝条，而是长出由枝条变化成可攀缘的卷须，这种器官称为茎卷须，如葡萄茎上即生有茎卷须。茎刺是在植物的茎节上，长出的枝条发育成刺状，称为茎刺，如皂荚、枸杞、山楂。根状茎是某些多年生植物地下茎的变态，其形状如根，也称为根状茎，如芦苇、莲、毛竹都有发达的根状茎。藕就是莲的根状茎，竹鞭就是竹的根状茎。在根状茎上可以看到茎的基本形态特征，就是有节和节间，在节上也长叶，在叶腋中同样也生有侧芽（这便是区分茎和根的最基本方法）。块茎是某些植物的地下茎的末端膨大，形成一块状体，这种生长在地下呈块状的变态茎称为块茎，如马铃薯的薯块。在块茎上同样可能看到茎的特点，如有节、节间、退化的小叶，以及顶芽、侧芽等。鳞茎是某些植物的茎变得非常之短，呈扁圆盘状，外面包有多片变态了的叶，这种变态的茎称为鳞茎，如洋葱、大蒜、百合等。球茎是某些植物的地下茎先端膨大成球形，称为球茎，如荸荠、慈姑、芋头。

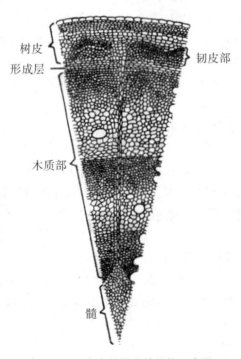

图4-2-2　木本植物茎的结构示意图

（3）茎的结构及生理功能

木本植物的茎由树皮（内含韧皮部）、形成层、木质部和髓部四大部分组成（图4-2-2）。茎的生理功能包括支持、输导、贮存营养、繁殖等功能。最主要的是输导作用，将根吸收的水、无机盐，以及叶制造的有机物进行输导，送到植物体的各部分。水和无机盐的输导是由茎的导管完成的。导管由木质部中一串高度特化的管状死细胞所组成，由于上、下相接处的细胞壁消失，形成了中空管道。水分和无机盐的输导方向是自下而上。叶制造的有机物，主要是通过茎韧皮部的筛管向植物体的各个器官输送的。筛管也呈管状，但为活细胞，具有细胞质，细胞上、下相接处的细胞壁上有许多小孔（筛孔），故称为筛管。筛管内有机物的输导方向是自上而下的。

3.叶

（1）叶的组成及分类

一个典型的叶主要由叶片、叶柄、托叶三部分组成。同时具备此三个部分的叶称为完全叶，缺乏其中任意一或两个组成的则称为不完全叶。叶片是叶的主要部分。叶片的形状，即叶形，类型极多。叶柄为着生于茎上以支持叶片的柄状物。托叶为叶柄基部或叶柄两侧或腋部所着生的细小绿色或膜质片状物。托叶通常先于叶片长出，并于早期起着保护幼叶和芽的作用。

叶柄上只着生一个叶片的称为单叶，叶柄上着生多个叶片的称为复叶。复叶上的各个叶片，称为小叶。复叶的种类很多，常见的有三初复叶、掌状复叶、羽状复叶等。

（2）叶的变态

植物的叶因种类不同与受外界环境的影响，常产生很多变态，常见的变态有刺状叶（即整个叶片变态为棘刺状的叶，如仙人掌）、鳞叶（即叶的托叶、叶柄完全不发育，叶片呈鳞片状的叶，如贝母和大蒜）、卷须叶（即叶片先端或部分小叶变成卷须状的叶，如野豌豆）、捕虫叶（即叶片形成掌状或瓶状等捕虫结构，有感应性，遇昆虫触动，能自动闭合，同时，表面有大量能分泌消化液的腺毛或腺体，如茅膏菜）。

（3）叶的组织结构

自叶片做一横切片，自外而内可见如下构造：

①表皮

表皮为叶片表面的一层初生保护组织，通常有上表皮和下表皮之分，上表皮位于腹面，下表皮位于背面。表皮细胞扁平，排列紧密，通常不含叶绿体，外表常有一层角质层。有些表皮细胞常分化形成气孔或向外突出形成毛茸。

②叶肉

叶肉为表皮内的同化薄壁组织，通常有栅栏组织和海绵组织两种组织形式。栅栏组织紧靠上表皮下方，细胞通常为一至数层，长圆柱状，垂直于表皮细胞，并紧密排列呈栅状，内含较多的叶绿体。海绵组织的细胞形状多不规则，内含较少的叶绿体，位于栅栏组织下方，层次不清，排列疏松，状如海绵（图4-2-3）。

③叶脉

叶脉为贯穿于叶肉间的组织，起支持和输导作用。叶中央的一条粗大叶脉称为主脉（或中脉），其分支称侧脉，侧脉的分支称细脉，细脉的末梢称脉梢。

（4）叶的生理功能

叶的主要生理功能是进行光合作用合成有机物，并有蒸腾作用提供根系从外界吸收水和矿质营养的动力。

①光合作用

绿色植物在阳光照射下，将外界吸收来的二氧化碳和水分，在叶绿体内，利用光能制造出以碳水化合物为主的有机物，并放出氧气。同时，将光能转化成化学能储藏在制造成的有机物中，这个过程叫作光合作用。光合作用产生碳水化合物、蛋白质和脂肪等有机物，除一部分用来建造植物体和呼吸消耗外，大部分被输送到植物体的储藏器官储存起来，我们吃的粮食和蔬菜就是这些被储存起来的有机物。光合作用还能消耗大气中的二氧化碳、制造出新鲜的氧气，调节大气中氧气和二氧化碳浓度的平衡。

②蒸腾作用

根从土壤里吸收到植物体内的水分，除一小部分供给植物生活和光合作用制造有机物外，大部分都变成水蒸气，通过叶片上的气孔蒸发到空气中去，这种现象叫作蒸腾作用。在进行蒸腾作用时，叶里的大量水分不断化为蒸气，这样就带走了大量的热，从而降低了植物的体温，保证了植物的正常生活。此外，叶内水分的蒸腾还有促进植物内水分和溶解在水中的无机盐上升的作用。

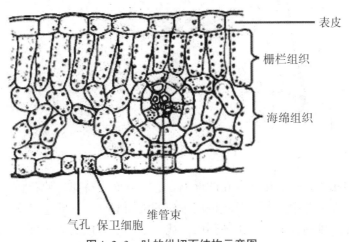

图4-2-3　叶的纵切面结构示意图

（二）被子植物的繁殖器官——花、果实和种子

1.花

花是被子植物的有性繁殖器官。一朵完整的花包括了六个基本部分，即花柄、花托、花萼、花冠、雄蕊群和雌蕊群（图4-2-4）。

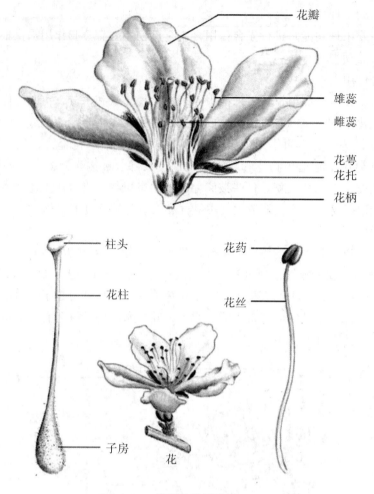

图4-2-4 花的结构示意图

花柄，又叫花梗，是连接茎和花的部分。它一方面支持花，使花各向展开；另一方面将各种物质由茎运至花中。花托是花柄或小梗的顶端部分，一般略呈膨大状，花的其他各部分按一定的方式排列在上面，由外到内（或由下至上）依次为花萼、花冠、雄蕊群和雌蕊群。位于花冠外面的绿色被片是花萼，它在花朵尚未开放时，起着保护花蕾的作用。花冠是一朵花中所有花瓣的总称，位于花萼的上方或内部，排列成一轮或多轮，多具有鲜亮的色彩。花瓣的表皮细胞内常含有挥发油，使花发出各种特殊的香气。花瓣基部常有蜜腺存在，可以分泌蜜汁以吸引昆虫。花萼和花冠合称花被。雄蕊是被子植物花的雄性生殖器，其作用是产生花粉，由花丝（支持着花药）和花药（里面有花粉）两部分组成。雌蕊是被子植物的雌性繁殖器官，位于花的中央部分，由1至多个具繁殖功能的变态叶——心皮卷合而成。由1个心皮组成的雌蕊称单雌蕊，如豆类、桃等；由数个彼此分离的心皮形成的雌蕊称离心皮雌蕊，如草莓、芍药等；由2个以上心皮合生的雌蕊称复雌蕊或合心皮雌蕊，如棉、瓜类等。

雌蕊常呈瓶状，由柱头、花柱、子房三部分组成。一朵花中全部雌蕊总称雌蕊群。柱头是雌蕊顶端接受花粉的部分，通常膨大成球状、圆盘状或分枝羽状，常具乳头状突起或短毛，利于接受花粉。有的柱头，表面分泌有黏液，适于花粉固着和萌发。花柱是雌蕊柱头和子房之间的部分，连接柱头和子房，是花粉管进入子房的通道。当花粉管沿着花柱生长并伸向子房时，花柱能为其提供营养和某些趋化物质。子房是被子植物生长种子的器官，位于花的雌蕊下面，一般略为膨大。子房由子房壁和胚珠组成。胚珠受精后可以发育为种子，子房壁发育成果皮，包裹种子，整个子房发育成果实。

传粉是成熟花粉从雄蕊花药中散出后，传送到雌蕊柱头上的过程。在自然条件下，传粉包括自花传粉和异花传粉两种形式。传粉媒介主要有昆虫（包括蜜蜂、甲虫、蝇类和蛾类等）、风和水。此外，蜂鸟、蝙蝠和蜗牛等也能传粉。

2. 果实

受精完成后，花瓣、雄蕊以及柱头和花柱都完成了"历史使命"，因而纷纷凋落。唯有子房继续发育，最终成为果实，其中子房壁发育成果皮，子房里面的胚珠发育成种子，珠被发育成种皮，受精卵发育成胚，受精极核发育成胚乳。有些果实除子房外，还有花的其他部分（如花托、花萼等）共同参与发育形成果实。果实一般包括果皮和种子两部分，起传播与繁殖的作用。在自然条件下，也有不经传粉受精而结实的，这种果实没有种子或种子不育，故称无子果实，如无核蜜橘、香蕉等。此外，未经传粉受精的子房，由于某种刺激（如萘乙酸或赤霉素等处理）形成果实，如番茄、葡萄，也可以形成无种子的果实。

果实的种类繁多，有的果实成熟后果皮肥厚多汁，称为肉果；常见的肉果有核果（如桃）、梨果（如梨）、柑果（如柑橘）和瓠果（如南瓜）。而有的果实成熟后果皮干燥，称为干果。常见的干果有荚果（如豌豆）、角果（如荠菜）、坚果（如板栗）、翅果（如榆、臭椿）、瘦果（如蒲公英）、颖果（如小麦）、蒴果（如牵牛）、双悬果（如小茴香）。

3. 种子

种子是裸子植物和被子植物特有的繁殖体，它由胚珠经过传粉受精形成。种子一般由种皮、胚和胚乳三部分组成，有的植物成熟的种子只有种皮和胚两部分。

种皮由珠被发育而来，具有保护胚与胚乳的功能。种皮的结构与种子休眠密切相关。有的植物种皮中含有萌发抑制剂，因此，除掉这类植物的种皮，对种子萌发有刺激效应。

胚是由受精卵（合子）发育而成的新一代植物体的雏形（即原始体），是种子最重要的组成部分。在种子中，胚是唯一具有生命的部分，已有初步的器官分化，包括胚芽、胚轴、胚根和子叶四部分。胚芽位于胚的顶端，是未来植物茎叶系统的原始体，将来发育成为植物的地上部分。胚轴位于胚芽和胚根之间，并与子叶相连，以后形成根茎相连的部分。在种子萌发时，胚轴的生长对某些种子的子叶出土有很大的帮助。胚根位于胚轴之下，为胚提供营养，呈圆锥状，是种子内主根的雏形，将来可发育成植物的主根，并形成植株的根系。子叶是胚的叶，一般为1或2片，位于胚轴的侧方。被子植物中，胚具有1片子叶的，称单子叶植物；胚具2片子叶的，称双子叶植物。子叶为无胚乳的种子提供营养，或给有胚乳的种子运输营养。

绝大多数的被子植物在种子发育过程中都有胚乳形成，但在成熟种子中有的种类没有或只有很少的胚乳，这是由于它们的胚乳在发育过程中被胚分解吸收了。一般常把成熟的种子分为有胚乳种子和无胚乳种子两大类。胚乳的主要功能是为发育中的胚提供营养。

种子的传播方式多种多样，常见的传播方式有自体传播、风传播、水传播和动物传播等。自体传播就是靠植物体本身传播，并不依赖其他的传播媒介。有些果实成熟开裂之际会产生弹射的力量，将种子弹射出去，例如乌心石。风传播就是有些种子会长出形状如翅膀或羽毛状的附属物，乘风飞行，把种子散播远方，例如蒲公英、柳树的种子。水传播是靠水传播的种子，其表面蜡质不沾水（如睡莲）、果皮含有气室、相对密度较水小，可以浮在水面上，经由溪流或是洋流传播。此类种子的种皮常具有丰厚的纤维质，可防止种子因浸泡、吸水而腐烂或下沉。海滨植物，如棋盘脚、莲叶桐及榄仁，就是典型的靠水传播的种子。鸟类、蚂蚁、哺乳动物的活动也能传播种子，称为动物传播，例如大部分肉质的果实；还有具有钩刺或是黏液，能附着在动物的身上来传播的种子。

二、人体的器官与构造

（一）人体的重要器官

1. 皮肤

皮肤是人体最大的器官，总重量占人体体重的 5%～15%，总面积为 1.5～2 m^2，厚度因人或部位而异，为 0.5～4 mm。皮肤覆盖全身，它使体内各种组织和器官免受物理性、机械性、化学性和病原微生物的侵袭。皮肤具有两个方面的屏障作用：一方面防止体内水分、电解质和其他物质的丢失；另一方面阻止外界有害物质的侵入。

皮肤由表皮、真皮和皮下组织构成，并含有附属器官（汗腺、皮脂腺、指甲、趾甲）以及血管、淋巴管、神经和肌肉等（见图 4-2-5）。

表皮是皮肤最外面的一层，平均厚度约为 0.2 mm，根据细胞的不同发展阶段和形态特点，由外向内可分为角质层、透明层、颗粒层、棘细胞层和基底层。角质层由数层角化细胞组成，含有角蛋白。它能抵抗摩擦，防止体液外渗和化学物质内侵。角蛋白吸水力较强，一般含水量不低于 10%，以维持皮肤的柔润，如低于此值，皮肤则干燥，出现鳞屑或皲裂。由于部位不同，其厚度差异甚大，如眼睑、额部、腹部等部位较薄，掌、跖部位最厚。透明层能防止水分、电解质和化学物质的透过，故又称屏障带。此层于掌、跖部位最明显。基底层的细胞不断分裂，逐渐向上推移、角化、变形，形成表皮的其他各层，最后角化脱落。基底细胞能产生黑色素（色素颗粒），决定着皮肤颜色的深浅。

真皮由纤维、基质和细胞构成。纤维有胶原纤维、弹力纤维和网状纤维三种。胶原纤维为真皮的主要成分，约占 95%，有一定的伸缩性。弹力纤维赋予皮肤弹性。

皮下组织位于真皮的下部，其厚薄依年龄、性别、部位及营养状态而异，有防止散热、储备能量和抵御外来机械性冲击的功能。

皮肤还含有附属器官，如汗腺、皮脂腺、指甲、趾甲。汗腺位于皮下组织，除唇部、龟头等部位外，其分布于全身。汗腺可以分泌汗液，调节体温。皮脂腺位于真皮内，靠近毛囊。皮脂腺可以分泌皮脂，润滑皮肤和毛发，防止皮肤干燥，青春期以后分泌旺盛。毛发分长毛、短毛和毫毛三种。毛发在皮肤表面以上的部分称为毛干，在毛囊内的部分称为毛根，毛根下段膨大的部分称为毛球，突入毛球底部的部分称为毛乳头。毛乳头含丰富的血管和神经，以维持毛发的营养和生成，如发生萎缩，则发生毛发脱落。毛发呈周期性地生长与休止，但全部毛发并不处在同一周期，故人体的毛发是随时脱落和生长的。

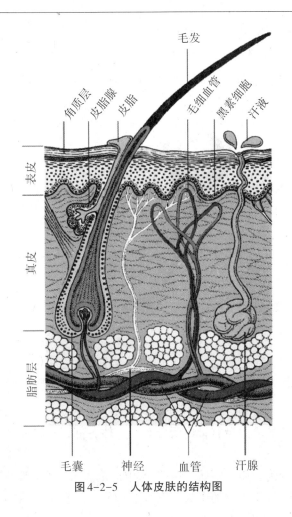

毛发

角质层　皮脂腺　皮脂　　　毛细血管　黑素细胞　汗液

表皮

真皮

脂肪层

毛囊　　　神经　　　血管　　　汗腺

图4-2-5　人体皮肤的结构图

2.骨骼

　　骨主要由骨质、骨髓和骨膜三部分构成（图4-2-6），且里面有丰富的血管和神经组织。长骨的两端是呈窝状的骨松质，中部则是致密坚硬的骨密质，骨中央是骨髓腔，骨髓腔及骨松质的缝隙里容纳的是骨髓。儿童骨髓腔内的骨髓是红色的，有造血功能，随着年龄的增长，逐渐失去造血功能，但长骨两端和扁骨的骨松质内，终生保持着具有造血功能的红骨髓。骨膜是覆盖在骨表面的结缔组织膜，里面有丰富的血管和神经，起营养骨质的作用，同时，骨膜内还有成骨细胞，能增生骨层，能使受损的骨组织愈合和再生。

　　骨是由有机物和无机物组成的，有机物主要是蛋白质，使骨具有一定的韧度，而无机物主要是钙质和磷质，使骨具有一定的硬度。人体的骨就是这样由若干比例的有机物及无机物组成的，所以，人骨既有韧度又有硬度。人在不同年龄，其骨的有机物与无机物的比例也不同，儿童及少年的骨，有机物的含量比无机物多，故他们的骨，柔韧度及可塑性比较高；老年人的骨，无机物含量比有机物多，故他们的骨，硬度比较高，故容易折断。

　　骨骼的主要生理功能有保护功能（骨骼能保护内部器官，如颅骨保护脑；肋骨保护胸腔）、支持功能（骨骼构成骨架，维持身体姿势）、造血功能（骨髓在长骨的骨髓腔和海绵骨的空隙，通过造血作用制造血球）、贮存功能（骨骼贮存身体重要的矿物质，例如钙和磷）、运动功能（骨骼、骨骼肌、肌腱、韧带和关节一起产生并传递力量使身体运动）。

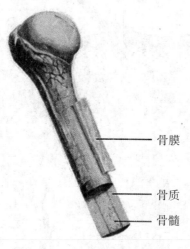

骨膜

骨质

骨髓

图4-2-6　人体骨骼的结构图

3.骨骼肌

骨骼肌是运动系统的动力器官，广泛分布于人体各部，在神经系统的指挥下，完成随意运动。

骨骼肌按形态可分为长肌、短肌、阔肌和轮匝肌四类。每块肌肉按组织结构可分为肌质和肌腱两部分。肌质位于肌肉的中央，有收缩功能；肌腱位于两端，是附着部分。每块肌肉通常都跨越关节附着在骨面上。

人体全身的肌肉可分为头颈肌、躯干肌和四肢肌。头颈肌可分为头肌和颈肌。头肌可分为表情肌和咀嚼肌。表情肌位于头面部皮下，肌肉收缩时可牵动皮肤，产生各种表情。咀嚼肌为运动下颌骨的肌肉。躯干肌包括背肌、胸肌、膈肌和腹肌等。四肢肌可分为上肢肌和下肢肌。上肢肌结构精细，运动灵巧，包括肩部肌、臂肌、前臂肌和手肌。下肢肌可分为髋肌、大腿肌、小腿肌和足肌。

4.关节

骨与骨之间连接的地方称为关节，能活动的叫"活动关节"，不能活动的叫"不动关节"。我们这里所说的关节是指活动关节，如四肢的肩、肘、指、髋、膝等关节。

关节由关节囊、关节面和关节腔构成。关节囊包围在关节外面，关节内的光滑骨面称为关节面，其中关节面凸者为关节头，关节面凹者为关节窝，关节内的空腔部分称为关节腔（见图4-2-7）。正常时，关节腔内有少量液体，以减少关节运动时的摩擦。关节有病时，可使关节腔内液体增多，形成关节积液和肿大。关节周围有许多肌肉附着，当肌肉收缩时，可做伸、屈、外展、内收以及环转等运动。

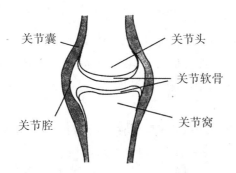

图4-2-7　人体关节的结构图

5. 胃

胃是人体消化道中一个作用非常复杂的重要器官。胃上承食道，下接十二指肠，是一个中空的肌肉组成的容器。胃由上至下可分为六大部分：贲门、胃底、胃体、胃角、胃窦和幽门（见图4-2-8）。胃与食道连接的部位称为贲门；幽门是胃和十二指肠连接处。这两处部位均有括约肌的功能，可防止食物倒流。

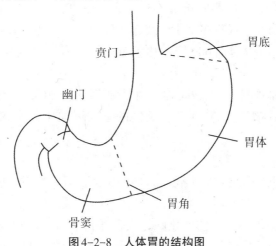

图4-2-8　人体胃的结构图

（1）胃的运动功能

①受纳食物

当人们咀嚼和吞咽食物时，通过咽、食管等处感受器的刺激，引起胃体、胃底肌肉的舒张，使胃的容量能适应大量食物的涌入，并停留在胃内。

②形成食糜

食物进入胃内五分钟后，以每分钟三次的蠕动波从贲门开始向幽门方向移动。在胃不断收缩蠕动的过程中，食物和胃液充分混合、搅拌、研磨、粉碎，使食物形成米糊状的食糜。

③排送食糜

胃的收缩蠕动，促使胃腔内形成一定的压力，这种压力推动食糜向十二指肠移行。

（2）分泌功能

胃的分泌功能指分泌胃液，胃液是由胃的腺体分泌的混合液，含有盐酸、酶、黏液、电解质等。人在空腹时，胃中经常保持有10～70 mL清晰无色的液体，叫作胃黏液。正常人在进食和日常活动情况下，胃黏液分泌量每天可达到2500～3000 mL。

6. 小肠

小肠位于腹中，是食物消化吸收的主要场所，上连胃幽门，下接盲肠，全长约3～5 m，张开有半个篮球大，分为十二指肠、空肠和回肠三部分。十二指肠位于腹腔的后上部，全长25 cm。它的上部（又称球部）连接胃幽门，是溃疡的好发部位。肝脏分泌的胆汁和胰腺分泌的胰液，通过胆总管和胰腺管在十二指肠上的开口，排泄到十二指肠内以消化食物。

小肠由一层细胞组成，其管壁由黏膜、黏膜下层、肌层和浆膜构成。其结构特点是管壁有环形皱襞，黏膜有许多绒毛，绒毛根部的上皮下陷至固有层，形成管状的肠腺，其开口位于绒毛根部之间。绒毛和肠腺与小肠的消化和吸收功能密切相关。

小肠是吸收的主要部位。食物经过在小肠内的消化作用，已被分解成可被吸收的小分子物质。食物在小肠内停留的时间较长，一般是3～8 h，这提供了充分的吸收时间。小肠是消化管中最长的部分，人的小肠长约4 m，小肠黏膜形成许多环形皱襞和大量绒毛突入肠腔，每条绒毛的表面又形成许多细小的突起，称微绒毛。环状皱襞、绒毛和微绒毛的存在，使小肠黏膜的表面积增加600倍，达到200 ㎡左右，这就使小肠具有广大的吸收面积。

绒毛内部有毛细血管网、毛细淋巴管、平滑肌纤维和神经网等组织。平滑肌纤维的舒张和收缩可使绒毛做伸缩运动和摆动，绒毛的运动可加速血液和淋巴的流动，有助于吸收。

7. 肝脏

肝脏是人体内脏里最大的器官，位于人体的腹部位置，在右侧横膈膜之下、胆囊之前端、右边肾脏的前方、胃的上方。

肝脏是人体消化系统中最大的消化腺，成人肝脏平均重达1.5 kg，为一个红棕色的V字形器官。肝脏又是新陈代谢的重要器官。体内的物质，包括摄入的食物，在肝脏内进行重要的化学变化：有的物质在肝脏内被改造，有的物质在肝脏内被加工，有的物质经转变而排出体外，有的物质如蛋白质、胆固醇等在肝脏内合成。肝脏可以说是人体内的一座化工厂。

肝脏还能促使一些有毒物质发生变化，再排出体外，从而起到解毒作用。寄生在肠道内的细菌腐败分解时，可释放出氨气。肝脏将氨转变为尿素排泄，便避免了中毒。如果饮酒，酒精到体内产生乙醛，可与体内物质结合，产生毒性反应，产生醉酒的症状；但肝脏又可将乙醛氧化为醋酸而除去。如果饮酒过度，超出肝脏的解毒能力，便会酒精中毒，严重的会危及生命。人们服用药品，药物除能治病外，往往还有一定的毒性，这时肝脏又能将药物改变为水溶性物质，从尿或粪中排除。

肝脏又是一个脆弱的器官，如保护不好便可致病。病毒侵入肝脏后，肝脏的毛细血管通透性增高，肝细胞变性肿胀，肝脏内出血，炎性细胞浸润，导致肝脏肿大，正常功能衰退。

8.心脏

心脏位于人体胸腔的中部偏左下方，其形状像一个桃子，夹在两肺之间，大小与人的拳头差不多。心脏主要是由心肌构成的，而心肌则是由能收缩的心肌细胞组成的，这些心肌细胞也称心肌纤维，当心肌收缩时可使心腔缩小。另有少数心肌细胞形成特殊的传导系统，具有产生自动节律性兴奋的能力，其传导兴奋的速度也快。

心脏是一个中空器官，其构造主要包括心壁、心房、心室、房室瓣、半月瓣和传导系统。心脏的内部被分成四部分，左心房、左心室、右心房、右心室（见图4-2-9）。左右心房有房间隔，左右心室有室间隔，房间隔和室间隔将心脏分隔成互不相通的左右两半。房室之间有房室口相通，在房室口的周缘有一层很薄的光滑透明的心内膜，它折叠成双层皱襞样的结构，叫瓣膜。左心房和左心室之间有两片瓣膜，为二尖瓣。右心房和右心室之间有三片瓣膜，为三尖瓣。

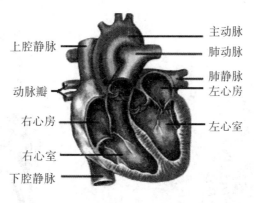

左侧标注（从上到下）：上腔静脉、动脉瓣、右心房、右心室、下腔静脉
右侧标注（从上到下）：主动脉、肺动脉、肺静脉、左心房、左心室

图4-2-9 人体心脏的结构图

心脏是人体体循环和肺循环的中心，它与血管连通。心房连通静脉，左心房连通肺静脉，右心房连通上腔静脉和下腔静脉；心室连通动脉，左心室连通主动脉，右心室连通肺动脉。右心房和下腔静脉有瓣膜；左心室和主动脉之间有主动脉瓣；右心室和肺动脉之间有肺动脉瓣。心脏房室之间的瓣膜、心室和动脉之间的瓣膜、心房和静脉之间的瓣膜，它们像阀门一样能开能闭，但只能向一个方向开，血液顺流时开放，逆流时关闭，以保证血液按一定方向流动。

9.肺

肺位于胸中，上通喉咙，左右各一。左肺由斜裂分为上、下两个肺叶，右肺除斜裂外，还有一水平裂，因此将其分为上、中、下三个肺叶。

肺是以支气管反复分支形成的支气管树为基础构成的（见图4-2-10）。左、右支气管在肺门分成第二级支气管，第二级支气管及其分支所辖的范围构成一个肺叶，每支第二级支气管又分出第三级支气管，每支第三级支气管及其分支所辖的范围构成一个肺段，支气管在肺内反复分支可达23～25级，最后形成肺泡。肺泡含有丰富的毛细血管网，是血液和肺泡内气体进行气体交换的场所。

10. 肾脏

人体的肾脏位于腰部脊柱两侧，左右各一，左高右低，其外形像蚕豆，质量约为120～150 g；两个肾脏的形态、大小和质量都大致相似，左肾较右肾略大。

肾脏为实质器官，其内部结构大体上可分为肾实质和肾盂两部分（见图4-2-11）。肾单位是肾脏结构和功能的基本单位，每个肾脏约有100万～200万个肾单位，每个肾单位都由一个肾小体和一条与其相连通的肾小管组成。每个肾小体包括肾小球和肾小囊两部分，肾小球是一团毛细血管网；肾小囊有两层，均由单层上皮细胞构成，外层（壁层）与肾小管管壁相通，内层（脏层）紧贴在肾小球毛细血管壁外面，内外两层上皮之间的腔隙称为囊腔，与肾小管管腔相通。肾小管长而弯曲，分成近球小管、髓袢细段、远球小管三段，其终末部分为集合管，是尿液浓缩的主要部位。肾单位之间有血管和结缔组织支撑，称为肾间质。

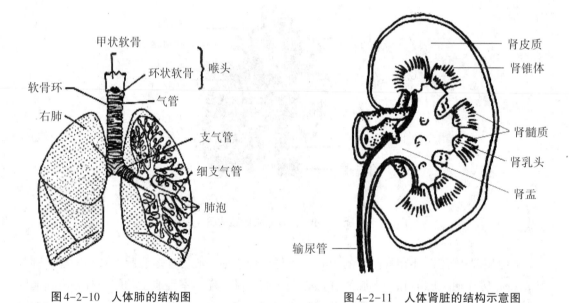

图4-2-10　人体肺的结构图　　　　图4-2-11　人体肾脏的结构示意图

肾实质可分为肾皮质和肾髓质。在肾脏的额切面上，可见深红色的外层为皮质，浅红色的内层为髓质。皮质包绕髓质，并伸展进入髓质内，形成肾柱；髓质由十几个锥体构成，锥体的尖端称为肾乳头，伸入肾小盏。每个乳头有许多乳头孔，为乳头管的开口，形成筛区，肾内形成的尿液由此进入肾小盏。肾小盏呈漏斗状，每个肾小盏一般包绕1个肾乳头，有时包绕2～3个。每个肾脏约有7～12个肾小盏，几个肾小盏组成1个肾大盏，几个肾大盏集合成肾盂。肾盂在肾门附近逐渐变小，出肾门进入输尿管。

肾脏是重要的排泄器官，除完成泌尿系统的主要机能——排钾、排出体内废物、排出体内磷外，还有活化维生素D、分泌促红细胞生成素及分泌肾素、调节体内酸碱平衡等作用。这就是有肾病时常会导致贫血和离子平衡失调、酸碱平衡失调、高血压、代谢紊乱、钙磷比率失调、氮血症等的原因。

（二）人体的系统

人体一般是由许多器官组成的，这些共同完成某种基本生理功能的一系列器官体系又叫系统。根据其生理机能一般可分为运动系统、消化系统、循环系统、呼吸系统、排泄系统、神经系统、内分泌系统和生殖系统。在人体中，各系统的基本生理活动，在神经系统和内分泌系统的调节下互相联系、互相制约，协同完成人体的生命活动。

1.运动系统

运动系统由骨、骨连结和骨骼肌组成。骨骼起支持身体的作用，保护内部柔软器官并供肌肉附着。骨连结（如关节）是指骨骼之间相连接的地方，一般可以活动。骨骼肌是构成人体的主要肌肉，肌肉通过收缩和舒张牵动骨骼绕关节而运动。骨、骨连结和骨骼肌构成人体支架和基本轮廓，并有支持和保护功能。

2.消化系统

消化系统由消化道和消化腺两部分组成。消化道包括口腔、咽、食道、胃、小肠和大肠和肛门；消化腺包括唾液腺、胃腺、肝脏、胰腺、肠腺等（见图4-2-12）。

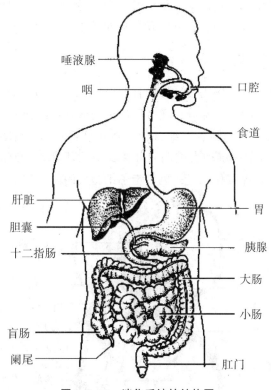

唾液腺
咽
口腔
食道
肝脏
胆囊
十二指肠
胃
胰腺
大肠
小肠
盲肠
阑尾
肛门

图4-2-12　消化系统的结构图

消化腺有小消化腺和大消化腺两种。小消化腺散在于消化管各部的管壁内，大消化腺有三对唾液腺、肝脏和胰腺，它们均借导管，将分泌物排入消化管内。消化腺产生的消化液及功能分别为唾液腺分泌唾液，将淀粉初步分解成麦芽糖；胃腺分泌胃液，将蛋白质初步分解成多肽；肝脏分泌胆汁，将大分子的脂肪初步分解成小分子的脂肪，称为物理消化；胰脏分泌胰液，胰液是对糖类、脂肪、蛋白质都有消化作用的消化液；肠腺分泌肠液，可将麦芽糖分解成葡萄糖、将多肽分解成氨基酸、将小分子的脂肪分解成甘油和脂肪酸，肠液也是对糖类、脂肪、蛋白质有消化作用的消化液。

消化系统的基本功能是消化和吸收食物，提供机体所需的物质和能量。食物中的营养物质除维生素、水和无机盐可以被直接吸收利用外，蛋白质、脂肪和糖类等物质均不能被机体直接吸收利用，需在消化管内被分解为结构简单的小分子物质，才能被吸收利用。食物在消化管内被分解成结构简单、可被吸收的小分子物质的过程就称为消化。这种小分子物质透过消化管黏膜上皮细胞进入血液和淋巴液的过程就是吸收。对于未被吸收的残渣部分，消化道则通过大肠以粪便的形式排出体外。

消化包括机械性消化和化学性消化两种形式。食物经过口腔的咀嚼，牙齿的磨碎，舌的搅拌、吞咽，进入胃，胃肠肌肉的活动，将大块的食物变成碎小的食物，并使消化液与食物充分混合，形成食团或食糜并推动食团或食糜下移，从胃推移到肛门，这种消化过程叫机械性消化或物理性消化。化学性消化是指消化腺分泌的消化液对食物进行化学分解。由消化腺所分泌的多种消化液，将复杂的各种营养物质分解为肠壁可以吸收的简单化合物，如将糖类分解为单糖，将蛋白质分解为氨基酸。然后这些分解后的营养物质被小肠吸收进入体内，进入血液和淋巴液，这种消化过程叫化学性消化。机械性消化和化学性消化同时进行，共同完成消化过程。

3. 循环系统

循环系统是人体内血液和淋巴流通的封闭式管道，分为心血管系统和淋巴系统两部分。淋巴系统是静脉系统的辅助部分，而一般所说的循环系统指的是心血管系统。

心血管系统是由心脏、动脉、毛细血管及静脉组成的一个封闭的运输系统（见图4-2-13）。由心脏不停地搏动提供动力推动血液在其中循环流动，为机体的各种细胞提供赖以生存的物质，包括营养物质和氧气；也带走了细胞代谢的产物二氧化碳。

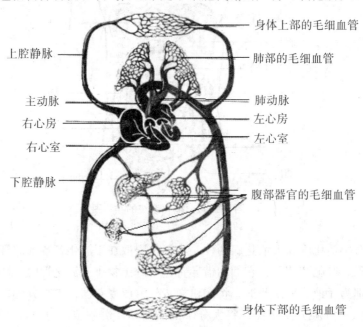

图4-2-13　人体血液循环系统示意图

　　在心脏的推动下，血液在血管中按一定方向不断流动，称为血液循环。人体的血液循环由体循环和肺循环两部分组成。体循环是指血液由左心室进入主动脉，再流经全身各级动脉，在毛细血管与组织细胞进行气体和物质交换，血液中的氧和营养物质被组织吸收，而组织中的二氧化碳和其他代谢产物进入血液中，变动脉血为静脉血，最后经各级静脉汇集到上腔静脉、下腔静脉，流回右心房的循环途径。肺循环是指血液由右心室进入肺动脉，流经肺部的毛细血管网，在此处进行气体交换，含氧少的静脉血转变为含氧多的动脉血，再由肺静脉流回左心房的循环途径。

　　淋巴系统包括毛细淋巴管、淋巴管和淋巴器官。淋巴来自组织液，是淡黄色透明液体，含有水、蛋白质、葡萄糖、无机物、激素、免疫物质和较多的淋巴细胞。淋巴经右淋巴管和胸导管汇入静脉，所以淋巴系统是静脉的辅助管道。淋巴器官主要由淋巴组织构成。淋巴组织是富含淋巴细胞的网状结缔组织。淋巴器官包括胸腺、淋巴结、脾、扁桃体等。淋巴结常群集于身体的一定部位，如颈部、腋窝、腹股沟等，淋巴结最显著的功能是清除淋巴中的异物。脾是体内最大的淋巴结，位于腹腔的左上部，不仅能有效地清除侵入血液内未经"处理"的细菌和抗原物质，还能吞噬衰老的红细胞、退化的白细胞和血小板等。扁桃体位于舌根和咽部周围，能产生淋巴细胞和抗体，是人体重要的防御器官。

　　4. 呼吸系统

　　呼吸系统是人与环境之间进行气体交换的系统。人的呼吸系统是一个复杂的管道系统（见图4-2-14），包括呼吸道（鼻腔、咽、喉、气管、支气管）和肺。其中肺是气体交换的场所。

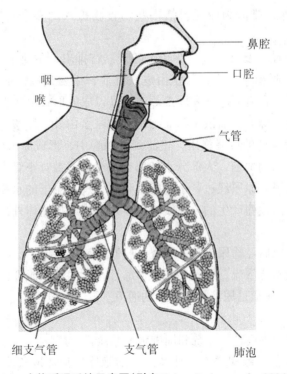

鼻腔

口腔

咽

喉

气管

细支气管　　　　支气管　　　　肺泡

图4-2-14　人体呼吸系统示意图（引自 Robert Berkow et al., 2006）

鼻腔是呼吸器官，同时也是嗅觉器官。气管和支气管黏膜细胞具有纤毛，其波浪式运动将黏附的尘埃推向咽喉，再经咳嗽、吞咽等排出体外。肺位于胸腔内，每叶肺由几百万个肺泡组成，所有肺泡的表面积加起来相当于一个网球场那么大。肺泡是实现气体交换的结构和功能单位。

人体在新陈代谢过程中要不断地消耗氧气，产生二氧化碳。机体与外界环境进行气体交换的过程称为呼吸。气体交换地有两处：一是外界与呼吸器官如肺的气体交换，称肺呼吸（或外呼吸）；另一处由血液和组织液与机体组织、细胞之间进行气体交换（内呼吸）。

人体和外界环境之间的气体交换和呼吸运动密切相关。吸气时肋间外肌收缩，胸部肋骨上升，同时膈肌下移，引起胸腔体积的扩大，使肺被动扩张，肺内气压减小，外界空气进入肺内；呼气时，肋间外肌舒张，胸部肋骨下降，膈肌也回升，使肺的容积缩小，肺内气压增大，肺内气体排出体外。成年人安静时每分钟呼吸约16次，每小时近1000次，每日呼吸次数超过20 000次。人尽力吸气后再尽力呼出的气体量称为肺活量，成人的肺活量大约为3500～5000 mL。一个人的肺活量在一定程度上可反映他的体质状况。

5. 排泄系统

排泄系统又称泌尿系统，由肾、输尿管、膀胱及尿道组成，其主要功能为生成和排出尿液。

排泄是指机体代谢过程中所产生的各种不为机体所利用或者有害的物质向体外输送的生理过程。被排出的物质一部分是营养物质的代谢产物；另一部分是衰老的细胞破坏时所形成的产物。此外，排泄物中还包括一些随食物摄入的多余物质，如多余的水和无机盐类。

机体排泄的途径主要有三种：一是由呼吸器官排出，主要是二氧化碳和一定量的水，水以水蒸气形式随呼出气排出；二是由皮肤排泄，主要是以汗的形式由汗腺分泌排出体外，其中除水外，还含有氯化钠和尿素等；三是以尿的形式由肾脏排出。

当血液流经肾小球时，血液中除血细胞和血浆蛋白外，尿酸、尿素、水、无机盐和葡萄糖等物质通过肾小球的过滤作用，过滤到肾小囊中，形成原尿。当尿液流经肾小管时，原尿中对人体有用的葡萄糖、大部分水和部分无机盐，被肾小管重新吸收，回到肾小管周围毛细血管的血液里。原尿经过肾小管的重吸收作用，剩下的水和无机盐、尿素和尿酸等就形成了尿液。体内代谢产生的含氮废物、多余的水等排出体外，保证人体生命活动的正常进行。

尿液由肾脏生成后经输尿管流入膀胱，膀胱充满尿液后，压力增高。压扁斜穿膀胱壁的输尿管，使尿液不能倒流。膀胱是一个伸缩性很大的囊状肌性储尿器官。成年人的容尿量为350～500 mL。尿道是尿液排出体外的通道。

6. 神经系统

神经系统可分为中枢神经系统和周围神经系统。

中枢神经系统包括脑和脊髓。神经元的细胞体聚集形成灰质，神经纤维聚集形成白质。脑和脊髓内有许多调节各种生理活动的神经细胞群，叫作神经中枢，如感觉中枢、运动中枢、呼吸中枢等。

　　脑位于颅腔内，包括延脑、脑桥、小脑、中脑、间脑和大脑（见图4-2-15）。延脑是具有调节呼吸、吞咽和心搏等活动的中枢；小脑位于延脑背侧，灰质位于表层，白质在内层。小脑是身体平衡和运动的中枢。中脑位于脑桥和间脑之间，是视觉的反射中枢。间脑位于中脑前方，间脑的腹侧部是下丘脑，主要控制水代谢、盐代谢、体温、食欲、性行为以及情感活动等。大脑为两个大脑半球和前端的一对嗅球，大脑半球的外壁是发达的灰质（也叫大脑皮质），人的大脑皮质厚度约为2～3 mm。大脑皮质表面的许多沟和回增加了大脑皮质的总面积和神经元的数量，是调节许多生理活动的最高级中枢，其中重要的神经中枢有躯体运动中枢、躯体感觉中枢、视觉中枢、听觉中枢等；大脑皮质以内的白质，由许多纤维束构成，起联系左右两半球及大脑皮质与皮质下各中枢的功能。

　　脊髓位于椎管内，前端与延脑相连。脊髓横切面呈蝶翼状的为灰质。脊髓前角内含运动神经元，后角内含中间神经元。白质在灰质的周围。白质内的神经纤维具有将脊髓各部分以及脊髓和脑之间联系起来的作用。脊髓中具有进行低级反射活动的中枢。

　　周围神经系统，包括脑神经、脊神经和自主神经，起着联系中枢神经系统与身体各部分的作用。脑神经共13对，绝大部分分布到头部的感觉器官以及皮肤和肌肉等处。脊神经是由脊髓发出的周围神经，共有31对。其中的感觉神经纤维来自皮肤和内脏，能将刺激传达到神经中枢；其中的运动神经纤维分布到肌肉与腺体，将神经中枢发出的冲动传递到相应的效应器。自主神经支配平滑肌、心肌和腺体，调节内脏器官的活动。自主神经不受意志的支配，可分为交感神经和副交感神经。大多数内脏器官受其双重支配，如交感神经兴奋可使心跳加快、加强，副交感神经兴奋使心跳减慢、减弱等。

　　神经系统的基本活动方式是反射，而反射的结构基础是反射弧。反射弧包括感受器、传入神经纤维、神经中枢、传出神经纤维和效应器五部分。

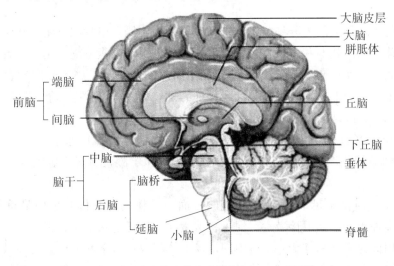

图4-2-15　脑的结构示意图（引自Baidu百科）

7. 内分泌系统

内分泌系统是由所有内分泌腺组成的。内分泌腺是人体内一些无输出导管的腺体。它的分泌物称激素，直接进入细胞间隙并通过血液和淋巴传递给相应的效应器官，对整个机体的生长、发育、代谢和生殖起着调节作用。

人体主要的内分泌腺有甲状腺、肾上腺、垂体、松果体、胰岛、胸腺和性腺等（见图4-2-16）。

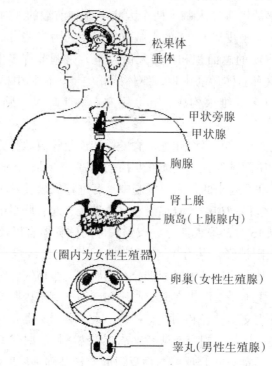

松果体
垂体
甲状旁腺
甲状腺
胸腺
肾上腺
胰岛（上胰腺内）
（圈内为女性生殖器）
卵巢（女性生殖腺）
睾丸（男性生殖腺）

图4-2-16　内分泌系统的组成示意图

甲状腺是人体最大的内分泌腺，位于喉和气管的两侧。甲状腺分泌甲状腺激素，具有促进细胞氧化、新陈代谢和生长发育等功能。若成人甲状腺素分泌不足，患者新陈代谢缓慢、心率减慢、水肿、智力减退等；幼年期甲状腺功能不足，患者长大后表现出身体矮小、智力低下、生殖器官发育不良等症状，称为呆小症。若甲状腺功能亢进，会出现代谢增高、心跳加快、眼球突出等症状，称为甲亢。

肾上腺位于肾脏的上方，左右各一。其分泌物能维持体内水盐的平衡，参与蛋白质、脂肪和糖类的代谢。肾上腺还分泌少量雌激素和雄激素、肾上腺素等，与性发育等有关。

垂体很小，质量不足1 g，位于间脑的腹面。垂体的腺垂体是体内最重要的内分泌腺，能分泌多种激素，如生长激素、促甲状腺激素、促肾上腺皮质激素、促性腺激素、催乳素等，作用极为广泛和复杂。垂体中的神经垂体释放加压素和催产素两种激素，前者具有使血管收缩以升高血压、使肾小管增加吸收水分的能力以维持体内水分平衡的作用，后者能引起子宫收缩和促进泌乳。

胰岛是散布在胰腺中的细胞团。胰岛主要分泌胰岛素，可促使血液中的葡萄糖合成糖原贮存起来。胰岛素分泌不足，血糖含量升高并通过泌尿系统排出，形成糖尿病。

性腺包括睾丸和卵巢。睾丸能合成和分泌雄激素（主要是睾酮），共主要生理作用是促进精子的发生和生成，促进第二性征的发育。卵巢分泌的雌激素、孕激素具有促使雌性生殖器官生长、发育和成熟，刺激和维持副性征等功能。

8.生殖系统

生殖系统是生物体内的与生殖密切相关的器官的总称。生殖系统的功能是产生生殖细胞，繁殖新个体，分泌性激素和维持副性征。

人体生殖系统有男性和女性两类。按生殖器所在部位，又分为内生殖器和外生殖器两部分。男性内生殖器包括睾丸、附睾、输精管、射精管、精囊腺、前列腺等，外生殖器有阴茎和阴囊。睾丸是男性主要的内生殖器官，功能为生成精子，分泌雄性激素。卵巢是女性主要的内生殖器官，功能为生成卵细胞，分泌雌激素和孕激素。女性内生殖器包括卵巢、输卵管、子宫和阴道。外生殖器有阴阜、阴蒂、阴唇、处女膜和前庭大腺等。

卵细胞从卵巢排出以后，进入输卵管。精子依靠本身的运动，从阴道经过子宫腔而到达输卵管的外侧端。如果精子与卵细胞相遇，就完成受精作用，形成受精卵。受精卵依靠输卵管肌肉的收缩和纤毛的摆动而向子宫腔移动。与此同时，受精卵进行多次的细胞分裂，逐渐形成一个胚胎，这个胚胎逐渐埋入子宫内膜中，这个过程叫作植入或着床。胚胎通过胎盘吸取母体的营养而继续发育，逐渐发育成胎儿。胎儿发育成熟后，通过母体的阴道产出，这就是分娩。

第三节　生物种族的延续

每种生物个体的寿命都是有限的，但生物种族却是生生不息、代代连绵的。生物界个体的新生和死亡，种族的无限延续，是靠生物所特有的特征——生殖和遗传来维系的。

一、生物的生殖

生殖是指生物繁衍后代、绵延种族的现象，这是生命的基本特征之一。

（一）生殖的基本类型

1.无性生殖

无性生殖是指不经过生殖细胞的结合，没有受精过程，由母体直接产生后代的生殖方式。无性生殖多见于低等的生物，常见的有分裂生殖、出芽生殖、孢子生殖和营养生殖四种（图4-3-1）。其中营养生殖在农业上广泛应用，如分根、扦插、嫁接等农业技术，来繁殖花卉和果树，尤其是一些不产生种子的经济植物，如香蕉、无籽葡萄等，必须用营养生殖方式繁殖。营养生殖速度快、产量高。由于繁殖的后代是亲本的一部分，带有与亲本相同的遗传特性，可保持亲本的优良性状。

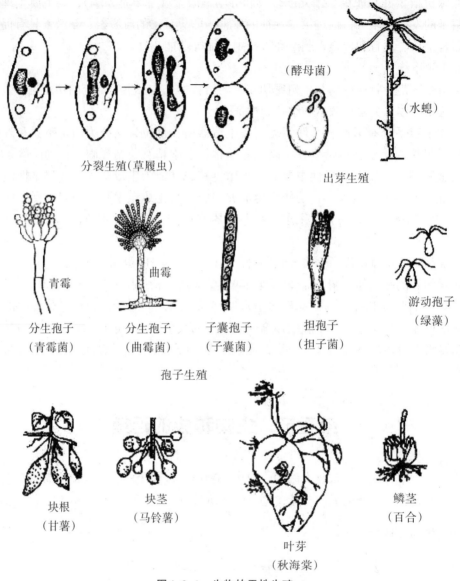

（酵母菌）

（水螅）

分裂生殖（草履虫）

出芽生殖

青霉

曲霉

分生孢子
（青霉菌）

分生孢子
（曲霉菌）

子囊孢子
（子囊菌）

担孢子
（担子菌）

游动孢子
（绿藻）

孢子生殖

块根
（甘薯）

块茎
（马铃薯）

叶芽
（秋海棠）

鳞茎
（百合）

图4-3-1　生物的无性生殖

2. 有性生殖

有性生殖是指通过两性生殖细胞的结合，产生合子，再发育成新个体的生殖方式。在200多万种生物中，无性生殖只占1%～2%，绝大多数生物均为有性生殖，有性生殖是生物界中最普遍的生殖方式。有性生殖的后代，具备父母双亲的遗传特性，有更大的生活力和变异性。

有性生殖最主要是进行配子生殖。根据两性配子的差异程度，分成同配生殖、异配生殖和卵式生殖三种。

（1）同配生殖

同配生殖是两个形态、大小相似的性细胞（同形配子）结合成合子，再发育成新个体的生殖方式，如衣藻的同配生殖（图4-3-2）。

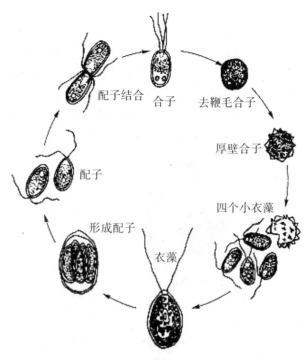

图4-3-2 衣藻的同配生殖

（2）异配生殖

异配生殖是两个形态、大小不同的性细胞（大配子和小配子）结合成合子，再发育成新个体的生殖方式，如实球藻的异配生殖（图4-3-3）。

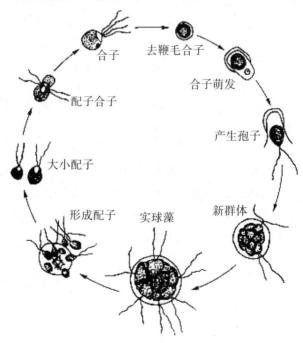

图4-3-3 实球藻的异配生殖

（3）卵式生殖

在异形配子基础上，进一步分化成形态、大小、结构完全不同的配子，雌配子又称卵细胞，雄配子又称精子，由卵细胞和精子结合成受精卵，再发育成新个体。

多细胞生物中卵式生殖普遍存在，特别是高等动物和人类，卵式生殖是唯一的生殖方式。卵细胞很大，内含丰富的营养物质，可供受精卵发育时需要。精子小而灵活，有很长的尾部，便于游到卵细胞处，保证受精作用的实现。受精时有大量的精子游向卵细胞，但只有一个精子能与卵细胞结合成受精卵（图4-3-4）。

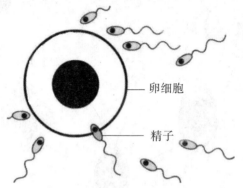

图4-3-4　精子与卵细胞的结合生殖

（二）精子和卵细胞的形成

精子和卵细胞的形成必须经过一种特殊的细胞有丝分裂——减数分裂。减数分裂是在整个细胞分裂过程中，细胞连续分裂两次，而染色体只复制一次。减数分裂的结果是一个二倍体亲本细胞，即两组染色体（2n），产生4个单倍体的子细胞，即各含一组染色体（n），也就是说，子细胞中染色体数目比亲本细胞减少一半。

1. 精子的形成

精子是精巢里的精原细胞（2n）演变而来的。精原细胞（2n）经过有丝分裂产生许多初级精母细胞（2n），一个初级精母细胞，经过减数第一次分裂产生两个次级精母细胞（n），此时，细胞中染色体已减半。两个次级精母细胞（n）经过减数第二次分裂，形成4个精细胞（n），精细胞经过变形成为精子（图4-3-5）。

2. 卵细胞的形成

卵细胞的形成过程与精子的形成过程大致相同。卵细胞是由卵巢里的卵原细胞演变而来的。卵原细胞（2n）经有丝分裂形成大量初级卵母细胞（2n），一个初级卵母细胞经减数第一次分裂，产生一个较大的次级卵母细胞（n）和一个很小的第一极体（n），它们的染色体数目都减少一半。次级卵母细胞和第一极体进行减数第二次分裂，次级卵母细胞形成一个大的卵细胞（n）和一个小的第二极体；第一极体分裂成两个第二极体（n）。这样，一个初级卵母细胞（2n）经过减数分裂后，形成一个卵细胞和三个极体，以后三个极体都退化（图4-3-6）。

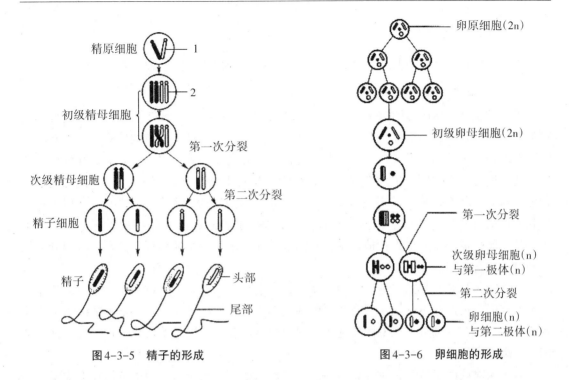

精原细胞　1

初级精母细胞　2

第一次分裂

次级精母细胞　第二次分裂

精子细胞

精子　头部　尾部

图4-3-5　精子的形成

卵原细胞(2n)

初级卵母细胞(2n)

第一次分裂

次级卵母细胞(n)
与第一极体(n)

第二次分裂

卵细胞(n)
与第二极体(n)

图4-3-6　卵细胞的形成

（三）受精

受精是指精子和卵细胞结合成合子（受精卵）的过程。

1. 动物的受精

昆虫、爬行类、鸟类和哺乳类（包括人类），通常进行体内受精；无脊椎动物和许多水生动物，通常在水中和体外进行受精。

2. 植物的双受精

高等植物的繁殖器官是花。一朵典型的花中，有雄蕊和雌蕊。当开花、传粉后，雄蕊中的花粉粒落到雌蕊的柱头上，花粉粒长出花粉管，通过花柱进入子房里的胚囊，管壁破裂，管内的两个精子出来，一个精子与胚囊中的卵细胞结合成受精卵，完成受精过程；另一个精子与两个极核结合，形成受精极核，再一次完成受精，这种两次受精的现象称为双受精（图4-3-7）。

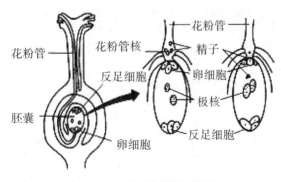

花粉管　花粉管核　花粉管　精子

反足细胞　卵细胞

胚囊　极核

卵细胞　反足细胞

图4-3-7　种子植物的双受精

二、生物的遗传

生物体通过生殖繁衍后代，子代和亲代之间总有相似或类同的现象称为遗传。

（一）孟德尔的遗传规律

奥地利遗传学家孟德尔（G. J. Mendel，1822—1884年）于1857年起对豌豆进行了大量的实验，他发现豌豆的品种具有不同的形态和生理上的特征。如有的豌豆茎高，有的茎矮；有的种子圆粒而有的皱皮；有的开红花而有的开白花等等。他把这一对对性状称为单位性状。遗传学中把同一单位性状的相对差异称为相对性状。孟德尔在实验中注意到，品种的一对对性状在代代遗传中具有稳定性。他选择豌豆的7个性状进行研究，发现了一对性状和两对性状的遗传规律，但在当时并未引起科学界的重视。直到20世纪初，遗传学进一步发展，孟德尔才被誉为遗传学的奠基人，他揭示的两个遗传规律分别被称为分离规律和自由组合规律。

对于一对相对性状的遗传，孟德尔认为，在杂合体的状态下，位于一对同源染色体上的等位基因，彼此互不影响，保持相对的独立性。在形成配子时，等位基因随同源染色体的分离而分开，分别进入到不同的配子中去，独立地随配子遗传给后代。这一规律称作基因的分离规律。

对于两对或两对以上相对性状的遗传，孟德尔认为，由于非同源染色体在形成配子时可以自由组合，因此，位于同源染色体上的非等位基因也就相互自由组合，使得一对性状独立于另一对性状而遗传。这一规律称为基因的自由组合规律。

（二）孟德尔遗传规律的发展

继孟德尔以后，生物学家们相继从事不同生物的遗传研究，除看到孟德尔规律具有普遍性外，还发现了许多与孟德尔规律有差异的地方，对孟德尔的遗传规律加以补充和发展。

1. 不完全显性

孟德尔的豌豆性状实验都有明显的显隐性关系，这是一种完全显性。而后人在实验中发现有例外，如紫茉莉花色的遗传，将开红花（RR）与开白花（rr）的紫茉莉杂交，F_1全都开粉红色花（Rr），介于红、白之间，F_2有红、粉红和白花三种类型，比例为$1：2：1$（图4-3-8）。

紫茉莉花色是由一对基因控制的，只是显性不完全，这种不完全显性遗传现象在生物界普遍存在。

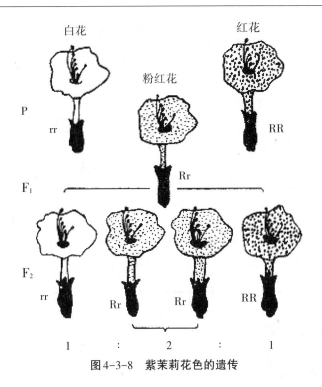

图4-3-8　紫茉莉花色的遗传

2. 复等位基因

孟德尔研究的豌豆，其每对相对性状都是由一对等位基因控制的。近代遗传学研究发现，在同一对位点上，有的可以由很多个等位基因控制。有3个以上的等位基因称为复等位基因。实际上一对位点只能容纳两个基因，复等位基因并不是许多等位基因同时存在于一对位点上，而是许多等位基因中的任何两个基因存在于一对位点上。如人类ABO血型系统的遗传，就属于复等位基因遗传。ABO血型系统有4种表现型：A型、B型、AB型和O型。ABO血型系统受三个等位基因控制，控制A型的等位基因以 I^A 表示；控制B型的等位基因以 I^B 表示；控制O型的基因以 i 表示。I^A、I^B 对 i 都是显性，如 I^A 和 I^B 在一起时都能表现出来。ABO血型系统的表现型和基因型关系见表4-3-1。

表4-3-1　ABO血型系统的表现型和基因型

表现型	基因型
O	ii
A	I^AI^A,I^Ai
B	I^BI^B,I^Bi
AB	I^AI^B

复等位基因的遗传方式仍符合孟德尔的遗传规律，根据这种遗传规律我们可得到一张双亲和子女之间血型遗传的关系表（表4-3-2）。

表4-3-2　双亲和子女血型遗传的关系

双亲的血型	子女可能出现的血型
A×A	A,O
B×B	B,O
A×B	A,B,AB,O
A×AB	A,B,AB
B×AB	A,B,AB
AB×AB	A,B,AB
A×O	A,O
B×O	B,O
AB×O	A,B
O×O	O

（三）性别决定与伴性遗传

1.性别决定

生物性别的差异是由染色体决定的。细胞核中有两种染色体，一种染色体与性别有关，称为性染色体，性染色体在雌雄个体中不同。除性染色体外的其他染色体均称为常染色体，常染色体在雌雄个体中相同。如果蝇有4对染色体（8条），其中3对是常染色体，1对是性染色体，这对性染色体在形态上不同：一条为棒状，称为X染色体；一条为钩状，称为Y染色体。雌果蝇体细胞中，含有两条同型的性染色体，即XX，如果以A代表常染色体，雌果蝇体细胞中的染色体组成为3AA+XX。雄果蝇体细胞中含有两条异型性染色体，即XY，雄果蝇体细胞中的染色体组成则为3AA+XY（图4-3-9）。

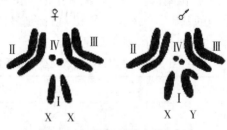

图4-3-9　果蝇的染色体

人类有23对染色体（46条），其中22对为常染色体，1对是形态大小都不同的性染色体，大的称为X染色体，小的称为Y染色体。在男人体细胞中，X染色体和Y染色体同时存在，可写成22AA+XY。女人的体细胞中，没有Y染色体，只有两条X染色体，可写成22AA+XX（图4-3-10）。

果蝇和人类的性染色体组成，雌性和女人都是性纯合体（XX）；雄性和男人都是性杂合体（XY），遗传学把这种性染色体类型称为XY型。很多昆虫、鱼类、两栖类和所有的哺乳类均属此类，而鳞翅目昆虫、鸟类、一些两栖类和爬行类属于另一种ZW型。

性别是怎样决定的？下面以人体为例，介绍XY型性别决定的过程。由于男人具有异型的性染色体，因此能产生两种精子，一种精子里含有X性染色体，另一种精子里含有Y性染色体。而女人只具有同型的性染色体，因此只能产生一种含X性染色体的卵细胞。按照遗传规律，受精后可生育出男性婴儿和女性婴儿的比例为1:1。所以生男还是生女，取决于男性的性染色体。

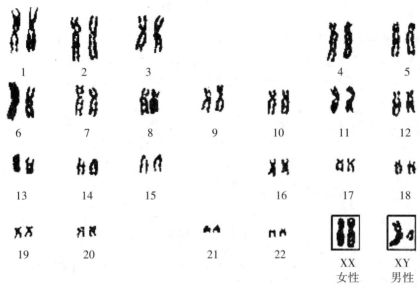

图4-3-10 正常男性和女性的染色体

2. 伴性遗传

美国遗传学家摩尔根（T. H. Morgan，1866—1945年）从1909年起在果蝇中做了大量的遗传研究，发现了伴性遗传。有的基因位于性染色体上，它们所控制的性状在遗传时都跟性别有联系，这种遗传方式称为伴性遗传。

人类的红绿色盲属于一种伴性隐性遗传病。患者分不清红色和绿色。控制色盲的基因在X染色体上，一般用B表示正常的显性基因，用b表示色盲的隐性基因。男性因为只有一条X染色体，Y染色体上没有相应的等位基因，因此，只要他的X染色体上有一个致病基因（b），即使是隐性的，也会患红绿色盲；而女性有两条X染色体，如果只有一条X染色体带致病基因（b），由于是隐性的，则表现型还是正常的，但她却是致病基因的携带者，女性必须有纯合的致病基因（bb）才能表现出红绿色盲。所以，在人群中，红绿色盲者男性的发病率大大高于女性。据统计，我国男性红绿色盲约占7%，而女性只占0.5%。

下面列举几种红绿色盲的遗传现象：

（1）色盲男性与正常女性结婚，他们的子女中男性正常，女性也属正常，但属于致病基因携带者（图4-3-11）。可见，父亲的致病基因，只能随X染色体传给女儿，而不能传给儿子。

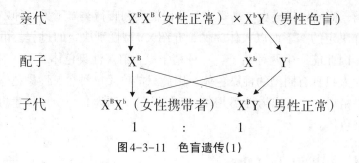

图 4-3-11　色盲遗传(1)

(2) 女性携带者与正常男子结婚，他们的子女中，男性有 1/2 发病，而女性都不发病，但有 1/2 是携带者 (图 4-3-12)。可见男性患者的致病基因来自母亲。

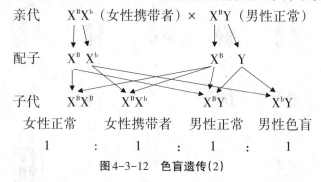

图 4-3-12　色盲遗传(2)

(3) 正常男性与色盲女性结婚，子女中男性全是色盲，女性虽正常，但全部是携带者 (图 4-3-13)。

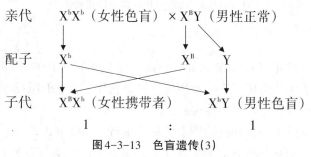

图 4-3-13　色盲遗传(3)

(4) 女性携带者和色盲男性结婚，子女中男性有 1/2 发病，1/2 正常；女性中也有 1/2 发病，1/2 为携带者 (图 4-3-14)。

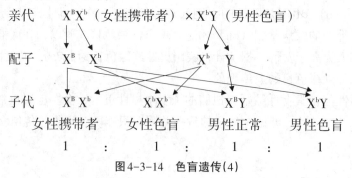

图 4-3-14　色盲遗传(4)

据统计，在遗传病中，有100多种属于伴性遗传，如血友病就是一种典型的伴性遗传病。血友病病人出血时，血流不止，他们的血液不能正常凝结。

（四）基因的连锁和交换规律

摩尔根取得了性别决定和伴性遗传的大量证据，证实了基因位于染色体上，每条染色体载有许多基因，这些基因是怎样遗传的呢？孟德尔只解释了不同对的等位基因在不同对染色体上的遗传规律。摩尔根和他的学生发现了不同对的等位基因在同一对同源染色体上的遗传规律，并提出了基因的连锁和交换规律。

1. 雄果蝇的完全连锁实验

摩尔根选用灰身残翅的雄果蝇与黑身长翅的雌果蝇杂交，F₁代不论雌雄果蝇，都是灰身长翅，说明灰身（B）对黑身（b）是显性，长翅（V）对残翅（v）是显性，这样亲本的纯种灰身残翅的基因型为BBvv；纯种黑身长翅的基因型为bbVV。F₁灰身长翅的基因型为BbVv。让F₁的雄果蝇BbVv与双隐性黑身残翅基因型为bbvv的雌果蝇测交，如按自由组合规律，F₁应产生4种配子，F₂应有4种后代。但实验结果不是这样，F₂中只出现两种亲本的类型，即灰身残翅（Bbvv）和黑身长翅（bbVv），它们的比例为1：1，没有出现重组类型（图4-3-15）。

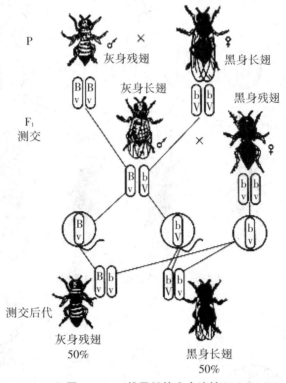

图4-3-15 雄果蝇的完全连锁

摩尔根及其合作者又做了另一组实验：让灰身长翅（BBVV）跟黑身残翅（bbvv）杂交，同样F₁全部为灰身长翅。让F₁雄果蝇与双隐性黑身残翅测交时，F₂也只出现两种亲本的性状，而没有新的重组类型。经多次实验后，摩尔根认为B和v、b和V；B和V、b和v总是联系在一起的，而且B和V这两对非等位基因是位于同一对同源染色体上，这种现象称为完全连锁。

2. 雌果蝇的不完全连锁实验

在灰身残翅（BBvv）和黑身长翅（bbVV）这种实验中，如果换灰身长翅的雌果蝇跟双隐性的黑身残翅雄果蝇进行测交，结果在F₂中，除出现两种亲本组合外，还出现了两种重新组合的类型，即灰身长翅和黑身残翅（图4-3-16）。经过研究了解到，相互连锁的两对基因，在减数第一次分裂的联会时，每个同源染色体的一条染色单体在"互换"过程中相互交换了一个或数个片断，而另两条染色单体没有交换。这样，产生配子时，含有重组的基因型（图4-3-17）。

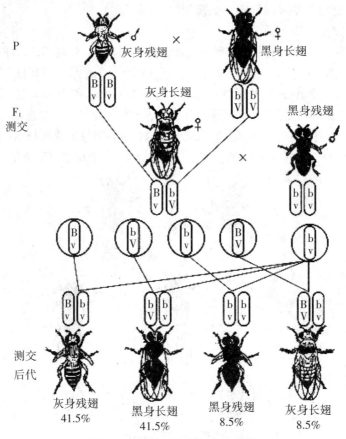

图4-3-16 雌果蝇的不完全连锁

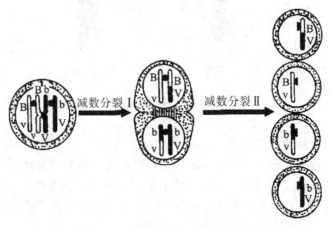

图4-3-17 连锁基因重组的模式图

3.连锁遗传的意义

基因的连锁和交换规律的意义主要在以下两方面：

（1）它发展了染色体遗传学说

通过连锁遗传的发现，证实了染色体是基因的载体。通过交换值（两个连锁基因间的交换频率）的测定，可确定基因在染色体上具有一定的距离和次序，并呈直线排列。

（2）它为育种提供了依据

育种中设法将几个连锁的有利基因重新组合，或将有害的基因分开并淘汰。如番茄中有圆形果实、花序单一的品种，也有长形果实、花序复状的品种，育种中要想得到圆形果实和花序复状的新品种，可根据基因的交换值，来预测这两个性状同时出现的概率，然后安排育种群体的大小，来达到预期的效果。

三、生物的变异

同种生物个体之间、亲代与子代之间存在的差异称为变异。变异是生物界的一种普遍现象。

变异可分成遗传的变异和不遗传的变异。遗传的变异是由遗传物质的改变（如染色体畸变和基因突变）所引起的，变异一旦发生，就可遗传下去。如果蝇的红眼变成粉红眼、白眼等。不遗传的变异是由于环境条件不同而产生的变异，不影响遗传物质。这种变异只表现在当代，而不能遗传。如同种植物，种植在肥沃和贫瘠的土壤中，结果植株的高矮、粗细，植株的外形和产量都会有明显的差异，这种差异是不遗传的。

变异的原因主要有以下两方面的因素：

（一）染色体畸变

染色体畸变是指染色体结构和数目上的变化。每种生物体细胞中染色体的结构和数目都是相对恒定的，这是区别不同种属的一个特征。但有时染色体的结构和数目也可能发生变异，一旦变异，必然会使这部分基因所控制的性状发生相应的变化。

1.染色体结构变异

染色体结构变异表现在，一个正常的染色体会发生断裂，有的断裂后就失去了一个片段，比正常染色体少了一段，失去片段上的基因也随之失去，如缺失严重，个体则不能成活，这种变异称为缺失；有的染色体断裂后，重新差错地接合一段与自己重复的片段，比正常染色体多出一段，这叫重复，如重复片段过大，个体也不能成活；有的染色体断裂后，倒转180°，重新差错地接合起来，造成这段染色体倒位，染色体上的基因位置顺序颠倒，这叫逆位或倒位；还有的染色体断裂后，差错地接合到非同源染色体上或两条非同源染色体相互交换了染色体片段，这叫易位（图4-3-18）。这些染色体断裂后的片段，丢失或重新接合时发生的差错，都会造成染色体结构的变化。

2.染色体数目的变异

一般生物体细胞中的染色体都是成对存在的，也就是说具有两套相同的染色体，这称为二倍体（用2n表示），二倍体生物经减数分裂形成配子时，配子里只含有一套染色体（用n表示）。如生物体细胞中只有一套染色体的，称为单倍体。

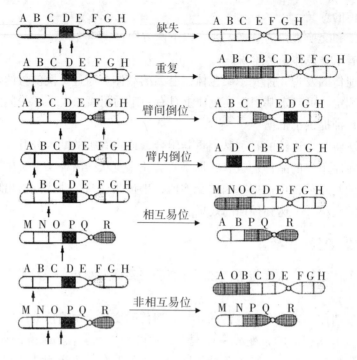

图4-3-18　染色体结构变异的示意图

（1）单倍体及其应用

自然界中有些低等的动、植物，大部分为单倍体。高等植物中偶尔也会出现单倍体植株，但单倍体与二倍体比较，单倍体的植株瘦小，生活力差，有较高的死亡率。另外，因为单倍体只有一套染色体，不能减数分裂产生配子，因此，绝大多数单倍体是不育的。

由于单倍体只具有每对同源染色体中的一个染色体，也就只具有每对等位基因中的一个基因，因此，遗传基础很纯。如果用人工的方法处理，将单倍体的染色体加倍，就可得到遗传上稳定、纯合、性状不分离的二倍体纯系。根据这一特点，单倍体在育种和良种繁育中有极其重大的意义。单倍体育种可明显地缩短育种年限，如一般常规育种，不同品种杂交，后代出现分离要经过4～5代或更长年限的选择，才能获得相对稳定的株系。如不让杂交一代自交，采用单倍体培育，用花粉培养产生单倍体，再进行染色体加倍，大约两年即可育出性状不分离的纯系。

（2）多倍体及其应用

生物体细胞中有两套以上染色体的称为多倍体，有三套的称三倍体，有四套的称四倍体。多倍体在植物界中较为普遍，如香蕉是三倍体，水仙是四倍体，普通小麦是六倍体。一般多倍体植物生长旺盛、茎秆粗壮，花、果实、种子较大，抗寒、抗旱、抗病能力强，但同时具有发育延迟、结实率低的缺点。人们在育种中，利用多倍体的优点，采用秋水仙素处理萌发的种子或幼苗，使染色体加倍，人工培育出许多多倍体的新品种。如三倍体无籽西瓜、三倍体高糖甜菜、四倍体巨型葡萄、四倍体水稻等。

（二）基因突变

1. 基因突变的概念

基因发生的变化称为基因突变。基因是DNA分子上有遗传效应的片段，只要构成基因的DNA分子上任何一点发生突变，都可产生基因突变。如人类的色盲、血友病、镰刀形细胞贫血症、白化病；果蝇红眼变白眼、长翅变残翅；高秆水稻变矮秆水稻等，都是由于基因突变而产生的。

如果是显性突变，在表现型上可立即显现出来；如果是隐性突变，可能要以杂合型状态潜伏几代，直到产生双隐性纯合体时才显现出来。

基因突变有些是自发产生的，称自发突变。水稻和玉米的糯性都来源于自发突变，人类的白化病也是自发突变。一般情况下，就某一生物的某一个性状来说，基因突变的频率是很低的，如白化病的突变频率只有百万分之三。基因突变也可在人为条件下诱发产生，称为诱发突变。诱发突变的频率大大高于自发突变。目前，诱发突变已成为创造育种材料的重要手段。我们在飞船上携带种子，就是利用宇宙空间的一些特殊条件，造成诱发突变，从而选育优良品种。

2. 基因突变的原因

在一定的外界环境条件或生物内部因素的作用下，构成基因的DNA分子片段上的脱氧核苷酸（或碱基）增添、丢失或脱氧核苷酸的种类、数目和排列顺序发生了变化，都会导致基因突变。

一个DNA分子是由许多核苷酸组成的，每3个核苷酸构成一个密码子，密码子决定氨基酸的种类。人类的镰刀形细胞贫血症，是由基因突变引起的人类分子病，此病的发生原因是，构成血红蛋白的一条多肽链上的一个氨基酸（谷氨酸）被另一个氨基酸（缬氨酸）替代了，其实质是控制血红蛋白分子的DNA碱基序列发生了变化，造成了氨基酸的改变（表4-3-3）。

表4-3-3　正常血红蛋白和镰刀形贫血症血红蛋白氨基酸的差异

血红蛋白	β链上氨基酸的顺序						
	1	2	3	4	5	6	7
正常	缬氨酸	组氨酸	亮氨酸	苏氨酸	脯氨酸	谷氨酸	谷氨酸
镰刀形贫血症	缬氨酸	组氨酸	亮氨酸	苏氨酸	脯氨酸	缬氨酸	谷氨酸

四、人类的遗传病

目前，已发现的人类遗传病已达上万种之多。形形色色的遗传病，给人类的遗传素质和人类社会带来了严重的危害。随着现代化的发展，环境问题日趋严重，遗传病的种类和发病率也随之增加。据调查，我国有2200万各种遗传病患者，在整个人群中发病率约为2%～3%。所以，在控制人口数量的同时，必须积极预防和控制遗传病，以提高我国人口在体质和智力上的素质，促进民族健康、繁荣地发展。

（一）人类遗传病的主要类型

1. 染色体遗传病

由染色体数目和结构的变异，导致生理缺陷和性状畸形等疾病。如：21三体综合征又叫先天愚型或唐氏综合征。此病在人群中的发病率为1/600。患儿主要症状是头小、后脑低平、面容呆滞、眼裂小而上斜、眼间距宽、鼻根低平、下颌小、口常半开且舌常伸出口外、指短、小指内弯、脚的拇指与第二趾间距较大、智力低下；50%左右的患儿有先天性心脏病。男患儿常伴隐睾，无生育能力。

21三体综合征的病因是，患者体细胞中有47条染色体，经鉴定多了一条21号染色体，即有三条21号染色体（图4-3-19），故得此名。当父或母为三体型时，在减数分裂中，亲代精细胞或卵细胞中21号三条同源染色体的一条进入一极，另两条不分离联合在一起进入另一极，产生了正常配子（n）和不正常的配子（n+1），两种配子分别同正常的配子（n）受精，则得到二倍体（2n）和三体型（2n+1）两种合子。因此，21三体型母亲和正常的父亲，生育出正常和患21三体综合征的孩子的比例为1∶1。

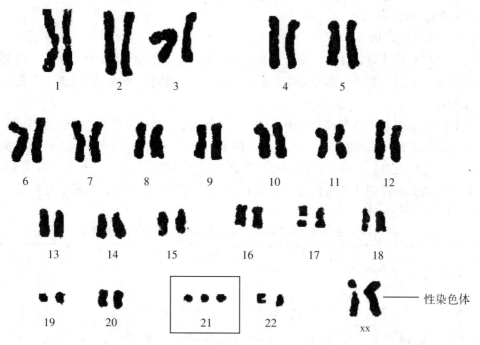

图4-3-19　21三体综合征的染色体核型

2. 基因遗传病

基因遗传病可分为显性和隐性两大类，常见的病症有：

（1）先天性耳聋

致病基因为隐性基因，位于常染色体上。杂合体时为携带者，可传给后代，只有在双隐性纯合体时才发病。患者双侧耳聋，内耳螺旋器、蜗管、蜗神经均发育不良。患儿听不到声音，不能学习说话，故又聋又哑。

（2）白化病

隐性致病基因位于常染色体上。患者皮肤、毛发、眼球的虹膜均缺乏色素，呈白色，畏光。此病是由于缺乏酪氨酸酶，不能形成黑色素造成的。

3. 伴性遗传病

致病基因位于 X 性染色体上，随着 X 性染色体行动而传递。如红绿色盲、血友病、蚕豆病、遗传性慢性肾炎等。

（二）遗传病的预防

遗传病的预防工作，必须在胎儿出生前进行。一般分成一级预防和二级预防。一级预防为胚胎形成前的预防，二级预防为胚胎形成后的预防。如果一级预防失败，接着进行二级预防。

1. 胚胎形成前的预防

（1）禁止近亲结婚

近亲是指五代以内的直系血亲和三代以内的旁系血亲。直系血亲指自己有直接血缘关系的亲属，包括生出自己的长辈（父母、祖父母、外祖父母以及更高的直接长辈）和自己生出来的晚辈（子女、孙子女、外孙子女及更下的直接晚辈）。

旁系血亲指直系血亲以外的，在血统上和自己同出一源的亲属。如兄弟姐妹、堂兄弟姐妹、叔伯、姑母、舅父、姨母等。

五代以内的直系血亲，指从本身一代起向上数，父母、祖父母、曾祖父母、高祖父母。五代以内的旁系血亲是指由高祖父母一源所出的人。

我国婚姻法规定，五代以内的直系血亲和三代以内的旁系血亲不能结婚，是指四等近亲以内的不能结婚。

一等近亲：父——女、母——子。

二等近亲：祖——孙、同胞兄弟。

三等近亲：叔——侄女、舅——外甥女、姑——侄。

四等近亲：堂兄妹、表兄妹。

近亲成员之间往往具有较多的共同基因，如果近亲结婚，就会提高致病隐性基因的纯合率，增加子女患病的概率。

近亲结婚还会带来子女体质明显下降、体重减轻、身高变矮等缺陷。如哥伦比亚与委内瑞拉交界处的莫迪洛里斯山森林里的尤斯卡部落，由于长期生活在与世隔绝的森林里，一直进行着部落内的近亲结婚，致使尤斯卡人的身高仅有 0.6~0.8 m。

（2）控制环境因素

环境污染已成为全球性的环境问题。人类的活动——污染物的大量排放、噪声的产生等，使环境中物理、化学、生物等特性发生重大改变，造成对人类及其他生物正常生活和生产的干扰和破坏，甚至危及生命。现有的遗传病很多是在环境的某些因素作用下产生的，同时，环境污染还会形成新的遗传病。根治环境污染是预防遗传病的有力措施。

被污染的环境中存在着许多诱发基因突变、染色体畸变，产生机体畸变和致癌的化学、物理和生物因素，如熏鱼、熏肉中的着色剂、亚硝酸盐、乙烯亚胺、环磷酰胺、氨基嘌呤、苯并芘、酪酸盐等化学物质；电离辐射、放射性物质、噪声、光、热等物理因素；以及风疹病毒、巨细胞病毒、黄曲霉毒素等生物因素，都会造成遗传损伤，形成遗传病。因此，必须高度重视环境保护，杜绝新遗传病的发生。

（3）及时检出携带者

携带者本身不发病。尤其是携带隐性致病基因的杂合个体，如能及时检出就可防止遗传病患儿的产生。应加强婚姻指导，做好遗传咨询。

（4）婚姻指导和遗传咨询

医生或遗传学家根据患者遗传病的类型，进行家谱分析，确定该病的遗传方式和出现概率，使患者家族了解病因及后果，劝阻能引起遗传病的婚姻和生育，对患病家族提出合理建议，防止遗传病在家族中继续遗传。

2.胚胎形成后的预防——产前诊断

普及和加强产前诊断，并有选择地流产异常胎儿，是预防人群中增加遗传病的重要措施。产前诊断主要有：

（1）羊膜穿刺术

抽取羊水，进行羊水细胞染色体核型分析、羊水细胞生物物质分析，诊断先天性代谢病等。由于羊膜穿刺必须在孕中期进行，不利于及早终止妊娠，因此，近年来又发展了绒毛吸取术，在孕早期抽取胎儿的极少量的绒毛组织，来进行相关的遗传分析。

（2）胎儿显像

用超声波、磁共振显像和胎儿镜检查，可查出异常胎儿，如无脑儿、脑积水、脊椎裂、兔唇、短肢侏儒、多囊肾等畸形胎儿。胎儿镜除能辨别畸形外，还可取活体组织和血液标本，诊断血友病、血红蛋白病、隐眼综合征等。

3.节制生育

生育次数越多，产生患儿的可能性越大。要动员遗传病携带者节制生育，或在妊娠期做治疗性流产，防止患儿生出。

第四节　生命的起源与进化

自然界中的生命是怎样起源的？那些最原始的生命又是怎样演变成现在形形色色、种类繁多的生物界的？这些自古以来一直是人们十分感兴趣的问题。

一、生命起源

（一）生命不能自然发生

关于生命起源问题，古代有许多假说。自生论认为生命能从非生命物质中自然发生。例如，我国古代就有"白石化羊""腐草化萤"的说法，古代的欧洲流行"腐肉生蛆"的说法。由于生产力和科学水平低下，自生论观点在漫长的历史阶段一直占统治地位。17世纪中期，意大利医生列迪设计了一个简单的实验，他在盛肉的瓶子上扎上纱布，过几天肉腐烂了，但却没有生出蛆来，而苍蝇产在纱布上的卵，却变成了蛆。由此他得出结论，蛆是苍蝇产在肉上的卵变来的，而不是肉腐烂后突然产生蛆，否定了"腐肉生蛆"的假说（图4-4-1）。但是不久后，在显微镜下发现腐肉瓶内有微生物，于是自生论又抬头了。

开口瓶　　　瓶口封纱布

图4-4-1　列迪的实验

到19世纪60年代，法国微生物学家巴斯德设计了一个精确的实验。他把肉汤注入一个特制的曲颈玻璃瓶里，煮沸灭菌。尽管空气可以通过曲颈的长管进入瓶内，但瓶内肉汤却经久不见混浊变质。这是因为悬浮在空气中的细菌及其孢子重于空气，它们只能停留在曲颈的部位，而进不了瓶。巴斯德又将瓶颈截断，让空气直接进入瓶内，结果微生物大量繁殖，肉汤浑浊变质（图4-4-2）。巴斯德解释，肉汤不会自然产生细菌，而是细菌使肉汤腐败，细菌是腐败的原因，而不是腐败的结果。至此，巴斯德真正地否定了自生论，生命不可能自己产生。

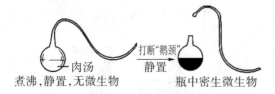

肉汤

煮沸,静置,无微生物　　打断"鹅颈"静置　　瓶中密生微生物

图4-4-2　巴斯德的试验

（二）生命的化学起源

1.原始地球的环境条件

据科学家推测，地球的年龄距今约为46亿年。如果我们穿过时间隧道来到40亿年前

的地球，可以看到地球上火山频繁爆发，岩浆四处翻滚，地壳不断运动，天空电闪雷鸣，有时又滂沱大雨。在早期的地球环境条件下原始的生命是怎样产生的呢？关于这个问题，很久以来就有各种不同的观点。现在大多数学者认为，原始的生命是由原始地球上的非生命物质，通过长期的化学作用，逐步由简单到复杂演变而成的。

2. 生命的起源

目前，关于生命起源的假说主要有两种。

（1）原始汤的化学进化学说

从20世纪20年代开始，科学家提出化学进化假说，认为最初的原始生命是由地球上非生命物质通过化学作用，逐步由简单物质进化到复杂物质。该学说认为生命起源的化学进化过程可分为以下三个阶段：

第一个阶段：从无机小分子到形成有机小分子。原始大气中大致的成分为 CH_4、NH_3、CO、CO_2、H_2、H_2O 蒸气和 HCN，它们在大自然不断产生的闪电、紫外线和射线的作用下，就可能合成氨基酸、脂肪酸、碱基和核糖等有机小分子。

为了检验这种推测，1953年，美国学者米勒等人首先模拟原始地球的条件和大气成分，将甲烷、氨、氢、水蒸气等泵入一个密闭的装置内，通过火花放电（模拟闪电），合成出氨基酸（见图4-4-3）。这说明在原始地球条件下，由无机小分子生成有机小分子是完全可能的。

第二个阶段：从有机小分子到形成有机大分子。在原始大气中形成的有机小分子，随着雨水进入原始海洋中，日积月累，原始海洋就成了含有各种有机小分子的有机溶液，这些有机小分子便逐渐合成为有机大分子，如蛋白质和核酸等。1965年，我国在世界上首次人工合成结晶牛胰岛素（一种蛋白质），开创了人工合成蛋白质的新纪元。1981年，我国又用人工方法合成了酵母丙氨酸转运核糖核酸。

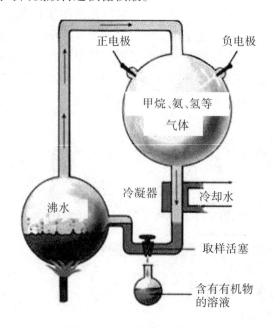

图4-4-3　米勒的实验装置

第三个阶段：从有机大分子到形成多分子体系和原始生命的诞生。单独的蛋白质或核酸，还不是生命，它们必须结合起来，形成多分子体系才能显示出一些生命现象。关于蛋白质和核酸怎样结合形成多分子体系，有两种学说：一种是类蛋白微球体学说，美国人福克斯（S. W. Fox）认为干热聚合的类蛋白，被雨水冲入原始海洋，会聚结成大小一致的微球体，微球体有双层结构的膜，借以与水分开，它还有新陈代谢的现象，能出芽繁殖。另一种是著名的团聚体学说。苏联学者奥巴林（A. L. Oparin，1894—1980年）通过实验把天然的蛋白质、核酸、多肽和多核苷酸溶液，放在一定的温度和酸碱度的条件下，能形成团聚体，这种团聚体也有新陈代谢现象，团聚体能与周围环境交换物质，吸取一些有机物，增大本身的体积和重量，还会生长和繁殖。据此，奥巴林等人认为，团聚体的形成过程是最早的多分子体系的形成过程。

多分子体系形成后出现了生命特征，如能不断地自我更新、自我繁殖和自动调节，原始生命宣告诞生。原始生命最初是非细胞形态，经过漫长的历史演变，逐渐发展成具有细胞状态的原核细胞，继而又产生真核细胞，由单细胞进化到多细胞，以动物为例，以后从二胚层进化到三胚层，从无脊椎进化到有脊椎，从水生进化到陆生，最终从动物中分化出高等的人类。

（2）生命热泉起源学说

20世纪70年代以来，部分学者提出了生命热泉起源学说。这一学说认为，当时地球上的原始海洋可能仍然是一片沸腾的热海，不可能出现原始汤的化学进化过程，而生命的起源可能与热泉生态系统有关。20世纪70年代末，科学家在东太平洋的加拉帕戈斯群岛附近发现了几处深海热泉，在这些热泉里生活着众多的生物，包括管栖蠕虫、蛤类和细菌等生物群落。这些生物群落生活在一个高温（热泉喷口附近的温度达到300 ℃以上）、高压、缺氧、偏酸和无光的环境中。首先是这些化能自养型细菌利用热泉喷出的硫化物（如H_2S）所得到的能量去还原CO_2而制造有机物，然后其他动物以这些细菌为食物而维持生活。迄今为止，科学家已发现了数十个这样的深海热泉生态系统，它们一般位于地球两个板块结合处形成的水下洋嵴附近。

热泉生态系统之所以与生命的起源相联系，主要基于以下的事实：①现今所发现的古细菌，大多都生活在高温、缺氧、含硫和偏酸的环境中，这种环境与热泉喷口附近的环境极其相似；②热泉喷口附近不仅温度非常高，而且又有大量的硫化物、CH_4、H_2和CO_2等，与地球形成时的早期环境相似。

由此，部分学者认为，热泉喷口附近的环境不仅可以为生命的出现及其后的生命延续提供所需的能量和物质，而且还可以避免地外物体撞击地球时所造成的有害影响，因此，热泉生态系统是孕育生命的理想场所。但另一些学者认为，生命可能是从地球表面产生，随后就蔓延到深海热泉喷口周围。以后的撞击毁灭了地球表面所有的生命，只有隐藏在深海喷口附近的生物得以保存下来并繁衍后代。因此，这些喷口附近的生物虽然不是地球上最早出现的，但却是现存所有生物的共同祖先。

尽管两种生命起源学说的争论持续至今，但是大家都相信，只要有原始地球那样的理化条件，生命就注定会出现，生命是宇宙和地球演化的自然产物。

二、生命的进化

自然界中如此丰富的生物类群是怎样演变来的？这些生物与各种复杂环境如何相互适应？19世纪英国自然科学家达尔文提出了生物进化论，正确地回答了这些问题。达尔文曾随英国海军"贝格尔号"巡洋舰，进行了历时5年的环球旅行，对生物和地质进行了大量的采集和考察，形成了生物进化的观点，并写下了不朽的名著《物种起源》，他以大量的科学资料，雄辩地论证了进化事实和规律，揭示了生物进化的原因。

（一）生物进化的证据

生物进化的证据很多，达尔文引用了大量的古生物学、比较解剖学和胚胎学三方面的证据，现已被认为是生物进化的经典证据，近代由于生物科学的发展，为生物进化进一步提供了许多新的其他证据。

1. 古生物学上的证据

根据古生物学和地质学的研究，各种地质年代的地层里分布着的化石，记录了生物进化的历程，成为进化的直接证据。各种生物在地质年代中出现，是有一定时间顺序和规律的，在古老的地质年代地层里的生物化石，结构简单、低等，且种类也少，而在年轻的地质年代里的生物化石，结构复杂、高等，且类型多样化。各种生物的出现都有一个繁盛、衰老和绝灭的时期。古生物学揭示了生物由少到多、结构由简到繁、由低等到高等的进化顺序和规律。

过渡类型生物化石的发现，是生物进化最有力的证据，如在中生代地层中发现的始祖鸟化石就是一例。始祖鸟是原始的鸟类，体表被羽毛，前肢变成翼，足有四趾，三趾向前、一趾向后，这是鸟类的特征。始祖鸟口内有牙齿，翼上有三个指，指端有爪，还有一个由脊椎骨组成的长尾，这些又是爬行动物的特征。始祖鸟化石证明了鸟类是由爬行动物进化而来的。在古生代的地层里还发现了介于蕨类和种子植物之间的过渡类型的化石，叫种子蕨化石，它证明了种子植物是从蕨类植物进化而来的。

2. 比较解剖学上的证据

同源器官和痕迹器官是比较解剖学为生物进化提供的最有价值的证据。

同源器官是指胚胎发育中起源相同、内部结构和分布位置相似，而形态和功能不同的器官，如鸟的翼、蝙蝠的翼手、鲸的鳍、马的前肢和人的上肢，虽然它们在形态和功能上各不相同，但从比较解剖学方法研究，发现这些器官的内部结构都由相似的骨块组成，排列方式也基本一致，从上到下都有肱骨、桡骨和尺骨、腕骨、掌骨和指（趾）骨（见图4-4-4）。同源器官的存在说明这些动物都起源于共同的祖先。

痕迹器官是指生物体在进化过程中，有些作用不大，但依然存在的器官。如人的盲肠、阑尾、耳肌和尾椎骨等，都已退化成痕迹器官。说明人类祖先内体存在这些器官，由于适应新的环境这些器官无用而逐渐退化了。痕迹器官的存在，也证明了进化中的亲缘关系。

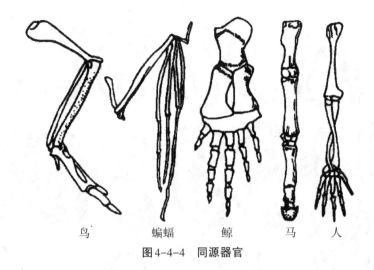

鸟　　蝙蝠　　鲸　　马　人

图4-4-4　同源器官

3. 胚胎学上的证据

德国进化论者海克尔（E. Haeckel，1834—1919年）指出，"个体胚胎发育是系统发育简短而迅速的重演"。

胚胎学是研究生物胚胎发育规律的科学。胚胎学的研究也为生物进化提供了有力的证据。例如，将7种脊椎动物和人的胚胎发育过程进行比较，可发现胚胎早期都很相似，有鳃裂、有尾、头部较大、身体弯曲（见图4-4-5）。以后在胚胎发育过程中，逐渐发育成不同的动物，证实了胚胎发育重演了他们祖先发育的历史。

4. 生物进化的其他新证据

除以上三方面的经典证据外，在以后的生物科学发展中，科学工作者又为生物进化提供了分子生物学、生理学、遗传学和生物地理学的新证据。

如生物地理学研究了生物在地球上的分布及其分布的规律，说明了地球上的生物虽都起源于共同的祖先，但由于生物的地理分布不同，都有它们自己的发展史，而各自进化形成了不同的物种。又如分子生物学的证据中，最著名的例子是各类生物细胞色素C的成分比较。从分子水平对生物进化的研究表明，核酸和蛋白质分子保留着大量的进化信息。以不同的种属生物体中有关蛋白质和核酸的化学结构和含量进行测定和比较，从而得出的差异可确定不同生物之间亲缘关系的远近。差异愈小，亲缘关系愈近；反之，差异愈大，亲缘关系愈远。例如，各类生物细胞色素C的成分比较，细胞色素C是生物氧化中细胞色素酶系中的一员，是一种蛋白质，是由104～112个氨基酸组成的多肽链，这条多肽链上的一级结构即氨基酸的排列顺序，在各类生物之间有极大的相似性。如人和黑猩猩细胞色素C的氨基酸顺序完全相同，人和猴子只有1个氨基酸不同，人和牛、羊有10个不同，人和小麦有35个不同（见表4-4-1）。

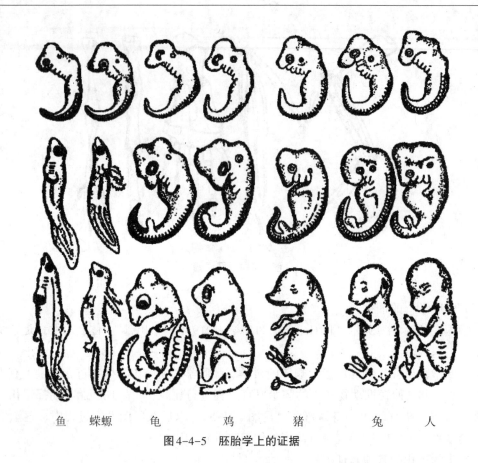

鱼　蝾螈　龟　　鸡　　猪　　兔　　人

图4-4-5　胚胎学上的证据

表4-4-1　一些生物的细胞色素C与人的细胞色素C的氨基酸数目的比对

生物种类	不同的氨基酸数目	生物种类	不同的氨基酸数目
黑猩猩	9	响尾蛇	14
猴	1	龟	15
兔	9	金枪鱼	21
袋鼠	10	狗鱼	23
鲸	10	苍蝇	23
牛、猪、羊	10	蚕蛾	31
狗	11	小麦	35
骡子	11	链孢霉	43
马	12	酵母菌	44
鸡	13		

（注：数字表示与人的细胞色素C所不同的氨基酸数目）

（二）生物进化的理论

生物为什么会进化？达尔文继承了进化论先驱的思想，综合当时自然科学的成果，创立了生物进化的理论——达尔文进化学说。20世纪以来，随着遗传学、生态学等学科的发展，生物进化理论提高到一个新的水平，出现了现代达尔文主义。

1. 达尔文进化学说

（1）人工选择

达尔文进化学说的核心是自然选择，自然选择的建立是受到人工选择学说的启发，达尔文认为人工选择包括变异、遗传和选择三个因素。如达尔文对家鸡品种起源的解释：人们经过很多年饲养野生原鸡，先驯化成家鸡，以后家鸡不断地发生变异，人类根据自己的需要（如需要下蛋多的鸡、需要产肉鲜嫩的鸡、需要美丽羽毛的鸡等）进行选择，分别留种进行繁殖。在后代再根据自己的需要选择、再培育，这样一代代地选择和培育，结果形成了蛋用鸡、肉用鸡和羽毛美丽的观赏鸡等。

变异是人工选择的第一要素，从家鸡品种的培育过程看，变异是形成新品种的原始材料，是人工选择的前提。遗传是人工选择的第二要素，只有变异而不能遗传仍形成不了新的品种。达尔文认为遗传和变异在自然界普遍存在。选择是人工选择的第三要素，也是最关键的要素，如只有遗传和变异，而没有人们对各种变异进行有目的的选择和培育，是不可能形成人们所需要的新类型的。因此，人工选择的三要素相互联系、缺一不可。没有变异，就没有选择的材料；没有遗传，变异就不能传代和积累；没有选择，就没有变异的定向发展。人工选择过程的实质，是人类按照自己的需要和喜爱，对生物变异的不断"留优去劣"的过程。

通过对人工选择的研究，达尔文提出了自然界各种物种起源也有一个相似的选择过程，就是自然选择。

（2）自然选择

达尔文自然选择的基本论点是繁殖过剩、生存斗争、变异和遗传及适者生存。

①繁殖过剩

达尔文发现生物普遍都具有高度的繁殖率，都有按几何级数增加的倾向。他计算了一对大象的繁殖数量，大象是繁殖力最低的动物。假定大象的寿命为100岁，繁殖年龄为30～90岁，一头母象一生中约可产6头小象，如果后代都能成活的话，经过750年，一对大象的后代可达1900万头。他还计算了一颗一年生的植物，即使一年只产生两颗种子，20年后也会有100万株后代。繁殖力高的动植物后代的数目更是惊人，如家蝇是繁殖力很高的动物，一对家蝇，每代产卵1000粒，每10天为一代，如果后代都成活的话，一年所生的后代可将整个地球覆盖2.54 cm。虽然繁殖过剩现象在自然界中普遍存在，但事实上却没那么多后代。达尔文指出，这主要是繁殖过剩引起了生存斗争。

②生存斗争

达尔文认为的生存斗争包括生物同无机条件的斗争、种间斗争和种内斗争。无机条件指自然界中的水分、温度、湿度、光和空气等理化因素。如动物的冬眠特性就是对寒冷的斗争；沙漠中的植物，叶子退化、根系发达，这是对干旱的斗争。种间斗争是指不同物种之间相互争夺食物和空间的斗争，如作物和杂草之间争夺阳光、水分、养料和土壤的斗争。狼吃羊、羊吃草等都是种间斗争。种内斗争是指同一物种个体之间，争夺生活场所、食物、配偶或其他生存条件的斗争。达尔文认为，同种生物由于要求相同的生活条件，竞争最为激烈，因此，他认为由于繁殖过剩引起的种内斗争是生物进化的动力。

达尔文指出，生存斗争关系十分复杂，如红花三叶草、土蜂、田鼠和猫之间的复杂关系：红花三叶草几乎完全依赖土蜂传粉，但田鼠经常捣毁土蜂的窝，而猫会大量捕捉田鼠。于是，猫多、田鼠少、土蜂就多、红花三叶草也繁盛。反之，猫少、田鼠多、土蜂少、红花三叶草衰败。可见，自然界中生存斗争是相互联系、相互制约的。

③变异和遗传

生物具有遗传和变异的特性。生物在繁衍过程中，会不断地产生各种变异，包括有利变异和不利变异。

④适者生存

在生存斗争中，有些个体生存下来，而有的个体被淘汰。达尔文认为，那些对生存有利变异的个体能得到保留，而那些对生存有害变异的个体会淘汰，这就是自然选择或适者生存。例如，在北大西洋东部的马德拉群岛上有500多种甲虫，其中200种甲虫的翅不发达，不会飞，风暴来临时它们隐匿得很好，这种无翅甲虫就被保留了下来。那些能飞的甲虫却被大风刮到海里而被淘汰。还有些具有坚强有力的翅、能抵抗大风的甲虫也被保留了下来。又如长颈鹿的颈和前肢之所以这么长，也是自然选择的结果。达尔文认为，长颈鹿的祖先必然有高矮大小的个体差异，当它们生活在干旱环境中，能吃的只有高树上的叶，这样，那些颈较长、前肢较高的个体有较多的机会吃到叶子，生存下来并繁殖后代，而那些颈短、前肢矮的个体因得不到食物，则逐渐被淘汰。自然选择是一个长期、缓慢、连续的过程。通过一代代生存环境的选择作用，物种的突变朝着定向方向积累，性状逐渐分歧，以致演变成新种。但由于受当时科学水平的限制，达尔文对生物遗传和变异机制尚不清楚。

2.现代达尔文主义

现代达尔文主义是在达尔文自然选择学说、基因学说、群体遗传学说的基础上，结合生物学其他分支学科的新成就而发展起来的，故称为现代综合进化理论。此理论认为进化是在群体中实现的，进化的原材料是突变。通过突变、自然选择和隔离的综合作用，导致新类型的产生。

（1）种群基因库的突变

生物进化的单位不是个体而是种群。生物种群中一般都有杂种性。在一个种群中，能进行生殖的个体所含有的全部遗传信息的总和，称为基因库。进化是种群基因库变化的结果。

在自然界中，种群基因库的演变是不可避免的，基因突变是使种群基因演变的主要原因。基因突变平时不常发生，但从几十亿年生物发展历史来看，还是相当多的。当突变发生时，就会引起基因库的改变，为生物进化提供丰富的原料，一些理化因素如X射线、紫外线、化学诱变剂等均可引起突变。

（2）自然选择的主导作用

基因突变的方向是不定的，但在自然选择的作用下，不定向的变异可以纳入定向。也就是说，种群所发生的定向变异，是由选择作用造成的。同时，还可以通过选择作用使种群的定向变异积累，从而改变生物的类型。这就是自然选择的主导作用，即创造新物种的作用。

花椒蛾的工业黑化是现代达尔文主义解释自然选择的著名例子。英国的花椒蛾是夜行性动物，白天通常栖息在有地衣覆盖的树干和石块上，在这种背景下，浅色可作为保护色，有利于生存。截至1948年，有关花椒蛾的报道其颜色还是浅色的。1950年，在英国工业中心曼彻斯特，首次报道有黑色型的突变，这种个体在群体中占的比例极低。随着烟尘和废气的工业污染，使地衣死亡，而树皮裸露，花椒蛾栖息的背景由浅色的地衣变成深色的树干，使浅色蛾类失去对鸟类捕食的保护，于是黑色突变型得到很大的发展。仅在曼彻斯特就达到90%以上。

（3）隔离是新物种形成的必要条件

在达尔文看来，新物种从旧物种中产生的重要因素是自然选择。他认为，自然选择能引起性状分歧，生活在各种环境中的生物向不同方向变异和发展，从而形成多种性状。其中差异较少的中间类型的生物，由于性状分歧不大，它们在生活习性、形态和结构上彼此最相近，所需要的生活条件也最相近，容易产生激烈的生存斗争。剧烈的生存斗争，使这些类型的生物最容易在选择中被淘汰，导致灭绝，而分歧显著的具有更有利变异的个体得以存活，逐渐形成了种和种之间的界限。

现代达尔文主义在达尔文研究的基础上进一步指出了隔离在物种形成中的重要作用。隔离是指不同种群间的个体，在自然条件下基因不能自由交流的现象。

在自然界，同种生物个体间表现的种内差异经常是连续的，即常常存在着中间类型。例如，狐分布在几乎整个欧洲，有20个亚种，形成一个由中间类型连续的系列。不同种生物个体的种间差异则是不连续的，例如，同是猫科的狮子和老虎之间就没有发现中间类型。种内可以自由交配并产生后代，种间一般不能交配或交配后不能产生可育后代。新种的出现，标志着生殖的连续性中断，从遗传机制上分析，新物种一旦形成，就意味着该物种的遗传基因只能在物种内部相互交流，在不同物种间不能交流。

物种之所以出现明显的间断性，其重要原因在于隔离。隔离的类型很多，常见的有地理隔离和生殖隔离。地理隔离是指分布于不同自然区域的种群，由于高山、河流、沙漠等地理上的障碍，使彼此不能相遇，无法交配，不能进行直接基因交换的现象。例如，东北虎和华南虎分别生活在我国东北地区和华南地区，这两个地区之间的距离就起到了地理隔离的作用，经过长期的地理隔离，这两个种群之间产生了明显的差别，成为两个不同的亚种。达尔文在加拉帕戈斯群岛发现的地雀，也是在地理隔离条件下形成的。这种小鸟的祖先由于偶然的原因从南美大陆迁来，它们逐渐分布到各个岛上去。海水对各岛上的地雀起到了地理隔离的作用，又由于每个岛上的食物和栖息条件不同，自然选择对不同种群基因频率的改变所起的作用就会不同：在一个种群中，某些基因被保留下来；在另一个种群中，可能是另一些基因被保留下来。许久之后，这些种群的基因库会变得差异很大，并逐步出现生殖隔离。

生殖隔离是指由于种群在基因型上的差异，导致种群间的个体不能自由交配或者交配后不能产生出可育后代，使种群间的基因交换受到限制或抑制的现象。由地理隔离导致生殖隔离是物种形成最常见的方式。

由于地理隔离进而形成生殖隔离最著名的例子：15世纪时，有人将一窝欧洲家兔释放到非洲马德拉岛附近的Porto Santo岛上，当时这个岛上没有其他种类的兔子，也没有食肉类天敌，所以这窝欧洲家兔以惊人的速度繁殖。到19世纪时，人们惊奇地发现，这窝欧洲家兔的后裔已经和它们的祖先欧洲家兔全然不同，个体大小仅为欧洲家兔的一半，毛色也发生了变化，更喜欢在夜间活动，最重要的是与欧洲家兔形成了生殖隔离。

第五节　人类的起源与进化

关于人类的起源，曾有许多说法。在我国古代，有所谓"泥土造人"的传说。圣经《旧约·创世纪》中有"上帝造人"说法。直到19世纪中叶，达尔文等进化论者，论证了人类是由古猿进化来的，提出了人猿同祖的说法，但他们无法解释古猿怎样进化成人。后来，由于科学的发展与进步，对人类起源的大体历程有了更深入的了解。

古人类学家指出，人类和现代类人猿的共同祖先是生活在距今2000万～3000万年前的森林古猿，它们个体大小类似黑猩猩，依靠四肢行走。新生代第三纪中期以后，世界范围内发生了强烈的造山运动：亚洲南部出现了喜马拉雅山脉；非洲东部出现了大裂谷。地貌发生了巨大的变化，引起了气候变化，继而引起了生态变化。生态的变化促进了古猿的进化，大约距今1500万年前，森林古猿中的一支演变成腊玛古猿。腊玛古猿的化石，已在肯尼亚、印度、巴基斯坦、土耳其和中国等地区发现。腊玛古猿能用手使用天然工具进行取食和防御，下肢能直立行走。稍后，腊玛古猿又开始分化，其中一支发展成为南方古猿，约距今500万年前，南方古猿发展得相当昌盛。在南非、东非和我国鄂西都发现了南方古猿的化石。

一、从猿到人

（一）森林古猿

大约在2300万～1800万年前，在热带雨林地区，有一种古代灵长类动物——森林古猿活跃在那里，它们是人类最早的祖先。

森林古猿身体短壮，胸廓宽扁，前臂和腿一样长。前肢既是行走的拐杖，也是用来悬挂、在丛林间摆荡和摘取野果的器官。它们过着树栖群体生活。并非所有的森林古猿都是人类的祖先，它们也是现代类人猿猩猩、大猩猩和黑猩猩、长臂猿的祖先。到底哪一支森林古猿才是人类的祖先呢？目前，比较被科学家认同的看法是，人类起源于东非的森林古猿。科学家发现非洲大陆曾经发生过剧烈的地壳变动，形成了巨大的断裂谷。断裂谷南起坦桑尼亚，向北经过整个东非，一直到达巴勒斯坦和死海，长达8000 km。断裂谷两侧的生态环境因此发生了巨大的变化，当地的森林古猿也因此分化成两支：仍旧生活在森林环境中的森林古猿，逐渐进化成现代的类人猿；生活在断裂谷东部高地的森林古猿，由于森林面积减少，大量森林变成稀树草原，他们不得不经常从树上下来寻找食物。地面的生活使他们的体型变大，骶骨也变得厚大，骶椎数增多，髋骨变宽，内脏和其他器官也相应发生了变化，从而为直立行走创造了条件。这样，前肢可以从事其他活动，手变得灵巧，从而完成了从猿到人的第一步。这些都是在漫长的岁月里经过自然选择完成的。

（二）腊玛古猿

腊玛古猿生活在距今约1400万～800万年前。1932年，美国耶鲁大学研究生刘易斯在印度和巴基斯坦北部接壤处的西瓦立克山区发现了腊玛古猿化石，并于1934年定名发表。同类化石在我国禄丰、开远以及土耳其安那托利亚地区、匈牙利路达巴尼亚山区也有发现。已发现的主要是一些上、下颌骨和牙齿化石。化石研究表明，腊玛古猿具有一些与人相似的性状，如犬齿小、臼齿大、釉质厚，齿弓与人一样呈抛物线形等。科学家认为腊玛古猿可能是人科的早期代表。腊玛古猿主要生活在森林地带，森林边缘和林间空地是它们的主要活动场所。这是一种正向着适于开阔地带生活发展的古猿。它们主要以野果、嫩草等为食，也吃一些小型动物。化石和地层资料还表明，它们可以把石头作为工具，砸开兽骨，吸吮骨髓。由于腊玛古猿的肢骨化石从来未被发现过，人们只能根据一些有关古猿的知识，推测它们身高略高于1 m，体重在15～20 kg，能够初步用两足直立行走。大约在800万年前，腊玛古猿几乎灭绝。

（三）南方古猿

南方古猿大约生活在距今500万～150万年前。其化石最早是达特（R. A. Dart，1893—1988年）于1924年在南非金伯利以北汤恩发现的，那是一个幼年古猿的头骨化石。1936年以后，在南非和东非又陆续发现了这类化石，标本数量相当多。南方古猿有许多特征与人相近，和猿类有显著的区别。如南方古猿的犬齿小，形状与人的犬齿相似，不高出其他牙齿，上、下颌都无齿隙；齿弓形状似抛物线形，两侧向后外张开，与人类的齿弓形状相似；头骨圆隆，颅顶远比猿类为高，头骨后部的枕外隆起和颅底的枕骨大孔的位置也和现代人相似。枕骨大孔位置与现代人接近，髋骨也与人基本相似，手骨的拇指与其他四指可以对握，拇指与食指之间有精确的握力，这些都表明南方古猿已能够直立行走，甚至可能已经会使用工具。

大量发现和研究表明，南方古猿是一组形态变异范围较大、生存时间延续相当长的类群。其种类较多，至少可以分为粗壮型和纤细型两种。粗壮型是素食者，在后来的发展中灭绝了；纤细型是进步类型，是杂食者，肉类在食物中占有很大的比重。南方古猿的进步类型进一步进化成人属。

二、人类发展的基本阶段

近年来，由于古人类化石不断被发现，可将人类的进化大致划分成早期猿人、直立人、早期智人和晚期智人四个阶段。

（一）早期猿人

生活在距今约250万～100万年前，坦桑尼亚能人和肯尼亚发现的1470号人（化石的编号）等是代表。他们的脑容量达657～775 mL，能直立行走、制造砾石工具。其中我国云南发现的距今175万年前的元谋人，是进步类型，是世界上最早用火的人类。

（二）直立人

直立人旧称猿人，生活在距今约200万～20万年之前。在亚洲、非洲、欧洲，都发现过直立人的化石和文化遗物。我国周口店发掘出来的距今79万年前的北京直立人，标本多而全，已闻名于世。晚期直立人的肢骨基本上已和现代人相似，脑容量为800～1000 mL，北京直立人的用火水平已相当高明。从北京猿人遗址中发现的木炭，很厚的灰烬层，燃烧过的土块、石块、骨头等，表明北京猿人不仅已经知道使用火，还知道保存火种。猿人是从猿到人的过渡阶段的中间环节之一。

（三）早期智人

早期智人即古人，生活在距今约25万～4万年前，其中以在欧洲各地发现的尼安德特人和我国山西的丁村人最为著名，他们的脑容量已增大到与现代人相近，所制造的石器规整、用途明确，显示出劳动技能有很大的提高，早期智人已从用天然火过渡到人工取火。

（四）晚期智人

晚期智人即新人，生活在距今约4万年前。我国发现的山顶洞人和法国的克罗马农人，常被作为本阶段的代表，他们的体质与现代人相同。在生产上，出现了燃制陶器和冶炼金属工具，农牧业已有初步分工，能建造原始的房屋。在文化上，已有雕刻和绘画艺术，并出现了装饰品。

从猿到人是生物进化史上最大的飞跃。从亲缘关系来看，人是从动物分化出来的，是古猿的后代。从动物分类学来看，人属于动物界、脊索动物门、脊椎动物亚门、哺乳纲、灵长目、类人猿亚目、人科、人属、智人种，但从人与自然的关系来看，人又不同于动物，因为人类有发达的大脑，成人脑的平均质量为1360 g，其中大脑占1000～1200 g。人能思考，有完善的双手，能制造和使用工具，能进行有意识的劳动，去改造世界、干预进化。

思考与练习

1. 一个典型的植物细胞由哪几部分组成？各部分的作用是什么？
2. 组成生物体的基本元素有哪些？
3. 生物体区别与非生物体的基本特征是什么？
4. 什么叫有性生殖？有性生殖有哪些类型？
5. 什么叫无性生殖？无性生殖有哪些类型？
6. 试从分裂次数、染色体变化和分裂结果等方面，比较有丝分裂和减数分裂的异同点。
7. 被子植物有几大器官？其功能分别是什么？
8. 试述人体系统及其主要功能。
9. 什么叫遗传？什么叫伴性遗传？举例说明。
10. 什么是变异？变异的原因是什么？
11. 正常的狗有39对染色体，它的性染色体和常染色体分别是多少对？

12.一个视觉正常的女子，她的父亲是色盲。她与正常男子结婚，但此男子的父亲也是色盲，这对夫妇所生子女将会怎样？

13.基因突变的概念及原因是什么？

14.简述生命起源的原始汤化学进化学说。

15.达尔文自然选择的基本论点是什么？

16.现代达尔文主义认为自然选择的主导作用是什么？

17.简述人类发展的基本阶段与各阶段的特征。

第五章　天体和天体系统

第一节　宇宙

人类赖以生存的地球是宇宙中的一颗普通行星，是太阳系中的一员。然而地球又是宇宙中目前已知适合人类居住的唯一家园，是一颗与人类命运息息相关的最不平凡的星球。而关于宇宙、地球的结构、起源和演化，历来是人类关心的重大问题。进入20世纪以后，人类在这些基本问题的探索中取得了一系列进展，对宇宙和地球有了更为全面的认识。

宇宙是天地万物，是广袤空间和其中存在的各种天体以及弥漫物质的总称。"宇"是空间的概念，是无边无际的；"宙"是时间的概念，是无始无终的，因此，宇宙是无限的空间和无限的时间的统一。当代最先进的光学望远镜已可观测到150亿光年的遥远目标（1光年=9.46×10^{12} km），这就是现今人类所能观测到的宇宙部分。

一、宇宙的起源和宇宙的结构

宇宙是由形形色色的天体和弥漫物质组成的，宇宙中最主要的天体是恒星和星云。据科学家估计，整个可见宇宙空间大约有700万亿亿颗恒星，太阳只是宇宙中的一颗普通的恒星。星云是由极其稀薄的气体和尘埃组成的类似云雾状的天体。此外，在没有恒星，也没有星云的广阔星际空间也不是绝对的真空，那里充满着非常稀薄的星际气体、星际尘埃、宇宙线和极其微弱的星际磁场。

这些天体和物质在宇宙中是有规律地构成的。由无数恒星和星云等星际物质构成的巨大集合体称为星系，例如，太阳所在的银河系就是一个星系。人们又把目前所认识到的宇宙中已观测到的所有星系，称为总星系，总星系目前能观测到的星系约有1000亿个。除银河系外，其他星系离我们太远了，看上去像云雾般星云的形状，统称为河外星系。

恒星又由它本身和围绕它旋转的行星以及彗星等天体组成了次一级的天体系统，例如太阳系。行星往往有卫星环绕，例如地球就有月球环绕旋转，组成地月系。

因此，宇宙中的天体和物质是有序存在的，地月系、太阳系、银河系、总星系就是宇宙中不同层次的天体系统。

（一）宇宙的起源

20世纪初，科学家提出了"宇宙大爆炸理论"这一著名学说，开始科学地探讨宇宙的起源。提出和完善这一理论的代表人物是美籍俄国天体物理学家伽莫夫（G. Gamov，1904—1968年）和英国著名物理学家霍金（S. W. Hawking，1942年—）。

宇宙大爆炸理论的主要观点是：宇宙是由大约150亿年前发生的一次大爆炸形成的。那次爆炸就被称为"宇宙大爆炸"，这一关于宇宙起源的理论被称为"宇宙大爆炸理论"。根据这一理论的分析，宇宙演化过程大约起始于150亿年前，当时宇宙内所有的物质和能量都聚集到一起，并浓缩成体积很小的点，密度极大，温度极高。突然，这个体积无限小的点爆炸了，时空从这一刻开始，物质和能量也由此产生，这就是宇宙产生的大爆炸。

1. 宇宙演化的过程

根据"宇宙大爆炸理论"的描述，宇宙演化至今大致分为三个阶段：

（1）宇宙的极早期，称为"太初第一秒"，时间短到以秒来计。刚诞生的宇宙是极其炽热、致密的，宇宙处于一种极高温、高密的状态，只由质子、中子、电子、光子等基本粒子混合而成，除氢核——质子外，没有任何别的化学元素。随着宇宙迅速膨胀，温度开始下降。

（2）化学元素形成阶段，大约经历了数千年。当温度下降后，中子和质子等基本粒子开始失去自由存在的条件，开始核聚变过程，化学元素从这一时期开始形成。所有中子迅速合成到由两个质子和两个中子构成的氦核中，余下的质子就成了氢原子核。这样宇宙间的物质主要是氢、氦等比较轻的原子核和质子、电子、光子等，光辐射很强，但没有星体存在。整个宇宙体系不断地膨胀，温度很快下降。

（3）宇宙形成的主体阶段，至今我们仍生活在这一阶段中。这一阶段起始于温度降到几千摄氏度时，由于温度的降低，各种原子核开始与电子结合为中性原子，辐射也逐步减弱，中性原子在引力作用下逐渐聚集，宇宙间主要是气态物质。在几十亿年的历程中，随着宇宙继续膨胀，温度不断降低，气态物质的微粒相互吸引、融合，形成越来越大的团块，逐渐凝聚成星云，先后形成了各级天体。

2. 大爆炸理论的依据

宇宙大爆炸理论在它诞生前后得到了一系列天文观测事实的支持。

（1）星系红移

1929年，美国天文学家哈勃（Edwin P. Hubble，1889—1953年）发现，不同距离的星系发出的光，在颜色上稍稍有些差别。远星系发出的光要比近星系红一些，说明远星系的波长要长一些。这一现象是由于星系向远离我们的方向运动时产生的，被称为多普勒效应，它说明星系都在系统地远离我们。哈勃对众多星系的光谱进行进一步研究后确认，红移是一种普遍现象，各星系正以很高的速度彼此飞离，它表明宇宙正在膨胀。这一结论与大爆炸理论完全吻合。

（2）微波背景辐射

微波背景辐射是指150亿年前发生的大爆炸在今天的宇宙结构上留下的印迹。根据"宇宙大爆炸理论"，宇宙从最初的高温状态膨胀而越变越冷，到现在已经相当冷了。伽莫夫等人在1948年就断言，目前宇宙中应到处存在着一定温度的背景辐射，大约是5 K，K是热力学温度（也称绝对温度，用T表示）的单位，与摄氏温度t的关系是：$T=t+273.15$。1964年，美国贝尔电话公司的工程师彭齐亚斯和威尔逊收到一种无线电干扰噪声，波长在微波波段，辐射温度是2.7 K，而且在各个方向上都有。这正是宇宙大爆炸理论预言的宇宙微波背景辐射。

（3）宇宙元素的丰度

大爆炸模型预言，宇宙中绝大多数物质是由最初形成的氢与氦构成的，宇宙应当由大约75%的氢和25%的氦组成。天文测量结果与此极为相符，宇宙中氢和氦是最丰富的元素，二者之和约占99%；而且氢和氦的丰度比在许多不同的天体上均约为3：1，而造成行星和生命的丰富多彩的重元素还不到宇宙总质量的1%，它们大部分是在形成恒星后产生的。

（4）宇宙的年龄

根据大爆炸理论，宇宙中一切天体的年龄都不应超过由宇宙的年龄所确定的上限，即150亿年。利用放射性同位素测定地球上最古老的岩石、宇航员从月球上带回的土壤、岩石样品和来自行星际空间的陨石，表明它们的年龄均不超过47亿年。恒星的年龄可从它们的发光速率与能源储备来估算，人们估计出银河系中最古老恒星的年龄为100亿~150亿年。

（二）宇宙的结构

宇宙是由不同层次的天体系统组成的。

1. 星系

星系是指由千百亿颗恒星以及分布在它们之间的星际气体、宇宙尘埃等物质构成的，占据了成千上万光年空间距离的天体系统。星系数量众多。到目前为止，人们已在宇宙中观测到了约1000亿个星系。它们中有的离银河系较近，离银河系最近的星系——大麦哲伦星云和小麦哲伦星云，距离为十几万光年。有的非常遥远，目前所知的最远的星系离我们约150亿光年。

太阳所在的银河系就是星系中的一个代表。以银河系为例，可以认识星系的主要特征。

人们在晴朗夜晚仰望天空所见到的一条贯穿长空淡淡发光的白色练带就是银河系。古人把它看成是天上的河流，形象地称为银河。银河系是地球和太阳所属的星系，是一个中型恒星系，直径约为8万光年，大约包含1000亿~2000亿颗恒星。银河系的总质量是太阳质量的1400亿倍，其中90%以上是恒星的质量。

银河系的形态如同铁饼状的圆盘体，中部较厚而四周较薄。整个星系都环绕着银河系中心旋转，圆盘体就是在旋转中形成的。它有三个主要组成部分：银盘、银核和银河晕轮（图5-1-1）。银盘是星系的主体，半径约为4万光年，厚度约为3000~6000光年，银盘主要是由无数年轻的蓝色恒星组成的，环绕形成了四条巨大的旋臂。太阳就位于其中的猎户座臂上。银核是星系的中心凸出部分，是一个很亮的椭球状体，直径约为1.5万光年，厚1.2万光年，这个区域由高密度的恒星组成，主要是年龄大约在100亿年以上的老年红色恒星。银核有强烈的宇宙射线辐射，在那里恒星围绕着一个不可见的中心高速旋转。这表明，在银河系的核心可能有一个超大质量的黑洞，因此银河系是一个比较活跃的星系。银河晕轮弥散在银盘周围的一个球形区域内，银晕直径为7.8万光年，这里恒星的密度很低，分布着一些由老年恒星组成的星团。在人类现今所能观测到的宇宙范围内，大约存在着10亿个以上这样的星系。

　　星系的形状各异，有椭圆形、旋涡形、棒槌形，它们是构成我们宇宙的基本物质，也是它们造就了千姿百态的宇宙奇观（图5-1-2）。

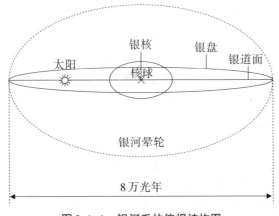

图5-1-1　银河系的俯视结构图

2. 恒星

　　恒星是构成宇宙的基本单元，宇宙是恒星的世界。恒星是指由炽热气态物质组成，能自行发热发光的球形或接近球形的天体。

　　恒星具有明显的特征。恒星的体积和质量都比较大，但它们之间有很大的差别。最小的恒星质量大约为太阳的百分之几，最大的则有太阳的几十倍。恒星一般都有发光的能力，但有强弱之分，恒星表面的温度也有高有低。由于每颗恒星的表面温度不同，它们发出的光的颜色也不一样。一般说来，恒星表面的温度越低，它的光越偏红；温度越高，光则越偏蓝。因此，我们观察到的恒星是有不同颜色的。例如，太阳看上去是黄颜色的，它的表面温度是6000 K；织女星则发出白色光，它的表面温度大约为10 000 K。恒星的寿命长短也不一致，这取决于恒星的质量。大质量的恒星其中心温度比小质量的恒星高得多，其蕴藏的能量消耗也快，因而，存在时间短，而小质量恒星的寿命则要长得多。

　　恒星的分布是不均匀的，大量恒星聚集在一起。两颗恒星紧靠在一起，并互相绕转着就成为双星；3、4颗或更多颗恒星聚集在一起的就称聚星；10颗以上，甚至成千上万颗星聚集在一起称为星团，例如银河系中心方向的武仙座球状星团就是由大约250万颗恒星组成的。为了便于说明恒星在天空中的位置，人们把天空的星斗划分为若干区域，这些区域就称作星座。1928年，国际天文学联合会确定，全天空分为88个星座，并以动物或神话中的人物为星座命名，例如大熊座、狮子座、仙女座等。但星座的大小相差悬殊，各个星座内所包含的肉眼可见星数也各不相等。每一个恒星都从属于一定的星座，星座内主要的恒星往往可以构成独特的图形，例如大熊座（即北斗七星）像勺子，天鹅座呈十字形。

　　恒星是从太空中的星际气体和尘埃中诞生的，它有形成、发展、死亡和再生的过程。恒星是由极其稀薄的物质凝聚成星云，并进一步收缩、升温，直到触发恒星中心由氢原子核聚变为氦原子核的热核反应，从而放出巨大的核能，使中心天体炽热发光，并发出热辐射，恒星就诞生了。恒星的演化经历了从主序星到红巨星的过程。主序星是恒星一生中最长、最稳定的黄金阶段，占据了它整个寿命的90%。到晚期，恒星的热核反应会产生巨大的辐射压力，自恒星内部往外传递，并将恒星的外层物质迅速推向外围空间，形成又红又亮的红巨星。

当恒星的核燃料耗尽时，恒星也走到了它的尽头。恒星的归宿有三种不同的结局，即白矮星、中子星和黑洞。初始质量小一些的恒星主要演化成白矮星，质量比较大的恒星就有可能形成中子星，质量更大的恒星则可能形成黑洞。白矮星是体积小、密度极高的白色恒星，一颗质量和太阳相当的白矮星，体积不过地球那么大。中子星几乎完全由中子紧密堆积而成，其密度更大，大小只有同质量年轻恒星的百万分之一。质量和太阳相当的中子星的直径仅20 km。黑洞是密度和引力增大到连光线都无法逃逸的天体，切断了恒星与外界的一切联系，人们无法直接观察到黑洞。

3. 太阳

太阳（图5-1-2）是恒星的典型代表，也是银河系中的一颗普通恒星，它位于银河系银盘的一个旋臂上，距银心约3.3万光年，以250 km/s的速度和2.5亿年的周期绕银河系中心公转。太阳与人类居住的地球关系十分密切。与地球相比，太阳是一个巨大的球体，它的直径为139万km，是地球直径的109.3倍。太阳的体积是地球的130万倍。太阳的质量为$1.989×10^{33}$ g，是地球质量的33.34万倍。太阳的平均密度小于地球，是地球平均密度的1/4，为1.41 g/cm³；而太阳表面的重力则远大于地球，是地面重力的27.9倍。

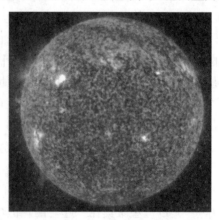

图5-1-2　太阳

太阳是一个炽热的气态球体，并无固态表面。太阳在结构上可分为内、外两大部分：内部为稠密的气体，处于高温高压的状态下；外部为稀薄的气体，称为太阳大气。

人们对太阳内部所知不多，只能推断。外部太阳大气可以直接观测到，分为三个圈层：光球、色球和日冕。

（1）光球

光球位于太阳大气的底层，厚度约为500 km。厚度虽不大，却是太阳大气中密度最高的部分，也是整个太阳中最明亮的部分，强烈的光辐射就是从这一层发出的。人们就以该层来衡量太阳的大小和温度。光球上周期性出没"暗黑"的斑点——太阳黑子，这是太阳活动的反映。

（2）色球

色球是太阳大气的中层，厚度约为 2000 km。色球的亮度仅及光球的千分之一，使人无法看见，密度也较光球低。耀斑是太阳色球爆发的突出表现。色球的边缘呈锯齿形，这是强烈的上升气流所致，形成的气柱称日珥。

（3）日冕

日冕是太阳大气的最外层，其厚度相当于太阳半径的几倍，达几百万千米，但它的密度却很低。日冕的亮度是极低的，仅为光球的百万分之一。日冕的气体粒子不断向外扩散，形成太阳风，对地球等行星影响很大。

根据太阳光谱测得太阳光球的有效温度是 5770 K。在光球以内，太阳的温度随深度而增加，据推算，在太阳中心其温度可高达 $1.5×10^7$ K。令人不解的是，太阳大气的温度从光球向外也是增加的，在色球上距光球 2000 km 处，温度上升到 $1.0×10^5$ K，而到了日冕低层其温度可达 $1.0×10^6$ K 以上。

太阳的高温来源于太阳能，太阳能是在高温高压条件下，由氢核聚变为氦核的热核反应中产生的。研究发现，在组成太阳的物质中氢占 71%，氦占 27%，因此，在相当长的时期内，太阳内部的热核反应是不会停止的。太阳是一颗典型的处在主序星阶段的恒星，它的主序星阶段长达 100 亿年，它已经在这一阶段存在了 50 亿年，还可以像现在这样再过 50 亿年。

太阳在不停地运动着，除了环绕银河系的中心旋转外，还有相对于邻近恒星的运动，以 20 km/s 的速度向武仙座的方向前进。太阳也有自转，其周期为 25 天。

4. 太阳系

太阳系是由受太阳引力约束的天体组成的系统，太阳系的成员有：太阳、包括地球在内的八大行星、无数小行星、众多卫星（包括月球），还有彗星、流星体以及大量尘埃物质和稀薄的气态物质（见图 5-1-3）。在太阳系中，太阳的质量占太阳系总质量的 99.8%，其他天体的总和不到总质量的 0.2%。太阳的引力控制着整个太阳系，使其他天体绕太阳公转。

（1）行星

行星是在椭圆轨道上环绕太阳运行的、近似球形的天体，并且行星的质量比太阳小得多，本身不发射可见光，它以反射太阳光而发亮。在天空背景上，行星有明显的位移。目前已知环绕太阳运行的有八大行星，按照它们同太阳的远近，依次为水星、金星、地球、火星、木星、土星、天王星和海王星。

八大行星按物理性质可分为两类：第一类是类地行星，以地球为代表，包括水星、金星、地球和火星，距离太阳近；类地行星的共同特点是半径和质量较小，但密度较高，由石质和铁质构成。第二类是类木行星，以木星为代表，包括木星、土星、天王星和海王星，距离太阳较远；类木行星的共同特点是它们的质量和半径均远大于地球，但密度却较低，主要由氢、氦、冰、甲烷、氨等构成，石质和铁质只占极小的比例。

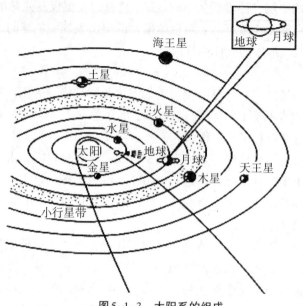

图5-1-3 太阳系的组成

八大行星绕日运动都遵循着一定的规律。它们的轨道具有近圆性、共面性和同向性特点。近圆性指所有行星轨道的偏心率都很小，几乎近于圆形。共面性是说所有行星的公转轨道面都是比较接近的，大体在一个平面上，与地球轨道面的交角都不大。同向性指行星绕日公转的方向都是相同的，也同太阳自转的方向一致（表5-1-1）。

表5-1-1 太阳系八大行星的参数

名称	离太阳的平均距离(×10⁶km)	相对于黄道的轨道倾角	赤道半径		体积(地球=1)	质量(地球=1)	平均密度(g/cm³)
			(km)	(地球=1)			
水星	57.9	7°	4880	0.38	0.06	0.0554	5.44
金星	108.2	3.4°	12100	0.95	0.88	0.815	5.2
地球	149.6	0°	12756	1.00	1.00	1.000	5.518
火星	227.9	1.9°	6787	0.53	0.15	0.1075	3.95
土星	142.7	2.5°	120000	9.41	755	95.18	0.7
木星	778.3	1.3°	142800	11.19	1316.0	317.89	1.314
天王星	2869.6	0.8°	51800	4.06	67	14.63	1.2
海王星	4496.6	1.8°	49500	3.88	57	17.2	1.7

除八大行星外，在太阳系内已发现了约70万颗小行星，但这可能仅是所有小行星中的一小部分，它们中约90%的轨道位于小行星带中。小行星带是一个相当宽的位于火星和木星之间的地带。

（2）卫星

卫星是围绕行星运行的天体，月球就是一颗卫星。卫星反射太阳光，除月球外，其他卫星的反射光都非常弱，通常肉眼是看不到的。卫星的质量和体积都比自己中心天体行星小。在太阳系里，除水星和金星外，其他行星都有卫星。太阳系已知的天然卫星总数（包括构成行星环较大的碎块）至少有160颗。木星的天然卫星最多，其中17颗已得到确认，至少还有6颗等待证实。卫星的大小不一，彼此差别很大。

（3）彗星

太阳系中大多数彗星以椭圆形轨道绕太阳公转，典型的彗星分为彗核、彗发和彗尾三个部分。迄今为止，一共记录了约2000颗彗星。彗星是在扁长轨道上绕太阳运行的一种质量较小的天体。彗星有着奇特的外貌：当它远离太阳时，呈现为朦胧的星状小亮斑，其较亮的中心部分叫作彗核，彗核外围的云雾包层称为彗发。当彗星运行到离太阳相当近的时候，彗发变大，太阳风把彗发中的气体和微尘推开，形成彗尾。彗尾一般长几万 km～几亿 km。

（4）流星体

太阳系中还有数量众多的大小流星体，一旦进入地球大气层，就会摩擦生热、汽化而发出光芒，成为晴朗夜空经常能见到的流星，大流星体降落到地面成为陨星。其中石质陨星叫陨石，铁质陨星叫陨铁。

（5）行星际物质

行星际空间虽然空空荡荡，但并非真空，其中分布着极稀薄的气体和少量尘埃。这些气体和尘埃叫作行星际物质。

5. 月球与地月系

（1）月球

月球也称太阴，俗称月亮，是地球唯一的卫星。月球的年龄约为46亿年。月球有壳、幔、核等分层结构。最外层的月壳平均厚度约为60～65 km。月壳下面到1000 km深度是月幔，它占据了月球的大部分体积。月幔下面是月核，月核的温度约为1000 ℃，很可能是熔融状态的。月球直径约为3476 km，是地球的3/11，太阳的1/400。月球的体积只有地球的1/49，质量约为7350亿亿t，相当于地球质量的1/81，月球表面的重力差不多是地球重力的1/6。

在月球上几乎没有大气和水分。月面上阴暗部分，其面积较大的是"海"，较小的是"湖""湾"或"沼"，其实月面上的海是徒有虚名的，它滴水不含，是低洼的大平原。月球上明亮的部分是高地和山脉，那里山峦重叠，山脉纵贯，坑穴密布，沟壑纵横，这就是月球上的所谓"陆"。"陆"比"海"平均要高出约1500 m。此外，在月球上可见奇离古怪的环形山，环形山实际上是一块被围起来的洼地，其底部凹陷下去，四周台垣比里面高出数千米。位于南极附近的贝利环形山直径为295 km，可以把整个海南岛装进去。

（2）地月系

月球是离地球最近的天体，与地球的平均距离约为38.4万 km。地球与月球构成了一个天体系统，称为地月系。在地月系中，地球是中心天体，因此，一般把地月系的运动描述为月球对于地球的绕转运动。然而，地月系的实际运动，是地球与月球对于它们的公共质心的绕转运动。由于地球质量同月球质量的相差悬殊（81.1∶1），地月系的公共质心距地球中心只有约1650 km。地球与月球绕它们的公共质心旋转一周的时间为27.3天。

第二节 地球

地球是一颗得天独厚的星球，是人类生存的家园，它的地质活动的激烈程度在太阳系八大行星中是首屈一指的，它是太阳系中唯一表面大部分被水覆盖的行星，具有独特的内部结构和外部形态。更为重要的是，地球是孕育生命和人类的发源地，是人类的家园（图5-2-1）。

图 5-2-1　地球全貌

一、地球和地球的起源

（一）地球概况

地球是离太阳的距离较近的行星，在太阳系八大行星中，按距离太阳远近计，仅远于水星和金星，居第三位。日地平均距离为 $1.496×10^8$ km（即 1 个天文单位）。地球的这一位置对于接受太阳热辐射而言是适中的，因此，在地球表面形成了适宜的温度，这对生命圈的出现十分重要。

地球的形状近似于球形，是一个赤道略鼓、两极稍扁的椭球体。经人造卫星观测，准确的地球形态除了赤道半径大于两极半径外，还呈北极略突、南极略凹的"梨状体"形状。球状的形态使地球上各处太阳高度不同，造成了地球表面各处受热状况和自然环境的极大差异。地球的平均半径为 6371 km，赤道半径为 6378 km，极地半径为 6357 km。地球的体积为 $1.083×10^{12}$ km^3，质量为 $5.976×10^{24}$ g，平均密度为 5.52 g/cm^3。地球具有巨大的质量和体积，使它形成了强大的吸引力，吸附包围它的地球大气，防止地表大气逸散到外层空间去，这对生命的存在是很有利的。

（二）地球的起源

地球的起源问题直到科学发展到一定程度以后才有了较为合理的解释，但仍只是一些推测和假设。

在波兰天文学家哥白尼提出日心说之后的 200 多年间，有 30 多种主要假说来说明太阳系的起源，其中最有代表性的是康德–拉普拉斯的星云假说。

1755年，德国哲学家康德（I. Kant，1724—1804年）发表了一个学说，认为太阳和它的行星都是同时由一个旋转着的星云形成的。1796年，法国科学家拉普拉斯（Laplace，1749—1827年）也发表了类似的学说。这个学说认为，形成太阳系的原始物质是由气体集聚而成的缓慢旋转着的气团，这种弥漫物质状的炽热气团叫作星云。星云在重力作用下逐渐收缩，体积变小，而旋转速度则不断加快，同时离心力也随着增强，于是星云越来越扁，最后变成了圆盘形。当星云进一步向中间收缩时，外围的气体脱离了星云体，成为绕着中心旋转的气体环。这种分离过程不断重演，逐渐产生了好几个气体环，最后留在中间的星云收缩形成一个密度大的星体，这就是太阳。分离出来的各个气体环里质点相互吸引使气体环破裂凝聚而成为圆球体，这就是行星，并在原有气体环的位置上绕太阳公转，地球就是这样的一个行星。这一学说第一次科学地解释了太阳系的形成。

星云假说在当时似乎很合理地说明了太阳系的一些特征，但它最大的缺点是无法解释太阳呈圆球形且自身旋转很慢这一特点。按星云说，太阳应是个形体很扁、旋转很快的天体。这一假说到20世纪初逐渐受到冷落，而其他一些假说，例如，灾变说、俘获说等随之兴起，但都存在明显的缺陷而遭到抛弃。

20世纪以来，科学的发展使天文学家对宇宙的了解更多了，这就能吸取星云说的合理部分进行新的解释。他们所设想的星云团的规模要大得多。在这样巨大的物质团中会产生一系列旋涡和碰撞，此外还考虑到太阳磁场的作用像制动闸一样，会使太阳自转减慢。这样从星云到太阳系的形成过程中，首先是银河星云中产生了太阳星云，然后是太阳星云变成了星云盘，星云盘在进一步收缩中，其中心和主要部分变成原始太阳，原始太阳因持续收缩不断增温形成能进行热核反应使其自身发光的恒星。星云盘的周围部分物质则通过集聚过程和吸积过程碰撞结合，先形成星子，然后扩大形成行星。

二、地球的结构

地球结构最重要的特征就是具有圈层结构。

（一）圈层结构的含义和组成

圈层结构是指地球从核心到外部由不同的圈层构成，每个圈层都有各自的物质成分、物质运动特点和物理化学等性质，厚度也各不相同，但都以地心为共同的球心，这些圈层又被称为同心圈层。地球具有的这种结构就被称为圈层结构。

以地球的固体表面为界，整个地球主要划分为外部圈层和内部圈层两大部分。外部圈层指地球外部离地表平均800 km以内的圈层，包括大气圈、水圈和生物圈。内部圈层指固体地球内部的主要分层，由地表到地心依次分为地壳、地幔、地核，其中地壳及地幔顶部是由坚硬的岩石所组成的，又称为岩石圈。

此外，在外部圈层之外，还存在着超外圈——磁层，起始于离地表600～1000 km，磁层顶在向太阳一侧为10.5个地球半径，在背向太阳一侧可延伸到几百至上千个地球半径。

地球存在一个特殊部分——"地球表层"，这是指内、外圈层相互接触处，也就是地球表面附近，上界以大气圈底部的对流层高度为限，平均10 km，下界到岩石圈的上部，即陆地往下5～6 km，海洋往下约4 km。这里的各圈层是相互渗透甚至相互重叠的，主要是生物圈、水圈、大气圈和岩石圈相互渗透、彼此交织在一起，也正是人类生存的环境，这部分就被称为地球表层。

（二）地球的外部圈层

地球的外部圈层指大气圈、水圈、生物圈，各圈层之间并没有明显的分界（图5-2-2）。

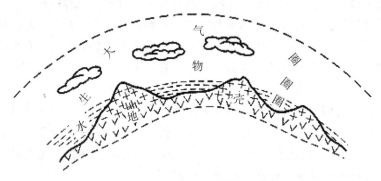

图5-2-2　地球外部圈层示意图

1. 大气圈

大气圈是地球外部圈层中的最外圈层。大气圈是地球海陆表面到星际空间的过渡圈层，没有明显的上限，一直可延续到800 km高度以上，但越向外大气越稀薄。

大气圈也可以分为若干个气体层，其中最重要的是底部的对流层，它的厚度不大，在两极是9 km，在赤道附近是17 km，并随季节变化而异，夏季增厚而冬季变薄。但大气总质量的70%～75%都集中在这一层内。人们所关心的天气变化、气候变异以及温室效应主要都发生在对流层。对流层以上，还有平流层、中间层、暖层和散逸层，它们各自具有不同的密度和温度特征。低层大气由干洁空气、水汽和尘埃微粒等组成，干洁空气是多种气体的混合物，但以氮和氧为主要成分，在其总体积中，氮占78.09%，氧占20.95%，余下的为氩（占0.93%）、二氧化碳（占0.03%）及微量其他气体。

大气圈对生物的形成、发育和保护有很重要的作用。生物生存离不开空气，特别是由于大气圈的存在，挡住了绝大多数飞向地球的陨石，拦截下太阳辐射中的大部分紫外线和来自宇宙的高能粒子流，保护地球生命免受外来的伤害。因此，大气圈是保护地球表面和生命的"盾牌"。

2. 水圈

水圈是指连续包围地球表面的水层，包括海洋、江河、湖泊、沼泽、冰川和地下水等，它是一个连续但不是很规则的圈层，既有液态水，也有气态水和固态水。

海洋水是水圈的主体，约占全球总水量的96.5%和全球面积的71%。陆地水大部分是固态水，即覆盖两极的冰原和高山冰川，而存在于河流湖沼的地表水是有限的。此外，在土壤中有土壤水，陆地深处有地下水。气态水存在于大气层中，其含量在水圈中微不足道，主要集中于大气圈的对流层中。陆地水以淡水为主，海洋水则含有丰富的盐分，其化学成分以氯（占海水1.9%）和钠（占1%）为主，此外还有Mg、S、Ca、K、C等。

水圈是地球特有的环境优势。水圈的运动和循环影响地球上各种环境条件的变化，影响各个圈层，使地球处在不断变化之中。如水体通过蒸发、降水、下渗和径流等形式构成水循环，直接影响大气的温度环流；水的径流对岩石圈表层"削高填低"，改造着地表形态。更重要的是水是生命过程的重要介质，是地球上的生命之源，没有水就没有生命，水对亿万种生命以及人类能在地球上生存和发展，具有决定性的意义。

3.生物圈

生物圈是太阳系所有行星中仅于地球上存在的一个独特圈层。生物圈是指地球表层生物有机体及其生存环境的总称，是一个有生命的特殊圈层。生物圈是一个和大气圈、水圈甚至地壳交织在一起的圈层，是有机体活动和影响的区域。地球上的生物就生活在岩石圈的上层、大气圈的下层和水圈的全部，其上限一般为7000～8000 m，其下限在大洋中的深度为10 000 m，在陆地上深度一般为100多米。有机界的组成除人类外，还有植物、动物和微生物，是极其丰富多彩的。生物之间相互依存和制约，共同构成整个生态系统。

生物圈是地球特有的圈层，它是地球大气、水和地壳长期演化、相互作用的结果，它又参与了对岩石、大气和水等其他圈层的改造，对地表物质的循环、能量转换和积聚具有特殊作用。例如，绿色植物能吸收大气层中的二氧化碳，增加氧气，形成臭氧层，调节气温；生物影响一些元素在水中的迁移和沉淀过程；生物体中的水通过吸收和排出以及在生命系统内部的运动，参与着水圈的循环；生物对岩石圈进行生物分化作用和生物成矿作用等。

由此可见，地球上外部圈层的大气圈、水圈和生物圈既是相互区别和相互独立的，又是相互渗透和相互作用的。

（三）地球的内部圈层

与可以直接观测到的地球外部各圈层相比，地球内部的情况是无法直接观测到的，科学家就使用人工地震等方法来进行研究，探测到地球内部是非均质体，各层物质的密度、压力、温度、物理状态和化学成分存在着明显差异。在地球内部发现了两个明显的地震波不连续界面，即莫霍面和古登堡面，由此将地球内部分为地壳、地幔和地核三个同心圈层（图5-2-3）。

1.地壳

地壳是从地表到莫霍面的圈层，是地球表面的一层薄壳。厚度不均匀，大陆地壳厚，平均厚度约为35 km；而海洋地壳薄，约为7 km。地壳的体积占整个地球体积的1%，质量占整个地球质量的0.4%，密度仅为地球平均密度的1/2。地壳与人类关系密切，对人类危害极大的大陆浅源地震，就产生于此层。

地壳由低密度的富铝硅酸盐岩石组成，又可分为硅铝层和硅镁层两层，硅铝层为大陆地壳所特有，海洋地壳并没有这一层。因此地壳又可分为双层结构的大陆型地壳和单层结构的大洋型地壳。

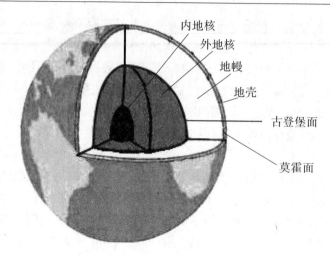

图 5-2-3　地球内部圈层

2. 地幔

地幔是从莫霍面到古登堡面之间的圈层，介于地壳和地核之间。古登堡界面位于地球内部约 2900 km 的深处。地幔的体积约占地球总体积的 83%，质量占地球总质量的 68%，密度向内逐渐增大。地幔可分为上地幔、下地幔，其主要由中等密度、固态富铁镁硅酸盐岩石组成。在距地球表面以下平均深度 60～400 km 处的上地幔上部有一层柔性的软流圈，它位于岩石圈之下，是地震和火山等现象的根源。

3. 地核

地核指古登堡界面以下直至地心的地球核心部分，半径约为 3400 km，质量和体积分别为整个地球的 31.5% 和 16%，密度极高，温度也随深度而上升，在地心可达到 5500～6000 K。地核可分为外核和内核两部分，其主要由高密度的铁镍合金组成。

综上所述，地球是由不同的圈层构成的（表 5-2-1），但并不是每一圈层机械的拼接，而是各个圈层相互接触、紧密联系、综合影响的一个整体。

表 5-2-1　地球圈层的基础数据

圈层	厚度（km）	体积（10^{27} cm³）	平均密度（g/cm³）	质　量	
				（10^{27}g）	（%）
大气圈	3.8	0.00137	1.03	0.00141	0.024
水圈					
生物圈					
地壳	35	0.015	2.8	0.043	0.7
地幔	2865.0	0.892	4.5	4.054	67.8
地核	3471.0	0.175	10.7	1.876	31.5
全部地球	6371.0	1.083	5.52	5.976	100.00

四、地球圈层的形成

约46亿年前，原始地球诞生了。从原始地球诞生之时起，也就开始了地球圈层的形成和发展演变的过程。

（一）地球内部圈层的形成和演变

从太阳星云分化出来的最初阶段，原始地球上各种物质混杂，并没有明显的分层现象。此时温度很低，物质以固态存在。随着地球内部放射性物质衰变产生能量的大量积聚，地球温度逐渐升高，地球内部的物质逐渐具有可塑性甚至呈融熔状态。在地球重力作用下，构成原始地球的各种物质发生分异，重物质下沉，轻物质上升，发生了圈层的分化。地球表层物质由于放热冷却固结成岩，出现一层硬壳而形成地壳，地球内部物质则进一步分化，出现不同层次。

（二）大气圈和水圈的形成和演变

在地球分化过程中原先在地球内部的各种气体上升到地表，受地球引力作用集聚在地壳外围而成为原始大气圈，其主要成分是CO_2、CO、CH_4、NH_3等。而原先以结晶水形式存在于地球内部的大量水随着地内温度的升高成为水蒸气，通过火山活动进入大气层，最终以降雨的形式到达地面形成原始的水圈。

（三）生物圈的形成和演变

约35亿年前，原始生命产生于原始海洋之中。从无生命物质到生命的转化是一个极为缓慢的过程，在太阳的紫外线、大气的电击雷鸣、地下的火山熔岩等作用下，原始大气中存在的CH_4、NH_3、H_2O蒸气和H_2合成简单的有机物，最终在海洋中产生了生命。最初是异养细菌，靠水中有机物进行无氧呼吸。而后发展到自养生物，能进行光合作用，利用太阳能吸收矿物质营养和二氧化碳，放出氧气时，生物对地球自然环境的发展就产生了重大影响：改变了原始大气的成分，使大气中氧的含量增加；原始生物从厌氧生物发展成好氧生物，逐渐形成生物圈；有机体的发展增加了太阳能在地球表层的存储，改变了地球表层的组成和结构。到4亿年前出现了生物的大发展，生物从海洋登上陆地，生物的数量和种类开始了大幅度的增长，在陆地和海洋都出现了动植物的大繁荣，进而发展成为完善的地球生物圈，使地球的自然环境出现了明显的变化。

生物圈形成以后，整个地球仍然在发展变化着。特别是大约300万年前，作为高等动物的人类的出现，开始了地球发展演化的新阶段，这是影响地球自然环境的重大飞跃。

五、板块构造理论

板块构造理论的形成，是在大陆漂移学说、海底扩张学说的基础上发展起来的，也是科学技术不断进步的结果。

（一）大陆漂移学说

1915年魏格纳出版了《大陆和海洋的起源》一书，书中提出了系统的大陆漂移学说。魏格纳观察到非洲西海岸的轮廓与南美洲东海岸的轮廓非常相似，他以古气候、古冰川、古生物以及地质构造和大洋两侧的岩石相吻合等依据，提出今天所知的南北美洲大陆、非洲大陆、欧亚大陆、南极大陆等是由大约23亿年前的一块"超级大陆"分裂，经过漫长岁月的移动最终形成的。也就是说，今天的大陆是在地质历史中大规模的水平移动造成的。这一学说与传统的大陆固定论针锋相对，轰动一时。但由于魏格纳未能提出一个真正使人信服的漂移机理，以及该假说中存在的一些矛盾和缺陷，使这一假说一度遭到冷落。

（二）海底扩张学说

20世纪50年代以后，由于现代科学技术特别是海洋探测技术的飞速发展，地球科学家们从陆地转向海洋，开始了对海洋盆地以及洋底岩石学的研究。科学家逐渐揭示出洋底的基本面貌，如发现了全球性的洋脊系统和洋底离大洋中脊越远的火山岛年龄就越老的现象。1960—1962年间，美国地质学家赫斯（H. Hess）和迪茨（R. S. Dietz）提出了"海底扩张说"，这个学说以地幔对流说为基础，认为地球内部的地幔物质在大洋中部上涌，向两边溢流，并推开旧有的洋底物质逐渐向两侧对称地扩张，形成新的洋底，旧的洋壳则在大洋两侧海沟处俯冲入地幔深处消失。这就解释了大陆漂移的机制，是大陆漂移学说的重要发展。同时，古地磁的研究成果也提供了重要的证据，科学家发现大洋中部两侧存在着相间排列的磁异常条带，有证据说明大陆或海底的位置是经历过相对移动的。

（三）板块构造学说

1968年，法国地质学家勒·皮雄（X. L. Pichon，1937年—）等结合当时已经发现的诸多新的地质现象，把大陆漂移和海底扩张的概念发展成为著名的"板块构造说"。板块构造说提出后，又被许多科学家不断予以完善。现代地球科学以板块构造学说的建立为标志，进入了新的理论发展时期。

板块构造学说的基本观点是：

1. 岩石圈板块是在软流圈上滑动的

地球内部圈层的最上部沿垂直方向可划分为两层：上层是坚硬的岩石圈（包括地壳和上地幔一部分），其下部为部分熔融的软流圈。岩石圈分为若干个刚性板块，每一个板块都"浮"在软流圈之上，这样岩石圈板块就可以在软流圈上滑动，大陆漂移实际上就是板块滑动的结果。这些板块以每年1～10 cm的速度在移动。

2. 地球的岩石圈划分为六大板块

岩石圈分为若干个板块，各个板块可以不断移动相互挤压，而各个板块内部则相对比较稳定。全球岩石圈可以划分为六大板块（图5-2-4）：亚欧板块、非洲板块、美洲板块、印度洋板块、南极洲板块和太平洋板块。岩石圈板块的厚度一般是70～100 km，在洋中脊其厚度不足10 km。

3. 地球板块之间在相互运动

相对于比较稳定的板块内部，板块与板块之间在不断活动。板块相对移动而发生的张裂或彼此碰撞，形成了地球表面的基本面貌。今天地球表面所看到的深谷或隆起的高山，都与板块运动密切相关。

板块与板块在相互运动中可以分为三种状态（见图5-2-5）：

（1）彼此远离的分离型板块

　　这是由于板块张裂、彼此远离形成的，造成了裂谷或海洋，如东非大裂谷和大西洋就是这样形成的，大洋底部的海岭就是分离型板块的边界。

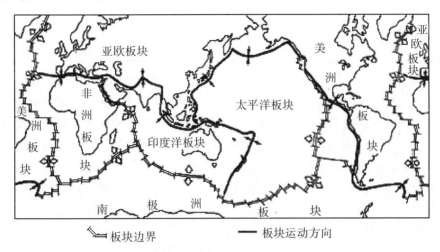

图5-2-4　地球板块构造

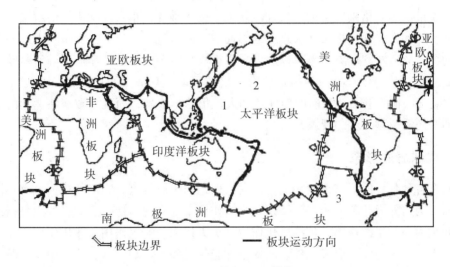

1.汇聚型　2.分离型　3.转换型
图5-2-5　地球板块之间的运动

（2）彼此接近的汇聚型板块

　　这是由于板块相撞、挤压造成的。如果是大洋板块和大陆板块相撞，大洋板块较薄，便俯冲到大陆板块之下，两者之间形成海沟，这是海洋中最深的地方；而大陆板块则上拱隆起，成为岛弧和海岸山脉。例如太平洋西部边缘的深海沟——岛弧链是太平洋板块与亚欧板块相撞形成的。如果是两个大陆板块彼此碰撞，汇聚型板块边界就成为大陆与大陆间的冲突带，有可能形成巨大的山脉，例如喜马拉雅山脉就是亚欧板块和印度洋板块碰撞产生的。

（3）彼此交错的转换型板块

边界两侧的板块相互移动交错，最具代表性的是沿北美大陆西海岸分布的圣安德烈斯断层，这是在太平洋板块和北美大陆板块间形成的。

4. 板块作用的驱动力是地幔对流作用

地幔对流体存在于岩石圈之下，对流体上升的地区正对应着大洋的海岭，在对流体的作用下，海底岩石受力破裂，地幔物质上升到达顶部冷却凝结而形成海岭，以后继续上升的地幔物质从海岭顶部的巨大开裂处涌出，形成新的大洋地壳，又把早先形成的大洋地壳以每年几厘米的速度推向两边，使海底不断更新和扩张。地幔对流体汇聚处往往对应着扩张的大洋地壳遇到大陆地壳处，大洋地壳便俯冲到大陆地壳之下的地幔中，逐渐熔化消亡。海沟和岛弧就对应着大洋板块下沉消融的地方。

根据海底扩张和板块构造理论，今天的大洋盆地是由海底扩张作用而诞生的，海洋中由于洋壳分裂，地幔物质涌出，会形成新的大洋壳，因此，洋壳是不断更新的，不会有比2亿年更古老的大面积海底。而地球上的大陆则形成久远，最古老的陆地年龄在37亿年以上。大陆表面可以破裂变形，可以移动聚合，但不会消亡。

由于板块构造学说的发展，一些被视为不解之谜的许多地球活动现象得到了解释。板块构造学说证实了魏格纳提出的"大陆漂移说"的正确性，很长时间里不能解决的"大陆漂移"原动力问题，凭借板块运动理论迎刃而解。同时位于"环太平洋带"上的大地震和火山活动等十分活跃的现象，也可以用太平洋板块与周围板块的相互作用得到解释。

然而，板块构造学说并没有搞清所有的地球活动，它证实的只是历经46亿年的地球历史中最近2亿年的事实，此前的地球活动人类仍然不清楚，而且导致板块运动的地幔深处的活动，还需要进一步的观测与研究。

六、地球表面形态

地面有各种各样的形态，有大陆与洋盆、山地与平原等等，它们的成因虽有不同，但都是地球内力与外力斗争与统一的结果。内力作用主要表现为地壳运动；外力是指地表受太阳能和重力而产生的作用，包括风化作用、重力作用、流水作用、冰川作用、风力作用和波浪作用等。内力作用形成地球表面的基本起伏，如大陆和洋盆、构造山系与凹陷盆地等，对地表形态的形成和发展起决定性作用。外力作用主要是不断地对内力产生的隆起部分进行侵蚀，并将侵蚀下来的碎屑物质搬运、堆积到沉降的低地、湖盆或海盆中去，因而形成各种侵蚀地貌和堆积地貌。外力在不断地改变和修饰内力作用产生的原生起伏，而内力也不断发生运动并加速或减弱外力作用。内外动力相互斗争、相互消长、此起彼伏的过程，也就是地貌不断发展和演变的过程。

地表形态是内力和外力共同作用的效果，它时刻在变化着。根据地貌形态分类系统，地表形态可以分为以下两大类。

（一）陆地地貌形态

1. 山地

山地是指陆地上平均海拔大于500 m的地表形态，由山顶（山脊）、山坡和山麓三个部分组成。山顶是山地的最高部分，形态复杂多样，有尖顶、圆顶、平顶等，呈线状延伸的称为山脊。山坡指山顶和山麓之间的坡度，是山地最重要的组成部分，面积相对较大，集中了大多数现代地貌过程，可以反映山地的演化历史和新构造运动性质。山麓是山地和周围平地间的过渡地带，宽度有大有小，一般为较厚的松散堆积物所覆盖。根据山地的绝对高度、相对高度和山坡坡度，可以将山地做次一级的形态类型划分（表5-2-2）。

表5-2-2 山地的分类

形态类型	绝对高度/m	相对高度/m	山坡坡度/°
极高山	>5000	>1000	>25
高山	3500～5000	500～1000	>25
中山	1000～3500	500～1000	10～25
低山	500～1000	500～1000	<10

山地是大陆的基本地形，分布十分广泛。尤其是亚欧大陆和南北美洲大陆分布最多。我国的山地大多分布在西部，喜马拉雅山、昆仑山、唐古拉山、天山、阿尔泰山都是著名的大山。

2. 高原

海拔较高、地面起伏不大的地表形态叫高原。高原是在长期连续大面积的地壳抬升运动中形成的，高原海拔一般在1000 m以上，面积广大，地形开阔，周边以明显的陡坡为界。高原与平原的主要区别是海拔较高，它以完整的大面积隆起区别于山地。高原以较大的高度区别于平原，又以较大的平缓地面和较小的起伏区别于山地。有的高原表面宽广平坦，地势起伏不大；有的高原则山峦起伏，地势变化很大。世界上最高的高原是中国的青藏高原，面积最大的高原为巴西高原。高原海拔高，气压低，氧气含量少，利用这一低压缺氧环境，可提高人体的体力耐力素质，故其成为体育界耐力训练的"宝地"。另外高原地区接受太阳辐射多，日照时间长，太阳能资源非常丰富。

3. 平原

由平坦或微起伏的低地势组成的一种地表形态叫平原。平原的主要特点是地势低平，起伏和缓，相对高度一般不超过50 m，坡度在5°以下。平原是陆地上最平坦的地域，海拔一般在200 m以下。平原地貌宽广平坦，起伏很小，它以较小的起伏区别于丘陵，以较小的高度区别于高原。平原是地壳长期稳定、升降运动极其缓慢的情况下，经过外力剥蚀夷平作用和堆积作用形成的。平原的类型较多，按其成因一般可分为构造平原、侵蚀平原和堆积平原，但大多数平原的形成一般都是河流冲积的结果，如长江中下游平原就是冲积平原。堆积平原是在地壳下降运动速度较小的过程中，沉积物补偿性堆积形成的平原。洪积平原、冲积平原、海积平原都属于堆积平原。侵蚀平原，也叫剥蚀平原，是在地壳长期稳定的条件下，风化物因重力、流水的作用而使地表逐渐被剥蚀，最后形成的石质平原。侵蚀平原一般略有起伏，如我国江苏徐州一带的平原。构造平原是因地壳抬升或海面下降而形成的平原，如俄罗斯平原。

4. 丘陵

一般海拔在200～500 m，相对高度一般不超过100 m，坡度在15°以下，分布零散孤立、没有明显脉络的隆起高地叫丘陵。丘陵的类型多样、成因复杂。丘陵在陆地上的分布很广，一般是分布在山地或高原与平原的过渡地带，在欧亚大陆和南北美洲，都有大片的丘陵地带。我国的丘陵约有100万 km²，占全国总面积的1/10。

5. 盆地

盆地是四周高（山地或高原）、中部低（平原或丘陵）的盆状地表形态。盆地主要是由于地壳运动形成的。在地壳运动作用下，地下的岩层受到挤压或拉伸，变得弯曲或产生了断裂就会使有些部分的岩石隆起，有些部分下降，如下降的那部分被隆起的那些部分包围，盆地的雏形就形成了。这种由地壳构造运动形成的盆地，称为构造盆地。如我国新疆的吐鲁番盆地、江汉平原盆地。另一种是由冰川、流水、风和岩溶侵蚀形成的盆地，称为侵蚀盆地，如我国云南西双版纳的景洪盆地，主要由澜沧江及其支流侵蚀扩展而成。

（二）海洋地貌形态

1. 大陆架

大陆架又称大陆棚、大陆浅滩，是陆地向海洋的自然延伸部分，地面平坦，起伏和缓，坡度较小，水深不大。现在国际上公认大陆架是沿海国家领土的自然延伸，宽度变化为0～1300 km，平均宽度为75 km。我国大陆架的宽度由100 km至500 km不等，水深一般为50 m左右，最大水深约为180 m。

2. 大陆坡

大陆坡又称大陆斜坡，是大陆架向深海的过渡地带，宽度为18～80 km，坡度一般为3°～6°。

海沟大陆坡向大洋一侧的深度很大的海底沟谷称为海沟。海沟比相邻海洋盆地深2～3 km，宽度为100～150 km。

3. 洋脊、洋隆和海岭

洋脊即大洋中脊，是大洋底部的巨大山脉，双坡陡峻。中央有裂谷存在，将山脉断裂为两个平行山峰，相对高度在3000 m以上，长度达8万 km。洋隆是两坡较缓、顶部裂谷不明显的洋底山脉。洋脊和洋隆都有不同强度的构造地震活动。在洋底还有一些没有构造地震活动的小型山脉，称为海岭。

4. 洋盆

洋盆是指位于洋脊和海沟之间的面积广大、比较平坦的大洋洋底，平均深度为4～5 km。

七、地球的运动

地球的运动有许多种，其中最显著的是地球的自转和公转。

（一）地球的自转

地球绕着假想的地轴不停地旋转，这是地球的自转。地球自转是地球的一种重要运动形式，它具有确定的方向、周期和速度。地球自转的方向是自西向东。如果在北极上空俯视，其方向是逆时针的；如果在南极上空俯视，其方向是顺时针的。

地球的自转周期，指地球自转一周所用的时间。由于所用的标准不同，地球的周期也不同。当用遥远的恒星做标准时，天空某一恒星两次经过同一子午线的时间间隔为一个恒星日。一个恒星日等于 23 h 56 min 4 s，这是地球自转的真正周期。当用太阳做标准时，太阳两次经过同一子午线的时间间隔为一个太阳日，即 24 h。由于地球在自转的同时还在绕日公转，一个太阳日地球要自转 360°59′，比恒星日多出 59′，所以时间上比恒星日多 3 min 56 s（如图 5-2-6）。

地球自转的速度有角速度和线速度之分。地球自转的角速度约为 15°/h。地球自转的线速度是单位时间内地球某点所经过的线距离，线距离因纬度而异，在地球赤道上的自转线速度最大，为 465 m/s。

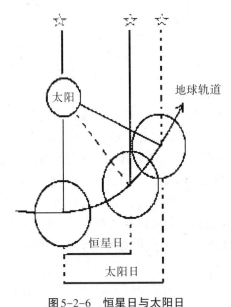

图 5-2-6　恒星日与太阳日

（二）地球的公转

地球在自转的同时，还自西向东绕太阳做旋转运动，这就是地球的公转。

1. 地球公转的特点

地球公转具有严格的轨道、周期和速度。

地球公转的路线叫作公转轨道。它是近似正圆的椭圆轨道。太阳位于椭圆的一个焦点上。由于地球轨道是椭圆形的，随着地球的绕日公转，日地之间的距离就不断变化。地球轨道上距太阳最近的一点，即椭圆轨道的长轴距太阳较近的一端，称为近日点。在近代，地球过近日点的日期大约在每年 1 月初。此时地球距太阳约为 14710 万 km，通常称为近日距。地球轨道上距太阳最远的一点，即椭圆轨道的长轴距太阳较远的一端，称为远日点。在近代，地球过远日点的日期大约在每年的 7 月初。此时地球距太阳约为 15210 万 km，通常称为远日距（如图 5-2-7）。近日距和远日距二者的平均值为 14960 万 km，这就是日地平均距离，即 1 个天文单位。

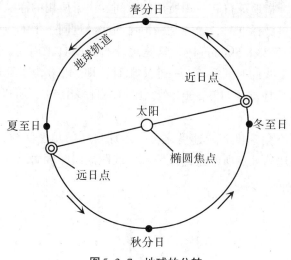

图 5-2-7 地球的公转

地球绕太阳公转一周所需要的时间，就是地球公转周期。笼统地说，地球公转周期是一年。由于所选取的参考点不同，则"年"的长度也不同。常用的周期单位有恒星年和回归年。若以恒星为参考点而得到的地球公转周期就是恒星年，它是地球公转360°的时间，是地球公转的真正周期。用日的单位表示，其长度为365.2564 d。如果以地球上春分点为参考点，从地球上看，太阳中心连续两次过春分点的时间间隔，称为回归年。春分点是黄道和天赤道的一个交点，它在黄道上的位置不是固定不变的，每年要向西移动50.29″，因此；一个回归年的时间为365.2422 d，比恒星年要短，显然，回归年不是地球公转的真正周期。

2. 黄赤交角及其影响

地球的自转轴与其公转的轨道面成66°34′的倾斜角。人们有时形象地比喻地球"斜着身体"绕太阳公转。地球的自转同它公转之间的这种关系，天文学和地理学上通常用它的余角（23°26′），即赤道面与轨道面的交角来表示；而在地心天球上，则表现为地球公转轨道面（黄道面）与赤道面（天赤面）的交角，并被称为黄赤交角（图5-2-8）。黄赤交角的存在，具有重要的天文和地理意义。

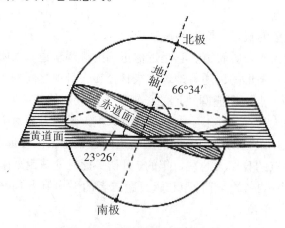

图 5-2-8 地轴倾斜与黄赤交角

由于黄赤交角的存在，在地球绕日公转的过程中，太阳有时直射北半球，有时直射南半球，有时直射赤道。太阳直射点在北纬23°26′到南纬23°26′之间来回移动。当太阳直射点北移到北纬23°26′（北回归线）时，其时令正是北半球的夏至日（6月22日前后）。此后，太阳直射点南移。到9月23日前后，太阳直射点移到赤道，这一天是北半球的秋分日。太阳直射点继续南移，12月22日前后，太阳直射点到达南纬23°26′（南回归线）处，此时为北半球的冬至日。以后，太阳直射点北返，当3月21日前后太阳直射点再次移到赤道，这一天是北半球的春分日。过后，太阳直射点继续北移，6月22日前后太阳直射点又移到北纬23°26′（北回归线）。这样，地球以一年为周期绕太阳运转，太阳直射点相应地在地球赤道两侧南北回归线之间往返移动。

（三）地球运动的地理意义

地球运动的地理意义主要表现在以下两方面：第一，地球自转和公转决定了太阳辐射在地球上的季节变化和纬度分布，从而决定了地球上的四季和五带；第二，地球自转和公转都是周期性的现象，利用它们的周期性，人类创造了计时制度和历法制度。

1.四季和五带

太阳直射点的南北移动，造成了全球昼夜长短和正午太阳高度的季节变化和纬度差异，从而在地球上产生了四季和五带。

（1）四季

地球运行从春分点到秋分点，是北半球的夏半年和南半球的冬半年，此时太阳直射在北半球，北半球昼长夜短，正午太阳偏高；南半球的情况则正好相反。北极地区有极昼现象，南极地区有极夜现象。从秋分点到春分点，是北半球的冬半年和南半球的夏半年，此时太阳直射在南半球，南半球昼长夜短，正午太阳偏高；南极地区有极昼现象。在这基础上将全年划分为四季，每季3个月，太阳在黄道上运行90°。夏季是一年中白昼最长、太阳最高的季节，冬季则相反，春秋两季是冬夏间的过渡季节（图5-2-9）。

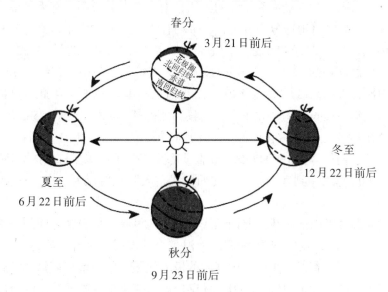

图5-2-9　四季的产生

①春季

以地球在春分点时为本季的中点，前、后各一个半月为始终点。春分日一般指3月21日，这一天正午太阳直射点正好落在赤道上，那里太阳高度为90°，在两极点太阳光线擦掠而过。整个春季太阳直射点从南半球经赤道移到北半球。在我国中纬度地区，本季太阳高度居中，天气逐渐转热。

②夏季

以地球在夏至点时为本季的中点，前、后各一个半月分别为始点、终点。夏至日一般指6月21或22日，此时正午太阳直射点正落在北回归线上，这是太阳直射点的最北位置，在北极圈内出现了极昼，在南极圈内则出现了极夜。整个夏季太阳直射点由南向北移到北回归线后又转向南。在我国中纬度地区，本季太阳高度为最大，昼长夜短，天气炎热。

③秋季

以地球在秋分点时为本季的中点，前、后各一个半月。秋分日一般指9月23日，太阳照射情况类似春分日。整个秋季太阳直射点从北半球经赤道移到南半球。本季我国大部分地区秋高气爽，但逐渐变冷。

④冬季

以地球在冬至点时为本季的中点，前、后各一个半月。冬至日一般指12月22日，正午太阳直射点正落在南回归线上，这是太阳直射点的最南位置，此时在南极圈内出现了极昼，在北极圈内出现了极夜。整个冬季太阳直射点由北向南到南回归线后又转向北。在我国冬季太阳高度为最小，昼短夜长，北方天气寒冷。

（2）五带

地球上的五带指热带、南温带、北温带和南寒带、北寒带。这是天文上的分带，是以正午太阳高度和昼夜长短为标准确定的纬度地带。这种划分不考虑地表的差异，只强调太阳的光照情况。划分五带的纬度界线是南回归线、北回归线和南极圈、北极圈，南回归线、北回归线是太阳直射点最南和最北的界线，南极圈、北极圈是有无极昼和极夜现象的纬度界线，这四条界线将地球分为五带，各带均有明显的天文特征（图5-2-10）。

热带是南回归线、北回归线之间的地带，即南纬23°26′—北纬23°26′之间的低纬地区，热带占全球总面积的39.8%。本带内最大的天文特征是除南回归线、北回归线外，太阳每年直射两次；太阳高度最大值为90°，最小值也不小于43°8′。因此，热带得到最强烈的太阳光照，全年昼夜长短的变化不大，白昼和黑夜都不会长于13 h 25 min，也不会短于10 h 35 min。在赤道上两次太阳直射之间的间隔最长，达半年（分别在春分日和秋分日），且终年昼夜等长。越向南回归线、北回归线靠近，两次太阳直射的间隔越短，而昼夜长短的变化幅度越大。到南回归线、北回归线，太阳直射仅为一次，昼夜长短相差2 h 50 min。

南温带、北温带是南回归线、北回归线分别与南极圈、北极圈之间的地带，即南、北纬23°26′～66°34′之间，宽度均为48°8′。南温带、北温带的面积占全球总面积的51.9%。温带地区太阳终年不会直射，正午太阳高度的极大值随纬度的增加而降低，到南极圈、北极圈正午太阳高度的极大值仅为46°52′。昼夜长短的变化幅度则随纬度的增加而显著地增大，南回归线、北回归线上的2 h 50 min到南极圈、北极圈时可扩大到24 h。

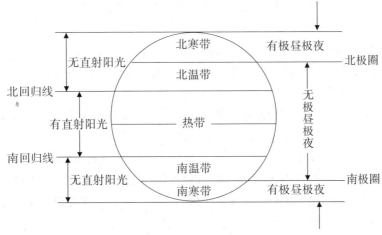

图5-2-10　五带的划分

南寒带、北寒带是南极圈、北极圈分别到南极、北极之间的高纬地带，即从纬度66°34′～90°之间。寒带的面积是五带中最小的，仅占地球总面积的8.3%。寒带最显著的天文特征是出现极昼和极夜现象，夏季出现极昼，冬季出现极夜。但不同纬度极昼和极夜的天数差别很大，在南极圈、北极圈上全年只有一天极昼和极夜，到南、北两极极昼和极夜就各有约6个月。另一现象是太阳高度很小。极昼期间尽管太阳终日不落，太阳却始终很低。寒带内白昼光照强度低，终年得不到充足的太阳辐射是其寒冷的真正原因。

南温带、南寒带和北温带、北寒带的天文特征是共同的，但出现这些特征的时间则相差半年。同一时间出现的特征是相反的，当北温带是昼长夜短的夏季时，南温带则是昼短夜长的冬季；同样，当北寒带出现极昼现象时，南寒带则出现极夜现象。

2. 昼夜长短

地球上昼半球和夜半球的分界线（圈），叫作晨昏线（圈）。晨昏线把所有的纬线分割成昼弧和夜弧。地球不停地自转，昼夜也不断地交替。同时地球不停地公转，由于黄赤交角的存在，在同一季节，不同纬度的昼弧和夜弧的长度不同；在同一纬度，昼弧和夜弧的长度随季节而变化。

就昼夜长短的纬度分布而言，春分、秋分日，太阳直射点在赤道，晨昏线正好通过两极，地球上所有地方的昼夜长短都相等，各为12 h。夏至日，太阳直射点在北回归线，在北半球，除赤道地区昼夜等长外，其他地区昼夜长度不等。纬度越高昼越长而夜越短。在北极圈内，太阳整天不落，称为"极昼"。与此同时，在南半球，纬度越高昼越短而夜越长。在南极圈内，太阳整天不升起，称为"极夜"。冬至日，太阳直射点在南回归线，除赤道地区昼夜长度仍然相等外，南北半球的昼夜长短的变化，与夏至日正好相反。

就昼夜长短的季节变化而言，赤道以北的纬度带，每年夏至前后，昼长达到最大值，每年冬至前后，昼长达最小值。例如，北纬40°，夏至日白昼长14 h 52 min；冬至日为9 h 8 min；春分、秋分日各为12 h。

3. 历法和时间

历法和时间是人们日常使用的两个时序系统。历法所计量的是长时间，包括年、月、日的问题；时间所计量的则是短时间，指的是时、分、秒的问题。

（1）历法

历法根据天文周期，具体规定全年的天数、各年的月数、各月的日数及相互间的关系，并使每一日都有一个序号（即日期），以表明其所从属的年份和月份，这样的号码称为历日，如2014年8月22日。

历法是人们在生产劳动中逐渐创造和完善起来的，其依据最主要的是天文现象，特别是朔望月和回归年的观测。人们主要创立了三种历法：阴历、阴阳历和阳历。

阴历创立最早，主要成分是历月，是根据朔望月的长度来安排的：大月30日，小月29日，平均历月等于朔望月即29.5306日，积12个历月为1历年，仅为354日。阴历的最大缺陷在于它的月份不能准确地表示季节变化的周期，因此，现在除信奉伊斯兰教的国家和地区采用阴历外，其他国家和地区均已不再使用。

阴阳历是改良的阴历，它的历月与阴历相同，它的历年则兼顾朔望月和回归年。阴阳历每一历年在平年有12个历月，在闰年则有13个历月，这使得平均历月仍等于朔望月，而平均历年等于12.3688朔望月，即365.2422日，相当于一个回归年。这种历法既有明确的月相意义，也兼顾了季节含义。我国的传统历法夏历（或称农历）就是一种阴阳历。但阴阳历的缺陷在于平年和闰年相差的日数太多（达29～30日），于是就有阳历的出现。

在阴阳历中，还根据太阳的位置，把一个太阳年分成二十四个节气，即：立春、雨水、惊蛰、春分、清明、谷雨、立夏、小满、芒种、夏至、小暑、大暑、立秋、处暑、白露、秋分、寒露、霜降、立冬、小雪、大雪、冬至、小寒和大寒等24个节气。纪年用天干地支搭配，六十年周而复始。这种历法相传创始于夏代，所以又称为夏历、旧历。二十四节气的创立是我国古代劳动人民智慧的结晶，与农业生产实践密切相关。因此，二十四节气一直在我国农村广泛使用。

阳历又称公历、格里历，是当前世界各国通行的历法。阳历严格以回归年的日数作为依据，它的主要成分是历年。历月从历年派生出来，不再与朔望月相联系。这样阳历的历月和历日都具有确切的季节含义。阳历的平均历年为回归年，即365.2422日，平年为365日，每四年安排一个闰年，为366日，但每400年中要减少3个闰年，即400年97闰。具体安排为凡是能被4整除的年份都是闰年，但其中能被100整除却不能被400整除的年份不是闰年。全年分为12个历月，1、3、5、7、8、10、12月为31日，4、6、9、11月为30日，2月为28日或29日。

阳历仍有一定的缺陷，如历月的日数安排和大、小月分布不均匀，平均历年与回归年之间仍有微小的差值，岁首的安排不科学（无天文学意义）等。现在有人提出了"世界历"和"十三月历"的改历方案，但尚无定论。

（2）时间

时间计量一般包含时刻和时段两个概念。前者是指时间的迟早，后者是指时间的间隔。这里主要说的是时刻。时间的度量以地球自转和公转为标准，并由此定出时间单位。

日是计量时间的基本单位，通常的日是指平太阳日，即太阳周日视运动的平均周期，这是以地球自转为基础的，它的长度比较稳定。日可分为时、分、秒，一个平太阳日等分成24个平太阳时，一个平太阳时等分成60个平太阳分，一个平太阳分等分成60个平太阳秒。

在地球上各地因所处经度的不同，时刻是不一致的。当北京在早晨六时迎接黎明时，莫斯科则午夜刚过。时刻分地方时和标准时两种。

地方时是指本地或本经度的时间，这是根据太阳的位置确定的时刻，在北半球把太阳正南的时刻作为中午12时。很显然在不同的经线上各地都有自己的正午时刻。地方时因地方经度差异而不同，经度相差1°，地方时刻相差4分；经度差1′，地方时刻相差4秒。不同的地方时给人们的交往和联系带来不便，为适应国际交流和科学技术的发展，需要建立统一的国际时间计量系统，这就规定了标准时。

标准时是指一定时区共同使用的时间，又分为区时和法定时。为了克服时间上的混乱，1884年，在华盛顿召开的国际经度会议上，规定将全球划分为24个时区。它们是中时区（零时区）、东1—12区、西1—12区。每个时区横跨经度15°，时间正好是1小时。最后的东、西第12区各跨经度7.5°，以东、西经180°为界。每个时区的中央经线上的时间就是这个时区内统一采用的时间，称为区时。相邻两个时区的时间相差1小时。例如，我国东8区的时间总比泰国东7区的时间早1小时，而比日本东9区的时间晚1小时。因此，出国的人，必须随时调整自己的手表，才能和当地时间相一致。凡向西走，每过一个时区，就要把表向前拨1小时；凡向东走，每过一个时区，就要把表向后拨1小时。实际生活中往往出现1个国家或1个省份同时跨着2个或更多时区，为了照顾到行政上的方便，常将1个国家或1个省份划在一起。所以时区并不是按南北直线来划分，而是按自然条件来划分。例如，我国幅员宽广，差不多跨5个时区，但实际上只以东8时区的标准时即北京时间为准。

格林尼治时间，也称世界时，即格林尼治所在地的标准时间。我们知道各地都有自己的地方时间，就会感到不便。因此，天文学家就提出一个大家都能接受且又方便的记录方法，那就是以格林尼治的地方时间为标准。格林尼治是英国伦敦南郊原格林尼治天文台的所在地，它又是世界上地理经度的起始点。对于世界上发生的重大事件，都以格林尼治的地方时间记录下来。一旦知道了格林尼治时间，人们就很容易推算出相当的本地时间。例如，某事件发生在格林尼治时间上午8时，我国在英国东面，北京时间比格林尼治时间要早8小时，我们就立刻知道这次事情发生在相当于北京时间16时，也就是北京时间下午4时。

区时的使用，使地球上的时间井然有序。但是，既然越往东时间来得越早，那么，哪里才是新的一天的开始呢？为了解决这个问题，国际上规定，原则上以180°经线作为地球上"今天"和"昨天"的分界线，叫作"国际日期变更线"，简称"日界线"。人们规定，在日界线西侧以东12区早24小时。也就是说，东、西12区钟点相同（同为一个时区），但日期正好相差一天。因此，若从日界线以西到日界线以东，日期要减一天；反之，从日界线以东到日界线以西，日期要加一天。

为了照顾180°经线附近一些地区和国际使用日期的方便，日界线避免通过陆地，因此，它不完全在180°经线上，而有几处曲折。

第三节 天气与气候

天气与气候是发生在地球大气圈的现象，对人类活动有着十分重大的影响。影响天气、气候形成和演变的直接因素是大气的运动。大气时刻不停地运动着，它既有水平运动，又有垂直运动，这样的运动使不同地区不同高度的热量和水分得以传输和交换，并造成各地不同的天气现象和气候特征。

一、大气

（一）大气的组成

地球上的大气是由多种气体组成的混合物，它主要包含干洁空气、水汽和固体杂质。干洁空气包括氮、氧、氩、二氧化碳等，其容积含量占全部干洁空气的99.99%以上。其余还有少量的氢、氖、氦、氙、臭氧等。水汽是呈气态的水，大气中的水汽来源于地面水体和陆地表面的蒸发与植物的蒸腾，其含量因时因地而异，按容积计算其变化范围一般在0～4%之间，热带多雨地区可达4%，寒冷干燥地区几乎接近零。其垂直分布主要集中在离地面2～3 km的大气层中，高度愈高，水汽愈少。大气中除气体成分以外，还有很多液体和固体杂质或微粒，其半径一般在10^{-2}～10^{-3} cm。杂质是指来源于火山爆发、尘沙飞扬、物质燃烧的颗粒、流星燃烧所产生的细小微粒和海水飞溅扬入大气后而被蒸发的盐粒，还有微生物的孢子和植物的花粉等。它们多集中于大气的底层。

（二）大气的垂直分层

大气的底界是地面，大气的上界没有明显的范围。从地面到2000～3000 km高空，大气的成分、温度、密度等物理性质都有明显的差异。根据大气温度随高度分布的特征，可把大气分成对流层、平流层、中间层、暖层和散逸层。

1. 对流层

对流层是大气的最下层，其高度因纬度和季节而异。就纬度而言，低纬度平均为17～18 km，中纬度平均为10～12 km，高纬度仅有8～9 km。就季节而言，对流层上界的高度，夏季大于冬季。对流层的气温随高度的增加而递减，平均每升高100 m，气温降低0.65 ℃。其原因是太阳辐射首先主要加热地面，再由地面把热量传给大气，因而愈近地面的空气受热愈多，气温愈高，远离地面则气温逐渐降低。对流层的空气有强烈的对流运动。地面性质不同，导致空气受热不均。暖的地方空气受热膨胀而上升，冷的地方空气冷缩而下降，从而产生空气对流运动。而且对流层的天气复杂多变。对流层集中了75%的大气质量和90%的水汽，因此伴随强烈的对流运动，产生水相变化，形成云、雨、雪等复杂的天气现象。

2. 平流层

自对流层顶到55 km高度为平流层。平流层的温度随高度增加由等温分布变成逆温分布。平流层的下层随高度增加气温变化很小。大约在20 km以上，气温又随高度增加而显著升高，出现逆温层。这是因为20～25 km高度处，臭氧含量最多。臭氧能吸收大量太阳紫外线，从而使气温升高。平流层的垂直气流显著减弱。平流层中空气以水平运动为主，空气垂直混合明显减弱，整个平流层比较平稳。而且平流层的水汽和尘埃含量极少，因此，对流层中的天气现象在这一层很少见到。平流层天气晴朗，大气透明度好。

3. 中间层

从平流层顶到85 km高度为中间层。由于该层臭氧含量极少，不能大量吸收太阳紫外线，而氮、氧能吸收的短波辐射又大部分被上层大气所吸收，故气温随高度增加而迅速递减，中间层的顶界气温可降至-83℃～-113℃。中间层可出现强烈的对流运动。这是由于该层大气上部冷、下部暖，致使空气产生对流运动。但由于该层空气稀薄，空气的对流运动不能与对流层相比。

4. 暖层

从中间层顶到800 km高度为暖层。由于所有波长小于0.175 μm的太阳紫外辐射都被暖层的大气物质所吸收，因而，暖层气温随高度的增高而迅速升高。据观测，在300 km高度上，气温可达1000 ℃以上。由于空气密度小，在太阳紫外线和宇宙射线的作用下，氧分子和部分氮分子被分解，空气处于高度电离状态，故暖层又称为电离层。电离层具有反射无线电波的能力，对无线电通信有重要意义。

5. 散逸层

暖层顶以上，称散逸层。它是大气的最外一层，也是大气层和星际空间的过渡层，但无明显的边界线。这一层空气极其稀薄，大气质点碰撞机会很小。气温也随高度增加而升高。由于气温很高，空气粒子运动速度很快，又因距地球表面远，受地球引力作用小，故一些高速运动的空气质点不断散逸到星际空间，散逸层由此而得名。

（三）大气的运动

大气的运动能引发天气的变化，促进地球表面上热量、水汽的输送和交换，对地理环境的形成和人类的生活有重要的作用。

1. 气压的变化

空气是流体，它可以到处移动。引起空气运动的原因是气压的高低不均匀。气压是作用在单位面积上的大气压力，即等于单位面积上向上延伸到大气上界的垂直空气柱的重量。气压的大小与海拔高度、大气温度、大气密度等有关。海拔越高，所承受的空气重量也就越小，气压也就越低。另外，随高度增高空气密度也迅速减小，所以随高度升高气压按指数规律递减。据观测，近地层大气中，高度每上升100 m，气压平均降低12.7 hPa。在同一高度，大部分气压差都是由大气的受热不均造成的。如果临近区域受热的程度不同，那么，受热少的区域上方的空气相对较冷、密度较大、气压相对较高，于是它就沉到温暖而稀薄的气体下面，迫使热空气上升。

地球上各地的气压值随时间和空间而变化，变化的根本原因是空气运动引起的空气质量在地球上的重新分配。

2. 气压场

气压的空间分布称为气压场。由于各地的大气受热不均，气压的空间分布也不均匀，有的地方高，有的地方低，气压场呈现出各种不同的气压形势，这些不同的气压形势统称气压系统。

根据气压分布的特点，将气压状况分成不同的类型，其中主要有以下几种基本类型（图5-3-1）。

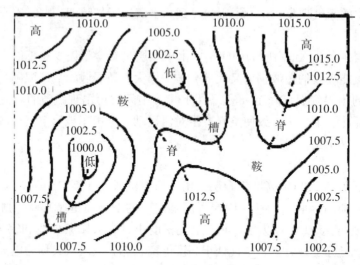

图5-3-1　气压分布的几种基本类型

（1）低气压

简称低压，又称气旋，由闭合等压线构成，气压值由中心向外逐渐增高。

（2）低压槽

简称槽，是低气压延伸出来的狭长区域。在低压槽中，各等压线弯曲最大处的连线称槽线。气压值沿槽线向两边递增。

（3）高气压

简称高压，又称反气旋，由闭合等压线构成，中心气压高，向四周逐渐降低。

（4）高压脊

简称脊，是由高压延伸出来的狭长区域，在脊中各等压线弯曲最大处的连线叫脊线，其气压值沿脊线向两边递减。

（5）鞍形气压场

简称鞍，是两个高压和两个低压交错分布的中间区域。

3.气旋和反气旋

气旋和反气旋是大气中最常见的运动形式，也是影响天气变化的重要的天气系统（见图5-3-2）。

（1）气旋

低压区中大气在气压梯度力、地转偏向力和摩擦力共同作用下，形成由外围向中心的气流漩涡，简称气旋。气旋在北半球沿逆时针方向旋转，在南半球沿顺时针方向旋转。当气流从四面八方流入气旋中心时，气旋中心的空气就被迫上升。因此，在气旋中大气的水平运动又导致了大气的垂直运动。

（2）反气旋

高压区中大气在气压梯度力、地转偏向力和摩擦力共同作用下，形成由中心向外围的旋转气流，因其方向与气旋相反，所以称为反气旋。反气旋在北半球沿顺时针方向旋转，在南半球沿逆时针方向旋转。当低层气流从中心向外围扩散后，反气旋中心的上层空气自然会下降补充，形成自上而下的下沉气流。因而，在反气旋中大气的水平运动也导致了大气的垂直运动。

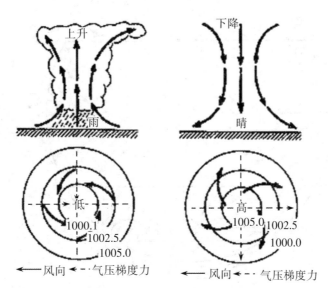

图5-3-2　气旋和反气旋的形成

4.大气环流

大气环流是指大气圈内空气进行不同规模运动的总称，大型的有行星环流、季风环流等，小型的有海陆风、山谷风等。大气的水平运动称为风。

造成大气环流的根本原因是太阳辐射，这是大气运动的能量。由于纬度位置、海陆分布及地表状态所受到的太阳热量不同，加上地球自转的影响，形成了不同类型的环流。

（1）行星环流

这是全球规模的大气环流，是假定在地球表面无海陆差异状态下的全球低层盛行风带的总称，是大气环流的重要组成部分。

大气运动的产生和变化直接取决于大气压力的空间分布和变化，气压变化的原因在于其上空大气柱中空气质量的增多或减少。在全球范围内气压的水平分布呈规律的纬向带状分布，并且高、低气压带交互排列（图5-3-3）。在赤道地带终年受热多，气温高，空气受热膨胀上升，到高空向两侧分流，导致气柱中质量减少，在低空形成低压，称赤道低压带。在两极地区受热少，气温低，空气受冷收缩下沉，积聚在低空，导致气柱中质量增大，在低空形成高压，称极地高压带。从赤道上空向极区流动的气流，在地球自转偏向力的作用下，流向逐渐趋向于纬向（东西向），到纬度25°～30°附近气流完全偏转成纬向，不再向高纬流动，于是积聚下沉，空气质量增大，形成高压带，称副热带高压带。在副热带高压带和极地高压带之间形成一个相对低压带，称副极地低压带。这就是全球气压带。

高、低气压带的形成导致水平气压梯度的出现，空气由高压区流向低压区。于是在地面上就形成了由副热带高压带和极地高压带分别流向赤道低压带和副极地低压带的气流。由于地转偏向力的作用，上述气流发生偏向，而形成三个环流圈，这就是行星风系。

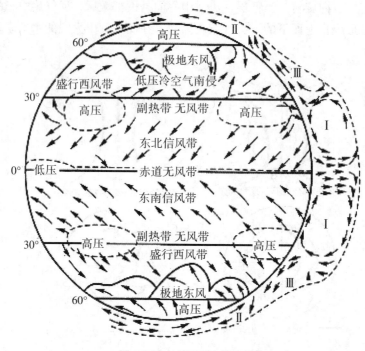

图5-3-3　大气环流示意图

①信风带　气流自副热带高压带辐散，部分气流流向赤道，受地转偏向力的作用，在北半球形成东北信风，在南半球形成东南信风。

②西风带　从副热带高压带辐散的气流另一部分流向副极地低压带，受地转偏向力作用，转为偏西风向的西风带，风向很稳定，风力强。

③极地东风带　自极地高压带向副极地低压带辐散的气流，因地转偏向力的作用变成偏东风，称为极地东风带。

（2）季风环流

与行星风系相比，季风不是全球性的，但在地球上分布很广。大范围地区的盛行风随季节变换发生显著改变的现象称为季风。形成季风的原因有很多种，最主要的是海陆间的热力差异及其季节变化。大陆温度变化（吸热增温与散热降温）快，海洋温度变化慢。夏季大陆气温比同纬度的海洋高，使大陆上气压比海洋低，气压梯度由海洋指向大陆，气流由海洋流向大陆，形成夏季风；冬季则相反，气流由大陆流向海洋，形成冬季风。随着风向的转变，天气和气候特点也发生变化，在冬季风作用下，气候低温干燥，夏季风则造成高温多雨。

季风环流以我国所在的东亚地区最为显著，这是由于面积广阔的太平洋和亚欧大陆的强烈海陆反差所造成的。大气环流是大气中热量、水分、动量等要素输送交换的重要方式，是形成各种天气和气候的主要因素。

（四）大气中的水

从海洋、湖泊、河流及潮湿土壤的蒸发或植物蒸腾进入大气的水汽，由大气的湍流和对流等过程，将水汽输送到不同的高度。在一定条件下，经过一系列物理过程，水汽发生凝结，形成云、雾等天气现象，并以雨、雪等降水形式重新回到地面。水分就是通过蒸发、凝结和降水等过程在陆地、海洋、大气间循环不已。大气中水的含量虽不多，但对地-气系统的热量平衡和天气变化起着非常重要的作用。

1. 水汽的凝结

仰望天空可以看到千姿百态的云，这些云都是由空气中的水汽凝结而成的。空气中的水汽变成液态水的过程叫作凝结。在一定温度下，当空气不能再容纳更多水汽时，这种状态的空气叫饱和空气。如果再向饱和空气增加水汽或者降低饱和空气的温度，都会使空气达到过饱和状态。过饱和状态的空气中，容纳不下的水汽便会凝结，从而成云致雨。在自然界中，大部分凝结现象是产生在降温过程中。例如，空气上升而冷却，是促使空气达到过饱和状态，并形成大气降水的主要原因。

此外，大气中水汽凝结，还必须有吸湿性强的微粒作为凝结核，才能使水汽在凝结核表面凝结。实验发现，在纯净的空气中，水汽过饱和到相对湿度为300%~400%也不会发生凝结。这是因为做不规则运动的水汽分子之间引力很小，通过相互之间的碰撞不易相互结合为液态或固态水。只有在巨大的过饱和条件下，纯净的空气才能凝结。然而巨大的过饱和条件，在自然界是不存在的。而在大气中却不同，大气只要达到或超过饱和，水汽就会发生凝结。原因就在于大气中存在着大量的吸湿性微粒物质，它们比水汽分子大得多，对水分子吸引力也大，从而有利于水汽分子在其表面上的积聚，使其成为水汽凝结核心。这种大气中能促使水汽凝结的微粒，叫凝结核，其半径一般为10^{-7}~10^{-8} cm，而且半径越大，吸湿性越好的核周围越易产生凝结。凝结核的存在是大气产生凝结的重要条件之一。自然界中的凝结核很多，如火山爆发形成的尘埃、海水蒸发后遗留在空气中的盐粒、燃烧进入大气中的烟粒等等都可成为凝结核。

2. 水汽的凝结物

大气中的水汽，在不同的条件下产生不同的凝结物，常见的有云、雾、露、霜等。

云的存在和发展必须具备的条件是空气中水汽达到过饱和状态，有凝结核，还必须有水汽的不断输送和补充。除此之外，还要有使空气中水汽发生凝结的冷却过程，即空气的垂直上升运动。同时，也只有空气的垂直上升运动，才有可能由地面向云体中不断地输送水汽以维持云的存在和发展。引起初始空气垂直上升运动的原因很多，如温暖季节，由于近地层空气受地面强烈增温而产生的热对流上升；空气水平流动遇山，而沿山坡被迫抬升；暖空气在冷空气中爬升；运动速度不同的两层空气，在其界面上产生波动，在波峰上会产生空气的上升运动等。这些上升运动都可促使云的形成。

当近地气层的温度降到露点温度以下时，空气中的水汽凝结成小水滴或凝结为冰晶，弥漫于空气中，使水平能见距离小于1000 m的天气现象称为雾。形成雾的基本条件是近地面空气中水汽充沛，有使水汽发生凝结的冷却过程以及凝结核的存在。在风力微弱、大气层稳定并有充足的凝结核存在的条件下最易形成。

在夜晚或清晨，由于地面、地物表面的辐射冷却，使贴近地面的气层温度也随之降温，当温度降到露点以下时，在地面或物体表面上就会有水汽凝结物形成。如果凝结时的露点温度高，水汽凝结为露，如果露点温度低于0℃，则水汽凝结为霜。形成露和霜的有利天气条件是晴朗微风的夜晚。因为碧空有利于辐射冷却，而微风又能把已经发生过凝结的空气带走，使新鲜的潮湿空气不断流来补充，保证有足够多的水汽供应凝结，因此可形成较强的露或霜。无风时可供凝结的水汽不多；风速过大时，由于湍流太强，使近地层空气与上层较暖的空气发生强烈混合，导致贴地空气降温缓慢，均不利于露和霜的生成。

雾凇是水汽在树枝、电线或其他地面物体迎风面上白色疏松的微小冰晶或冰粒。雾凇在我国东北和华北地区称为树挂，是由于雾中无数0℃以下而尚未结冰的雾滴随风在树枝等物体上不断积聚冻结的结果，表现为白色不透明的粒状结构沉积物。雾凇现象在我国北方是很普遍的，在南方高山地区也很常见，只要雾中有过冷却水滴就可形成。雨凇是过冷却液态降水（雨或毛毛雨）碰到地面物体后直接冻结而成的坚硬、光滑而透明的冰层。雨凇多聚集在物体的迎风面。雨凇较雾凇更具危害性，它能压断电线、折损树木，对交通运输、电信、输电以及农业生产都有很大的影响。

二、天气

天气是一定区域短时段内的大气状态（如冷暖、风雨、干湿、阴晴等）及其变化的总称。影响一个地区天气的主要因素是气团、锋和气压系统。

（一）气团

1. 气团的概念

在水平方向上仍然存在着物理属性（温度、湿度、稳定度等）比较均匀，垂直方向变化比较一致的一大块空气，称为气团。气团的水平范围一般可达几千千米，垂直范围为几千米到几十千米，常可发展到对流层顶。气团是在大范围性质比较均匀的下垫面和适当的环流条件下形成的。因而要形成气团，首先要有大范围性质比较均一的下垫面，即气团的源地，如广阔的海洋、巨大的沙漠或冰雪覆盖的陆地等等。除源地外，气团的形成还需要有合适的环流条件，即较稳定的环流，才能使大范围的空气较长时间停留在这样的下垫面上，通过辐射、对流、蒸发、凝结等物理过程使之逐渐获得与下垫面相适应的相对均匀的物理属性。

气团形成后，当环流形势发生改变，它离开源地移动时，由于下垫面性质发生改变，气团的物理属性也随之发生改变，称为气团的变性，该气团也被称为变性气团。

2. 气团的分类

根据气团温度与其所经过的下垫面之间的温度对比区分为冷气团和暖气团。如果一个气团比相邻气团温度高或向着比它冷的下垫面移动，使它所经之地变暖，而其本身逐渐冷却，这种气团称为暖气团；如果一个气团比相邻气团温度低或向着比它暖的下垫面移动，使它所经之地变冷，而其本身逐渐增热，这种气团称为冷气团。

暖气团和冷的下垫面接触时，向下垫面输送热量，气团的下层空气由于热量的输送而冷却较快，形成逆温，稳定度增加，所以暖气团属于稳定气团。在暖气团控制下，由于下层空气冷却发生水汽凝结，产生平流雾、低云或毛毛雨等天气现象。冷气团与较热下垫面接触，它自下垫面吸取热量，下层空气变热，形成上冷下热的不稳定状态，所以冷气团属于不稳定气团。在不稳定气团控制下，易发生对流运动，产生对流云、阵性降水或雷暴天气。

（二）锋

1.锋的概念

当冷气团和暖气团相遇时，在它们之间形成一个狭窄而倾斜的过渡带，它的宽度在近地面气层中约数十千米，在高空可达200～400 km，过渡带的宽度与大范围的气团相比显得很狭小，可近似看成是一个几何面，称为锋面。锋面两侧气团的性质差异很大，气象要素值和天气现象发生强烈的变化。锋面是具有三维空间结构的天气系统，由于冷空气的密度大，锋面在空间随高度向冷气团一侧倾斜，所以，冷气团处于锋面下方，而暖气团处于上方，通常暖空气会沿着锋面向上爬升，绝热冷却，容易发生水汽凝结。所以，锋面常伴有云、雨、大风等天气。

2.锋的分类及天气

根据锋的移动情况，可以把锋分为暖锋、冷锋和准静止锋等类型。

（1）冷锋

在锋面的移动过程中，冷气团起主导作用，推动锋面向暖气团一侧移动，这种锋面称为冷锋。在冷锋面上侧，暖气团被迫抬升，暖气团中的水汽迅速冷却，极易凝结形成云层和降水。因此，当冷锋经过时，一般常出现云层增厚、降雨或雪、刮风等天气；而冷锋过境后，在冷气团控制下，气温明显下降，气压升高，天气晴朗（图5-3-4）。

（2）暖锋

在锋面的移动过程中，暖气团起主导作用，推动锋面向冷气团一侧移动，这种锋面称为暖锋。暖锋的坡度（锋面的倾斜程度）一般较小，所以锋面在地面覆盖的范围很广。暖锋上，暖空气沿着锋面缓慢爬升，冷却凝结形成云、雨。当暖锋经过时，也会出现多云，天气也将由晴转阴再到降雨。由于暖锋的坡度较小，暖空气的对流较弱，所以降水区域宽广，但降水强度较小，降水持续时间较长。暖锋过境后，在暖气团控制下，气温升高，气压下降，天气逐渐晴朗（图5-3-4）。

冷锋天气   暖锋天气

图5-3-4 冷锋天气、暖锋天气示意图

（3）准静止锋

当冷、暖气团相遇时，势均力敌，或由于地形阻滞作用，锋面很少移动或在原地来回摆动，这种锋称为准静止锋。准静止锋多数是冷锋南下，冷空气逐渐变性，势力减弱而形

成的。准静止锋的锋面坡度更小，所以地面雨区范围更广，一般降水强度较小，多为长时间的连绵细雨。例如，昆明的准静止锋天气（图5-3-5）。

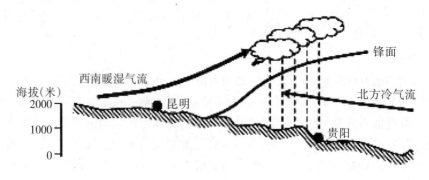

图5-3-5　准静止锋天气示意图

（三）气压系统

在大气中，相对稳定的高气压区或低气压区叫作气压系统，例如，气旋、反气旋、副热带高压、台风和热带风暴等等。在不同的气压系统中，空气运动的形式不同，进而产生各种天气现象。气旋、台风等低压系统经过时，会出现大风、降水天气；反气旋、副热带高压等系统经过时，会出现晴朗、高温的天气。

三、气候与气候变迁

气候与天气有密切的联系，但又属于两个不同的概念。天气指某地区时刻在变化的冷、热、干、湿、风、云、雨、雾等大气状况。气候则是指某地区多年时段大气的一般状态，是该时段各种天气过程的综合表现。一个地方的气候，总是通过各气候要素（如温度、降水、风等）的特征值来反映出来的。

（一）气候的成因

地球上不同的地域有不同的气候，它是在太阳辐射、大气环流、下垫面的影响下形成的多年天气状况的综合。

1. 辐射因素

太阳辐射是地面和大气热能的源泉。而太阳辐射是受纬度所制约的，赤道获得的热量最多，随纬度的增高而减少，两极获得的热量最少。因此，远离赤道地区的气候要比靠近赤道地区冷得多。从赤道到两极依次出现热带、温带和寒带。

2. 大气环流因素

大气环流在气候形成过程中具有重要的意义。从全球来看，大气环流促进不同纬度和海陆间热量和水分的交换，造成地区之间水热条件的相互影响，而不是单纯只受当地太阳辐射和地理条件的作用，缩小了因纬度分布不均而产生的差异性。我国大部分地区呈现的冬季寒冷干燥、夏季高温多雨，就是在一定的大气环流条件下形成的。

3. 下垫面因素

下垫面是大气的主要热源和水源，又是低层空气运动的边界面，因此，它对气候的影响十分显著。下垫面因素对气候形成的影响表现在海陆分布、地形和洋流上。由于海洋和大陆具有不同的热力学特性，如容积热容量、导热率等海洋与陆地显著不同，因而海洋和大陆在气候上差异很大，形成不同的气候类型，可分为海洋性气候和大陆性气候；地势对气候形成的影响在于海拔高低，海拔高，太阳直接辐射增强，散射辐射降低，温度降低，湿度减小；而不同的地形也对气候有不同的影响，高原对气候的影响十分明显；此外，洋流对气候的影响也是因热量而成，海洋是地球表面热量的重要贮藏地。

（二）气候带

周淑贞（1938—）以斯查勒气候分类法为基础，并加以适当修改，将全球气候分为3个气候带16个气候型，另列高地气候一大类。

1. 低纬度气候

低纬度气候主要受赤道气团和热带气团所控制。影响该气候的主要环流系统有赤道辐合带、瓦克环流、信风、赤道西风、热带气旋和副热带高压。气温全年皆高，最冷月平均气温在15 ℃以上，全年水分蒸散量在130 cm以上。本带可分为5个气候型，其中热带干旱与半干旱气候型又可划分为3个亚型。

（1）赤道多雨气候

分布于赤道及其南、北纬5°～10°以内，主要指非洲扎伊尔河流域、南美亚马逊河流域和亚洲与大洋洲间的从苏门答腊岛到伊里安岛一带。这里全年正午太阳高度都很大，因此，长夏无冬，年均气温在25～30 ℃。气温年较差极小，平均不到5 ℃，日较差较大，可达6～12 ℃，日较差远大于年较差，真所谓"一天有四季"。由于全年皆在赤道气团控制下，风力微弱，以辐合上升气流为主，多雷阵雨，因此，全年多雨，无明显的干季，年降水量在1000～2000 mm。

（2）热带海洋性气候

分布在南北纬10°～25°之间。全年盛行热带海洋气团，气候具有海洋性，最热月平均气温在28 ℃左右，最冷月平均气温在18～25 ℃之间，气温年较差和日较差皆小。由于东风（信风）带来湿热的海洋气团，所以，除对流雨、热带气旋雨外，还有地形雨，降水量充沛。年降水量在1000 mm以上，一般以5—10月较集中，无明显变化。

（3）热带干湿季气候

分布在南、北纬5°～25°之间。这里当正午太阳高度较小时，位于信风带下，受热带大陆气团控制，盛行下沉气流，为干季。当正午太阳高度较大时，赤道辐合带移来，有潮湿的辐合上升气流，是为雨季。一年中至少有1～2个月为干季。湿季中蒸散量小于降水量。全年降水量在750～1600 mm之间，降水变率很大。全年高温，最冷月平均气温在16～18 ℃之间；干季之末，雨季之前，气温最高，是为热季。

（4）热带季风气候

分布在纬度10°到回归线附近的亚洲大陆东南部，如我国台湾南部、雷州半岛和海南岛，中南半岛，印度半岛大部，菲律宾，澳大利亚北部沿海等地。这里热带季风发达，一年中风向的季节变化明显。在热带大陆气团控制时，降水稀少。而当赤道气团控制时，降水丰沛，又有大量的热带气旋雨，年降水量多，一般在1500～2000 mm，集中在6—10月（北半球）。全年高温，年平均气温在20 ℃以上，年较差在3～10 ℃，春秋季极短。

（5）热带干旱与半干旱气候

分布在副热带及信风带的大陆中心和大陆西岸。在南、北半球各约以回归线为中心向南北伸展，平均位置大致在纬度15°～25°之间。因干旱程度和气候特征不同，可分为热带干旱气候、热带（西岸）多雾干旱气候和热带半干旱气候三个亚型。

2. 中纬度气候

这里是热带气团和极地气团相互角逐的地带。影响气候的主要环流系统有极锋、盛行西风、温带气旋和反气旋、副热带高压和热带气旋等。该地带一年中辐射能收支差额的变化比较大，因此，四季分明，最冷月的平均气温在15 ℃以下，有4～12个月平均气温在10 ℃以上。全年可能的蒸散量在130～52.5 cm之间。天气的非周期性变化和降水的季节变化都很显著。再加上北半球中纬度地带大陆面积较大，受海陆的热力对比和高耸庞大地形的影响，使得本带气候更加错综复杂。本带共分8个气候型。

（1）副热带干旱与半干旱气候

分布在热带干旱气候向高纬度的一侧，约在南北纬25°～35°的大陆西岸和内陆地区。它是在副热带高压下沉气流和信风带背岸风的作用下形成的。因干旱程度不同可分为副热带干旱气候与副热带半干旱气候两个亚型。

（2）副热带季风气候

分布于副热带亚欧大陆东岸25°～40°一带。这里是热带海洋气团与极地大陆气团交织角逐的地带，夏秋季节又受热带气旋活动的影响，因此夏热湿、冬温干，最热月平均气温在22 ℃以上，最冷月平均气温在0～15 ℃，气温年较差在15～25 ℃。降水量在1000 mm以上。夏雨较集中，无明显干季。四季分明，无霜期长。

（3）副热带湿润气候

分布于南北美洲、非洲和澳大利亚大陆副热带东岸，约南北纬20°～35°。冬季受极地大陆气团的影响，夏季受海洋高压西缘流来的潮湿海洋气团的控制。由于所处大陆面积小，未形成季风气候。冬夏温差比季风区小，降水的季节分配比季风区均匀。

（4）副热带夏干气候（地中海气候）

分布于副热带大陆西岸30°～40°之间的地带。这里受副热带高压季节移动的影响，在夏季正位于副热带高压中心范围之内或在其东缘，气流是下沉的，因此，干燥少雨，日照强烈。冬季副热带高压移向较低纬度，这里受西风带控制，锋面、气旋活动频繁，带来大量降水。全年降水量在300～1000 mm。冬季气温比较暖和，最冷月平均气温在4～10 ℃。因夏温不同，分为凉夏型和暖夏型两个亚型。

（5）温带海洋性气候

分布在温带大陆西岸40°～60°的地带。这里终年盛行西风，受温带海洋气团控制，沿岸有暖洋流经过。冬暖夏凉，最冷月平均气温在0 ℃以上，最热月平均气温在22 ℃以下，气温年较差小，约为6～14 ℃。全年湿润有雨，冬季较多。年降水量在750～1000 mm，迎风山地可达2000 mm以上。

（6）温带季风气候

分布在亚欧大陆东岸35°～55°的地带。这里冬季盛行偏北风，寒冷干燥，最冷月平均气温在0 ℃以下，南北气温差别大。夏季盛行东南风，温暖湿润，最热月平均气温在20 ℃

以上，南北温差小。气温年较差比较大，全年降水量集中于夏季，降水分布由南向北、由沿海向内陆减少。天气的非周期性变化显著，冬季寒潮爆发时，气温在24 h内可下降10 ℃甚至20 ℃以上。

（7）温带大陆性湿润气候

分布在亚欧大陆温带海洋性气候区的东侧，北美100°W以东的温带的地区。冬季受极地大陆气团控制而寒冷，有少量气旋性降水。夏季受热带海洋气团的侵入，降水量较多，但不像季风区那样高度集中。这里季节鲜明，天气变化剧烈。

（8）温带干旱与半干旱气候

分布在35°～50°N的亚洲和北美洲大陆中心部分。由于距离海洋较远或受山地屏障，受不到海洋气团的影响，终年都在大陆气团的控制下，因此气候干燥，夏热冬寒，气温年较差很大。因干旱程度不同可分为温带干旱气候和温带半干旱气候两个亚型。

3. 高纬度气候

高纬度气候带盛行极地气团和冰洋气团。冰洋锋上有气旋活动。这里地气系统的辐射差额为负值，所以气温低，无真正的夏季。空气中水汽含量少，降水量小，但蒸发弱，年可能蒸散量小于52.5 cm。本带可分为三个气候型。

（1）副极地大陆性气候

分布在北纬50°～65°的地区，在北美洲自阿拉斯加到纽芬兰，在亚欧大陆从斯堪的纳维亚半岛北部到远东地区的北部。年蒸发量在35～52.5 cm之间。冬季长，一年中至少有9个月为冬季，冬温极低。夏季白昼时间长，7月平均气温在15 ℃以上，气温年较差特大。全年降水量甚少，集中于暖季降落，冬雪较少，但蒸发弱，融化慢，每年有5～7个月为积雪覆盖，积雪厚度在600～700 mm，土壤冻结现象严重。由于暖季温度适中，又有一定降水量，适宜针叶林生长。

（2）极地苔原气候

分布在北美洲和欧亚大陆的北部边缘、格陵兰沿海的一部分和北冰洋中的若干岛屿中。在南半球则分布在马尔维纳斯群岛（福克兰群岛）、南设得兰群岛和南奥克尼群岛等地。年蒸发量小于35 cm。其纬度位置已接近或位于极圈以内，所以极昼和极夜现象已很明显。全年皆冬，最冷月平均气温在-20～40 ℃之间。最热月平均气温在1～5 ℃左右。在冰洋锋上有一定降水，一般年降水量在200～300 mm。在内陆地区尚不足200 mm，大都为干雪，暖季为雨或湿雪。由于风速大；常形成雪雾，地面积雪面积不大。自然植被只有苔藓、地衣及小灌木等，构成了苔原景观。

（3）极地冰原气候

分布在格陵兰、南极大陆和北冰洋的若干岛屿上。这里是冰洋气团和南极气团的源地，全年严寒，各月平均气温皆在0 ℃以下，具有全球的最低年平均气温。一年中有长时期的极昼、极夜现象。全年降水量小于250 mm，皆为干雪，不会融化，长期累积形成很厚的冰原。长年大风，寒风夹雪，能见度低。

4. 高原山地气候

高原山地气候是指受高度和山脉地形的影响所形成的一种地方气候。主要分布在高大山地和大高原地区，如喜马拉雅山、青藏高原、南美洲安第斯山等。高大山地，气温随高度增高而降低，气候垂直变化显著，在一定高度内，湿度大、多云雾、降水多；愈向山地上部，风力愈强。

（三）气候的演变

地球上各种自然现象都在不断的变化之中，气候的变迁也不例外，所不同的是气候变迁经历的是大跨度的地质历史时期，科学家通过研究历史气象记录、古文献记载、考古实物、地质地貌现象以及理论推测来再现历史上发生的气候变迁。

1.地质时期的气候变迁

地质时期的气候变化是指距今22亿年至1万年前的气候变化。地质学上的证据显示：在地球整个的自然历史中，至少有9/10的时间是温暖气候所主宰的时代，如古生代早期，从寒武纪起，经奥陶纪、志留纪至泥盆纪，漫长的2.5亿年中，整个中生代至新生代的新第三纪的约2亿多年，气候都是以温暖为优势，当然其中肯定包含间隔着若干个短暂的寒冷时期（冰期）。据研究，地球上曾发生过3次大冰期，分别发生在前寒武纪（距今6亿年前）、石炭纪、二叠纪（距今3.5亿～2.25亿年）和最近200万年以来。冰期期间气候寒冷。大约1万年以前，气候转暖，冰川退缩，地球再次进入了温暖的间冰期。

2.人类历史时期的气候变迁

人类历史时期的气候变化是指1万年左右以来，特别是人类有文字记载以来的气候变化，是近代气候变化的背影。大冰期以后，地球大部分地区的气候在公元前5000—公元前3000年前最为温暖，被认为是冰期以后的气候最适期。当时的海平面比现在高出2～3 m，北冰洋的冰在夏季可能全部溶解；现在非洲的撒哈拉和中东的沙漠带，当时气候比现在要湿润得多。

在公元前900—公元前450年前，即所谓铁器时代的早期，欧洲的气候进入了冷湿时期，阿尔卑斯山的冰川显著扩张；从爱尔兰到德国的许多泥炭层剖面中显示出2500年前在这一广大地区分布着沼泽；北美洲落基山北纬50°以南所发现的现代冰川遗迹大多在这个时期形成。

此后，大致在公元1000—1200年，南、北半球的气候又处于适宜的温暖状态，也被称为"第二个气候最适期"。当时，格陵兰岛南部的气温据推测比现在高4℃左右。由于气候比较适宜，维京人在公元982年移民到格陵兰定居。

公元1430—1850年间，北半球的气候转冷，特别是在1650—1750年间，被称为"小冰期"。伴随着寒冷期气候而来的，是中纬度地带的湿润，雨量的增加，使这一时期里海的水平面较以前和以后几个世纪高出了5 m以上。

1850年以后，气候又出现增温的趋势。随着近、现代科学观测的日趋完善，气候变迁的研究有了可靠的数据基础，气候变迁的科学原理逐渐将被揭示出来。

3.近代气候变化

近代气候变化是指近300年以来的仪器观测时期。随着近代气象观测仪器的出现，已经普遍使用精确的气象观测记录来研究气候变化。

近百年来，我国气候变化的趋势与全球气候变化的总趋势基本一致。全球气候变化的总趋势是从19世纪末到20世纪40年代，世界气温曾出现明显的波动上升现象。这种增温现象到20世纪40年代达到顶点。此后，世界气候有变冷现象。进入20世纪60年代，高纬度地区气候变冷的趋势更加显著。进入20世纪70年代，世界气候又趋变暖，到20世纪80年代，世界气温增温的现象更加明显。

近百年来的气象资料表明，我国气候变化的趋势为气温上升0.4～0.5 ℃，略低于全球平均的0.6 ℃；我国20世纪90年代是近百年来最暖的时期之一，但尚未超过20世纪20—40年代的最暖时期。我国气候存在着大约30年左右的周期性变化，20世纪20—40年代为30年左右的暖周期，50—70年代为30年左右的冷周期，80年代以来又转入暖周期。

4.气候变化的原因

气候的形成和变化受多种因素的影响和制约，大气环流、成分和下垫面是气候系统的两个主要组成部分，太阳辐射和宇宙-地球物理因子则是外界因素。太阳辐射和宇宙-地球物理因子都是通过大气和下垫面来影响气候变化的。人类活动既能影响大气和下垫面，从而使气候发生变化，又能直接影响气候，在大气和下垫面间，人类活动和大气及下垫面间，又相互影响、相互制约，这样形成重叠的内部和外部反馈关系，从而使同一来源的太阳辐射影响不断地来回传递、组合、分化、发展。在这种长期的影响传递过程中，太阳辐射又出现许多新变动，它们对大气的影响与原有的变动所产生的影响叠加起来，交错结合，以各种形式表现出来，使地球气候的变化非常复杂。

思考与练习

1. 什么是宇宙？宇宙包括哪些主要的天体类型？

2. 试述宇宙大爆炸理论的主要观点和宇宙大爆炸的过程。

3. 试述太阳系的组成和特征。

4. 简述地球起源的星云假说。

5. 地球是由哪些圈层组成的？地球各圈层是如何形成和演化的？

6. 板块构造学说的基本观点是什么？

7. 全球板块是如何划分的？全球板块相互运动的三种基本状态是什么？

8. 如何划分天文四季？各季有何天文特征？

9. 如何划分地球五带？每个地带有何特点？

10. 试述全球气压带和行星风系的组成和成因。

11. 什么是气团和锋？气团和锋分别可以划分为哪些类型？

12. 气旋和反气旋有何区别？

13. 简述大气组成和垂直分层。

【学习重点】

*土地、水、生物和矿产资源的基本特征

*种群和群落的概念及基本特征

*生态系统的概念、类型、组成和功能

*生物与无机环境之间的关系

*人类对环境的影响

*可持续发展的概念、内涵、原则及实现途径

第六章 资源、环境与人类

第一节 地球上的自然资源

自然资源就是自然界中能为人类利用的物质和能量的总称，它包括土地资源、气候资源、水资源、生物资源、矿产资源等。在这些资源中，有些是不可更新的资源，如铁、铜等矿物资源及石油、煤等能源资源，它们是经长期地质作用才形成的，消耗后不会再生；有些是可更新的资源，如水、土壤、森林等，它们消耗后经过一定时间可以再生、更新或循环出现，并能继续利用；还有一些则是可更新的资源，如太阳能、风能等，它们非常稳定，不会枯竭。

一、土地资源

土地指地球陆地表层部分（包括内陆水域），受地质、地貌、气候、水文、土壤、植物等多种自然地理因素影响的自然综合体。随着社会生产和科学技术的发展，人类对土地的影响越来越深刻和广泛。

（一）土地资源的基本特征

1.土地具有生产能力

土地是自然历史发展的产物，具有一定的生产能力。只要人类合理地经营管理，它就能生长出人类必需的基本物质财富。土地的生产能力能够长期保持并能逐步提高。土地生产能力的高低不仅取决于土地自身的性质，还取决于人类生产的科学技术水平。

2.土地的数量具有有限性

地球的表面积是一定的，陆地面积也是一定的，虽在地质历史时期曾有过海陆变迁，但对有人类历史以来，变化还是微小的。我们必须明白，土地这种生产资料不能用其他生

产资料来代替。如果工厂占地多、住房增加，耕地面积势必会减少。所以充分认识土地面积的有限性十分重要，应保护土地资源，特别是耕地资源。

3. 土地资源具有固定的空间和地域

地球表面有各种类型的土地，每块土地都具有固定的三维空间位置而不能丝毫移动，这是土地不同于其他资源的另一特征。每块土地处在一定的水平位置和高度，受一定水热条件的控制，具有严格的地域性。因此，土地资源的利用受它所处的空间和地域条件限制，我们对它的利用必须因地制宜、合理安排。

4. 土地资源具有时间性（季节性）

土地是个开放的动态系统，一定地域内土地的水热条件具有季节性变化的特点，会直接影响土地的利用，特别是农业生产的安排，因此，在作物的安排和农业生产的布局上，必须考虑土地的季节性。

（二）土地资源的现状

全球的土地资源是丰富的，但分布非常不均匀。全球陆地总面积为 1.49 亿 km^2，除格陵兰和南极冰封地带外，实际受人类支配的土地约为 1.31 亿 km^2。但其中可为农业利用的土地是有限的，耕地仅占土地总面积的 11.3%，草地占 25.3%，林地占 31.2%。

世界土地分布很不均匀。地球上的陆地分布也很不均匀，如美国、加拿大、俄罗斯、蒙古国、大洋洲五个地区，人口只有 6.47 亿，仅占世界人口不到 10%，但是陆地总面积为 5123 万 km^2，占全球陆地面积超过 39%。地球上的耕地分布也很不均匀，大量耕地集中在美国、加拿大、俄罗斯、大洋洲、南美洲等人口相对少的地区。这些地区人口共有 8.6 亿，占全球的 13.7%，但却拥有全球 36% 的耕地。草地和林地面积分布也不均衡。

世界各地人均占有各类土地差异较大。以耕地为例，1990 年世界人均占有量为 0.26 ha，但大洋洲人均多达 1.86 ha，亚洲人均只有 0.15 ha。各国中，加拿大人均占有耕地 1.73 ha，而日本只有 0.04 ha。这一现象也反映了人口分布的不平衡。

随着世界人口的激增和人类对土地不适当的开发利用，世界土地资源现面临着严重不足的考验。

（三）中国的土地资源及其特点

我国国土辽阔，国土面积为 960 万 km^2，占世界陆地面积的 6.4%，仅次于俄罗斯和加拿大，居世界第 3 位。我国土地资源存在如下特点：

1. 绝对数量大、人均占有量少

我国国土面积居世界第 3 位，耕地面积居世界第 4 位，林地面积居第 8 位，草地面积居第 2 位，但人均占有量很低。世界人均耕地 0.26 ha，我国人均仅 0.101 ha，世界人均草地为 0.76 ha，我国仅为 0.35 ha。发达国家每公顷耕地负担 1.8 人，发展中国家负担 4 人，我国则需负担 8 人，可见其压力之大。而且，近年来，我国非农业用地逐年增加，人均耕地逐年减少，土地的人口压力愈来愈大。

2. 类型多样化

我国地域宽广，自然条件千差万别，形成了复杂多样的土地类型，有山地、高原、丘陵、平原和盆地，这为我国农林牧副渔多种经营和全面发展提供了有利条件，也使土地利用方式多样，具有明显的地域差异，其具体分布见图 6-1-1。

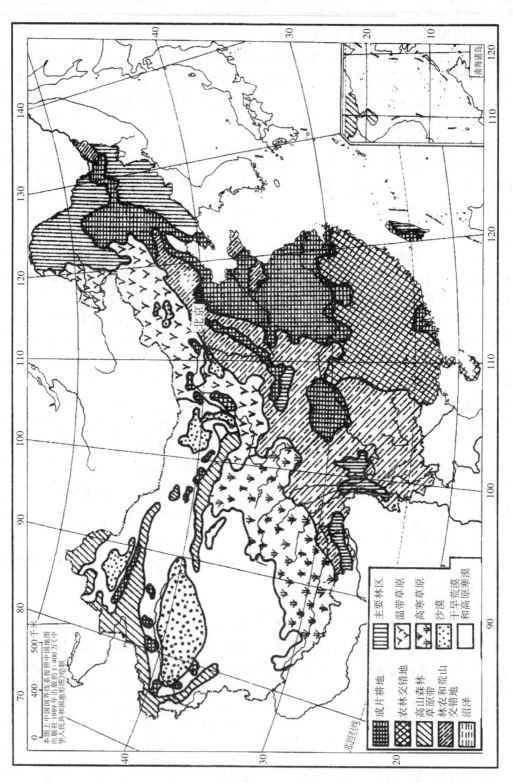

图6-1-1 我国土地资源分布示意图

3. 区域性差异显著

我国的平原和丘陵主要分布在东部地区，山地和高原则主要分布在西部地区。在复杂多样的生态环境中，形成了我国草原和荒漠主要集中在西北地区、林地主要分布于西南地区和东北地区、耕地则主要集中于长江以北地区的现状。

4. 难开发利用和质量不高的土地比例大

我国复杂多样的生态环境，使得沙漠、戈壁、高寒荒漠、石山、冰川和永久积雪等难以开发利用的土地所占比例较大。此外，还有一部分土地质量较差，难以很好地开发利用。如我国现有耕地中，涝洼、盐碱地、水土流失地、红壤低产地等所占的比例很高。除此之外，全国还有许多宜农荒地、宜林荒山、荒地和疏林地有待开发利用。

（三）我国土地资源的利用现状

目前，我国土地资源的利用现状不容乐观。1998—2005年全国耕地面积共减少760万ha，其中建设占用耕地141.78万ha。全国水土流失面积为356万km²，占国土总面积的37.1%，其中，水力侵蚀面积为165万km²，风力侵蚀面积为191万km²。水土流失主要分布于山区、丘陵区和风沙区，尤其是大江大河中上游地区。全国每年因水土流失而流失的土壤达50亿t，相当于在全国的耕地上刮去1 cm厚的地表土（50年来，水土流失毁掉的耕地达266.67万ha），所流失的土壤养分相当于4000万t标准化肥，即相当于全国一年生产的化肥中氮、磷、钾的含量。近年来，我国土地资源的利用状况不合理，加之我国耕地后备资源不足，水土流失、沙化和盐碱化现象严重。因此，如何合理开发利用土地资源是我国当前必须解决的一个重大问题。

二、水资源

水是人类生产和生活中不可缺少的资源。随着人口的增长，人民物质生活和文化水平的提高以及工农业生产的日益发展，对水资源的需求也在迅速地增长，淡水资源供给不足的问题越来越突出。水资源问题已经成为威胁人类生存和可持续发展的关键问题。

水资源是指在当前条件下可以为人类所利用的，具有经济价值的那部分自然水。通常是指一个国家或地区可以不断更新的那部分淡水。自然界中的水，主要指海洋、河流、湖泊、地下水、冰川、土壤水和大气水等水体。地球总水量约为$1.386×10^9$ km³，但其中海水占97.5%，淡水仅占2.5%。就淡水而言，冰川和永久雪盖又占了70%。目前，人类比较容易利用的淡水资源，主要是河流水、淡水湖泊水以及浅层地下水，储量约占全球淡水总储量的0.3%，只占全球总储水量的十万分之七。

（一）水资源的基本特征

水资源属于一种可再生资源，除具有一般再生性自然资源所共有的属性外，还有其本身固有的特性。

1. 循环性

水在地球上以液、固、气三种相态同时存在，并通过相变处于动态平衡中。水在太阳能的作用下，通过蒸发、降水、地表径流和渗透等环节进行着周而复始的循环运动。循环性是水资源的最基本的自然特性之一。从客观上看，尽管存在着宇宙水的补给（陨石降落）及太阳能导致的水分子的变化，但地球上水资源仍可看作是一种可更新的但总储量不变的资源，因此，从时间上来看，水资源是取之不尽、用之不竭的，其时间蕴藏量是无限的。因此，人们把水资源看作是一种恒定资源。但这种恒定不变是就全球水资源总量而言的，它包括各种自然水的总和。

2. 数量有限性和不可替代性

水资源的数量有限性表现在两个方面：一是地球水的总量恒定不变，决定了其数量的有限性，即水的数量不是无限的；二是尽管全球总水量十分巨大，但在一定历史条件下，可被利用的水资源却是有限的。据统计，地球水圈内全部水体总储量为 $1.386×10^9$ km^3，其中97.5%为海水，淡水仅占有2.5%，为 $3.5×10^7$ km^3。在这部分淡水中有77.2%固定在地球两极的高山冰川和冰盖中，22.4%是地下水和土壤水，仅有0.36%储藏在湖泊、沼泽、河流中，可被人类直接利用。因此，就淡水资源来说，数量是非常有限的。

3. 不均匀性

由于降水地区分布的不均匀性，以及地形地貌和其他气候条件的区间差异，导致水资源在地区分布上的不均匀性。在季风地区水资源的不均匀性表现得尤为突出。同时水资源在不同季节也具有分布不均匀的特点。

（二）我国水资源的特点

1. 水资源总量丰富，但人均数量少

我国河川径流多年平均值为 $2.638×10^4$ km^3，加上地下水补给量，多年平均水资源总量为 $2.721×10^4$ km^3。从河川年径流总量来看，我国水资源总量仅次于巴西、俄罗斯、加拿大、美国和印度尼西亚，居世界第六位。但由于我国人口多，我国人均占有水资源量只有2600 m^{3}左右，仅为世界平均水平的1/4，是世界上人均水量最低的国家之一。全球平均每公顷耕地摊水量为4.5万 m^3，而中国只有2.1万 m^3（按1.3亿公顷耕地算），不足全球平均数的1/2。因此，从人均占有径流量和平均每亩耕地占有径流量来看，中国的水资源是不丰富的。

2. 水资源空间分布不平衡

全国水资源空间分布总趋势是：南方多，北方少；近海地区多，内陆地区少；山地多，平原少。我国水土资源分布不协调，如长江流域及其以南地区地表水资源占全国的80%，但耕地仅占全国的33%；而长江流域以北地区地表水资源仅为全国的20%，而耕地面积却占全国的67%，供需不平衡，加大了水旱灾害发生的可能性。

3. 水资源在时间上分配不均

由于我国所处地理位置和气候的影响，夏秋季雨量多，冬春季雨雪少，造成河川径流的季节分配也很不均匀。径流流量变化大，汛期河流水位暴涨，形成洪水；枯水季节河水水量大减，造成严重缺水。另外，河川径流的年际变化大；连丰连枯年份比较突出。因此，我国是一个水旱灾害频繁发生的国家，尤其是洪涝灾害长期困扰着经济的发展。

随着人口的迅速增长和生产的发展，人类用水量不断增加，使世界水资源日显匮乏。在过去的20世纪里，人类用水量每年约增加4%～8%，发展中国家增加尤为明显。水资源短缺正成为21世纪最为严重的问题之一。因此，我们必须珍惜和合理使用有限的水资源。

三、生物资源

自从地球上出现生命以来，在漫长的历史发展过程中，形成了形形色色的生物物种。生物资源包括动物资源、植物资源和微生物资源。当前，地球上约有500万～1000万种生物，但其中被人们直接利用的生物仅有约2000余种，还不到生物物种的千分之一。生物资源除了直接为人类提供生产和生活资料外，更重要的是它对生态环境的优化和协调起着非常重要的作用。

（一）生物资源的特性

生物资源与其他资源不同，在于它是生命的资源，其主要特征如下。

1. 再生性和有限性

生物是有生命的，可以通过从外部环境摄取能量和物质繁殖自己，使生物资源源源不断地更新和发展，成为再生性资源。但在一定的空间和时间范围内，生物的生产量是有限的，这是受外部环境条件的限制和食物营养链法则的控制。不可能要求在有限的土地上生产出无限的粮食和森林，在有限的草原上饲养出无限的牲畜，也不可能使处于食物链最高层的人类不加限制地增长。

2. 多效益性

生物资源既是经济资源，为人类提供了包括吃、穿、住、用等绝大部分生物物资，又是环境资源，给予人类意义更为深远的生态效益。如绿色植物通过光合作用吸收二氧化碳制造人类必需的氧气，还有调节气候、保持水土、涵养水源、防止污染的作用。动物在维持生态平衡中同样具有重要的生态效益。

（二）我国生物资源的特点

我国生物资源的特点主要表现在以下几个方面：

1. 物种丰富，生物多样性复杂

我国地域辽阔，海域宽广，从热带雨林到寒温带针叶林，北半球所有的自然植被类型，在中国几乎都有。多种多样的生态类型，孕育了极其丰富的生物物种，从世界的角度看，我国的生物多样性在全世界都占有重要的地位。

2. 有开发价值的种类多，开发利用潜力巨大

国内已开发利用的生物资源种类中，可利用的香料植物约有500种，有经济价值的乔木有200多种，可利用的食用菌类约有360种，野生的观赏植物有4000余种，药用植物资源也极为丰富，不过还有待进一步开发。

3. 珍稀、特有物种丰富

我国丰富的生态类型，不仅造就了我国丰富的生物物种资源，也使得我国生物物种中珍稀、特有的物种比较丰富。例如，被称为"活化"的大熊猫、金丝猴、朱鹮、华南虎、羚牛、藏羚羊、褐马鸡、绿尾虹雉、白鳍豚、扬子鳄和水杉、银杉、台湾杉、银杏、百山祖冷杉、香果树等均为中国特有的珍稀濒危野生动物和植物。

4. 遗传种质丰富

由于每一个物种都具有一整套不同的遗传性状，因此，生物物种越丰富的国家，其拥有

的生物种质资源也就越丰富。我国物种资源的多样性也就决定了我国遗传种质的多样性。随着生命科学的不断发展，我国丰富的种质资源也将成为我国一类重要的自然资源。

（三）中国生物资源的利用现状与保护

截至2014年，我国发现的脊椎动物有6266种，其中兽类有500种，鸟类有1258种，爬行类有376种，两栖类有284种，鱼类有3862种，约占世界脊椎动物种类的9.9%。中国有3万多种高等植物，仅次于世界植物最丰富的马来西亚和巴西，居世界第三位。同时，由于我国大部分地区未受到第三纪和第四纪大陆冰川的影响，因而保存有大量的特有物种。据统计，我国所特有的陆栖脊椎动物有476种，占我国陆栖脊椎动物种类数的19.42%，其中约有1/3的两栖类为特有种；在3万多种高等植物中，50%～60%为中国所特有。在我国的水生资源中有鱼类3000多种，其中海洋鱼类约占3/5，其余为淡水鱼类。此外，还有甲壳类、贝类和海藻类等。

我国有近五千年的农业发展史，我们的祖先也培育了很多植物品种，如水稻、高粱、豆类、桃、梨、李、枣、柚、荔枝、茶等，不仅为人类社会农业进步做出了巨大的贡献，也丰富了我国的生物种质资源。多种栽培植物与更多原始天然植物间的杂交，使我国成为世界上植物资源最丰富的国家之一。

近年来，由于我国经济社会的高速发展，我国生物资源的利用水平有了长足的发展，生物资源作为经济建设和社会发展的重要物质，已越来越为人们所接受。但是，由于在人为破坏、掠夺、过度开发等不合理的利用方式下，生物资源受到了前所未有的破坏，生物物种退化、减少以至于灭绝的周期变得越来越短。总体而言，近年来的不合理开发利用，不仅破坏了自然生态环境，也使得我国野生生物种群数量和质量都呈下降趋势，许多珍稀动植物种正濒临灭绝，物种的多样性受到严重威胁。

保护我国的生物资源，也就是保护我国丰富的生物多样性。生物的多样性在保持水土、涵养水源、调节气候和维持生态平衡等方面有着不可替代的作用，因此，我国对此采取了一系列行之有效的措施。例如，我国制定了《野生动物保护法》，将大熊猫、扬子鳄、白鳍豚、金丝猴、华南虎等100多种动物，列为国家一级保护动物；将猕猴、穿山甲等300多种动物，列为国家二级保护动物。还建立了一批自然保护区，其中，有200多处是以保护野生动物为主的，如四川的卧龙自然保护区，就是以保护大熊猫为主的自然保护区。

四、矿产资源

矿产资源是指埋藏于地下或露于地表，经地质成矿作用使有用矿物或元素含量达到工业利用价值，可被人们开采利用的矿产。一般可分为燃料资源、金属矿资源和非金属矿资源。绝大部分矿产不可再生，数量有限。

（一）矿产资源的特点

矿产资源的基本特性，主要表现在以下几个方面：

1. 在地区分布上不均匀

由于矿产资源是在一定的地质条件下形成的，不同的矿产有其特定的形成条件，而世界各地的地质条件差异又很大，因此，各种矿产资源在世界各地分布的地区差别非常大，很不均匀。同时，也正是由于矿产资源是在一定地质条件下形成的，致使各种矿产资源的分布都具有一定的规律性。例如，岩浆活动区才能有金属矿床，在沉积岩区可能发现煤、石油和天然气——世界石油相当大的储量就集中在波斯湾地区。

2. 属不可再生资源，数量有限

由于地质成矿过程是缓慢的，成矿所需时间根本无法与人类对矿产开采利用速度相比，所以，矿产资源是不可再生的自然资源，这就决定了它的数量是有限的，开采得越多，损失就越多。因此，随着人类对矿产资源开发量的不断增加，一些矿产的储量会日趋减少，甚至出现短缺或开始出现耗竭的现象。因此，我们必须合理开发和利用矿产资源。

3. 往往具有伴生性

自然界中存在的许多矿产资源经常伴生在一起，而不单独存在。在一个矿区中，往往是以某一种矿为主，同时伴生着一种或多种其他有用的矿，尤其是某些有色金属矿。例如，铅矿和锌矿总是伴生在一起的，而铅锌矿又经常伴生有银、镓、铟、镉、锗等元素。又如，一般铁矿都是伴生的，一部分铁矿与钒、钛等元素伴生，而另一部分铁矿则常与稀土金属（钇、铈、镧等）伴生在一起。

（二）我国矿产资源现状

我国矿产资源不仅丰富，而且品种齐全，但是贫矿多，富矿少，而且在全国的分布也不均匀，具体见图6-1-2。

1. 矿产资源丰富多样

我国位于环太平洋活动带与古地中海、喜马拉雅活动带的交汇点，地壳活动十分频繁，使我国成为世界上矿种比较齐全、资源配置程度较好的少数国家之一。我国已发现162种有用矿产，其中已探明储量的矿种有148个，包括金属矿产50多种，非金属矿产80多种；发现的矿床和矿化点有20多万处；探明储量的矿区达1.5万多个。

我国的矿产资源不仅种类多，矿种也比较齐全，而且资源比较丰富，储量较大。凡世界上已经发现的有色金属和贵金属矿，我国不仅基本上都有，而且大部分矿储量都很大。我国矿产中，钨、锡、钼、汞、锑、锌、钛、钒、稀土、煤、硫铁矿、铅等矿的探明储量居世界第一、二位；铁、铜、镍、银、石棉、锰、铂、金、磷、铬铁、铝土、钾盐等矿的储量也居世界前列。我国矿物资源总储量虽大，但平均占有量则较少。

2. 分布不均匀

由于我国地壳运动和地质构造的空间差异大，因此矿产资源分布不均匀，大矿集中，小矿分散。如全国铁矿探明储量有一半以上分布在辽宁、冀东、川西，而西北地区铁矿很少。煤矿则主要集中在北方地区。

3. 多伴生矿，单一矿少

我国地质条件复杂，伴生矿特别多，尤其是金属伴生矿更多。据不完全统计，约80%以上的矿伴生有2~17种有用组分。如四川攀枝花钒钛磁铁矿床中，含有钒、钛、镍、钴、镓、锰等13种矿产。

伴生矿是一矿多得，矿山建设投资费用相应比较节省，有利于综合开发、利用及回收，但是给选矿、冶炼带来很大困难，容易造成资源浪费；同时，伴生矿回收率低，易引起环境污染等问题，实际上对于综合利用矿产资源也是不利的。

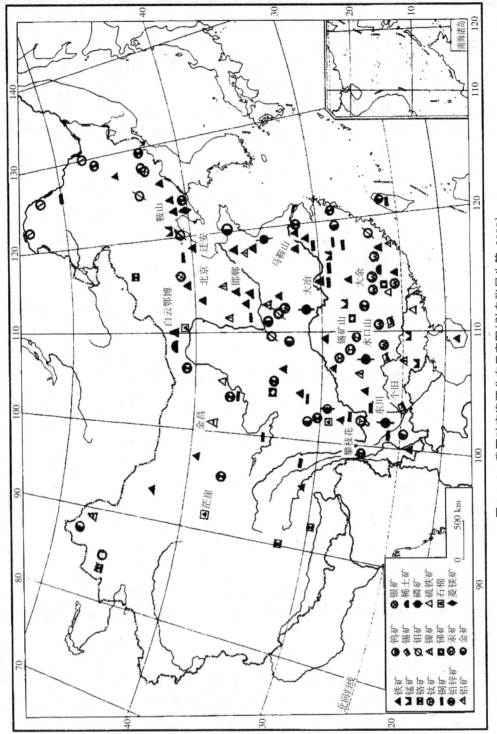

图6-1-2　我国矿产资源分布示意图（引自张民生等，2008）

4.部分矿种贫矿多，富矿少

我国矿产资源虽然丰富，但仍存在着一些不利方面，最突出的就是某些重要矿的贫矿多，富矿少。特别是一些重要矿产如铁、铜、磷矿，富矿更少。如我国铁矿储量占世界第三位，但多数为含铁30%左右的贫矿。又如含铜量在30%以上的铜矿还不到总储量的1%，磷的富矿储量仅占总储量的5.9%。

世界矿产资源总的形势十分严峻。人类社会始终在不断寻找接替矿产，努力依靠科技进步发现可替代的新的矿产资源，有效地节约资源的消耗，实行矿产资源多次开发，充分地综合利用矿产资源。

第二节　地球上能源的开发利用

能源是产生各种能量的自然资源，是人类生存和发展不可缺少的物质基础，它的开发和利用状况是衡量一个时代、一个国家经济发展和科学技术水平的重要标志，直接关系到人们生活水平的高低。长期以来，人类大量使用煤炭、石油和天然气等化石能源，不仅使这些有限的资源日益短缺，而且对环境造成了严重污染，人类已面临能源短缺与环境恶化的双重挑战。因此，世界各国都在研究开发利用清洁和可再生的新能源，以求人类的可持续发展。

一、概述

（一）能源的概念

煤炭、石油、天然气、水能、太阳能、风能、潮汐能、波浪能、海洋热能、地热能、生物质能都是人们所熟悉的能源。能源指能够向人们提供能量的物质或物质的运动。能源是人类社会发展的基础，因而对它的利用和研究，已受到人们的普遍关注。

（二）能源的分类

为便于了解能源的形成、特点和相互关系，可以从不同角度对能源进行分类。

1.按能源的来源可分为三类

第一类是来自地球以外的太阳能。除了太阳直接照射到地球的光和热外，常见的煤炭、石油、天然气，以及生物质能、水能、海洋热能和风能等，都间接地来自太阳。

第二类是来自地球自身的能源。其中一种是地球内部蕴藏着的地热能，常见的地下蒸汽、温泉、火山爆发的能量都属于地热能；另一种是地球上存在的铀、钍、钚等核燃料所蕴有的核能。

第三类是太阳和月亮等星球对大海的引力所产生的巨大潮汐能。

2.按能否从自然界中得到补充，能源又分成可再生和不可再生两类

太阳辐射能、水能、生物质能、风能、潮汐能、海洋热能和波浪能等都是能不断地再生和得到补充的能源，所以被称为可再生能源。而煤炭、石油、天然气等化石燃料和铀、钍等核燃料，都是亿万年前遗留下来的，无法得到补充，总有一天会枯竭的，它们被称为

不可再生能源。

3. 根据利用能源的形态不同，又可将能源分成一次能源和二次能源两类

一次能源指直接取自自然界、没有改变它的形态的能源。例如，煤炭、石油、天然气、地热、风力、太阳辐射能等都属一次能源。二次能源是指一次能源经人为加工成另一种形态的能源。例如，电能、热水、蒸汽、煤气、焦炭以及各种石油制品（如汽油、煤油、柴油、重油等）等都属于二次能源。

4. 根据应用范围、技术成熟程度及经济与否，可将能源分为常规能源和新能源两类

煤炭、石油、天然气、水能和核能等都已得到大规模开发和利用，被称为常规能源；而太阳辐射能、地热能、风能、海洋热能、波浪能、潮汐能等，因它们都是开发研究中的能源，尚未得到大规模开采利用，被称为非常规能源，亦称为新能源。新能源和常规能源是相对而言的，现在的常规能源在过去也曾是新能源，而今天的新能源在将来肯定也会成为常规能源。例如核能，在许多不发达国家中还只能称为新能源，但在某些工业发达国家中，核能的使用已经非常普遍，已经变成了一种常规能源。

二、常规能源的开发与利用

常规能源包括煤炭、石油、天然气、水力及核电，它们在目前的能源结构中占主要地位。

（一）煤炭

煤炭被人们誉为"黑色的金子""工业的粮食"，它是18世纪以来人类世界使用的主要能源之一。在地球的某些地质历史年代，环境、气候条件很适合低等和高等植物的大量生长、繁殖，它们死去后，尸体在细菌的分解作用下，生成褐色或黑色的有机物质，日积月累，成为厚厚的一层腐泥或泥炭，又由于地壳变动把泥炭埋入地下。在高温高压环境中，经过漫长的历史年代，泥炭就转变成煤。虽然煤炭的重要位置当前已被石油所代替，但在今后相当长的一段时间内，由于石油的日渐枯竭，必然走向衰败，而煤炭因为储量巨大，加之科学技术的飞速发展，煤炭气化等新技术日趋成熟，并得到广泛应用，煤炭必将成为人类生产生活中无法替代的能源之一。

煤炭的化学成分主要是碳、氢、氧和氮，一般碳占60%～90%，氧占4%～8%，热值约为$1.08 \times 10^7 \sim 3.34 \times 10^7$ J/kg，可作为燃料和化工原料，素有"乌金"之称。1990年末全世界已经探明的煤炭可采储量为1.08×10^{12} t，我国已探明的煤炭储量为1.66×10^{12} t，占世界已探明储量的15.4%。应用高新技术进行煤炭的加工转化，提高煤炭的利用效率，减少煤炭燃烧的环境污染，是解决能源缺乏、加速国民经济发展的重要途径之一。

从18世纪英国产业革命以来，煤炭一直作为世界主要能源，但煤炭的利用，存在着严重的不合理现象。大多数煤炭的利用是直接燃烧，一方面能量利用率很低，另一方面又使煤中宝贵的化工原料被白白烧掉，还会产生有害气体，严重污染环境，所以，煤的直接燃烧是一种不合理、不经济的使用方法。煤炭既是一种燃料，又是一种重要的化工原料，应当综合利用。目前，比较成熟的有煤的干馏、煤的气化和煤的液化等加工方法。

（二）石油和天然气

当代工业的血液——石油和天然气，也是一种重要的常用能源。至1990年年底，世界石油剩余可采储量为 1.36×10^{12} t，在世界一次能源消费构成中占38.6%，居第一位；世界已探明天然气储量大约为 1.19×10^{15} m^3，在世界一次能源构成中占21.7%，仅次于煤炭和石油，居第三位。

古代陆地上的动植物和水生生物死亡后，它们的尸体常常随着水流，伴着泥沙一起沉积在湖泊和海洋中，形成水底淤泥，淤泥越积越厚，它们跟氧气隔绝而不发生腐烂。由于在地层内的高温高压条件下，经过石油菌等微生物的分解作用，最终形成棕褐色或黑色黏稠的石油。石油开始形成时，呈分散的油滴状存在，地层内部的压力及地下水的流动，使分散的油滴慢慢地向有空隙和裂缝的岩石层中流动和积聚，日积月累就形成油田。天然气的形成和石油基本相同，只是分解生物遗体的微生物不同，是一种厌氧性细菌。天然气常常和石油同时存在，这种天然气称为油田气；天然气也有单独储存于地下的，这种天然气称为气田气。

石油为碳氢化合物和少量氧化物、硫化物等的混合物。碳占84%～87%，氢占11%～14%，密度在0.65～0.98 g/cm^3，热值达 4.096×10^7～4.514×10^7 J/kg。用蒸馏和裂化等方法可提炼出汽油、煤油、柴油、重油等不同沸点的石油产品，是一种宝贵的非再生能源。石油产品的范围从液化石油气开始，中间是石油化工原料、燃料和润滑油料，一直到沥青。原油在加工过程中还会释放出大量的石油气。石油加工后，可以得到利用率高、经济、合理的各种液体燃料，主要为内燃机燃料、锅炉燃料和灯油三类。其他的石油产品主要有润滑油、蜡、沥青以及石油化工产品如石油溶剂、乙烯、丙烯和聚乙烯等。

天然气是一种低相对分子质量的饱和烃类气体的混合物，其主要成分是甲烷（约占90%以上），另有少量的乙烷、丙烷和丁烷。天然气作为燃料容易燃烧、清洁无灰渣、热值高而且不污染环境。天然气和石油一样是非常重要的基本有机化工原料。从天然气中分离出来及从石油炼厂气中回收和分离的许多物质是最基本的化工原料，并可进一步制造出一系列化工产品，如合成纤维、合成橡胶、合成塑料和化肥等产品。天然气化工产品具有用途广、成本低、产值高和发展快等优点，因此，天然气的转化利用对国民经济建设和人民生活都十分重要。

（三）水能

水能是一种可再生能源，是常规能源、一次能源。水能是水流的位能和动能，地球上的水在太阳辐射下受热蒸发，水汽上升到高空成为云，在一定条件下凝成雨、雪落到地面，汇集成江河，形成循环不息的可再生能源。人类开发利用水能的历史已久，水轮机是最早使用的机械发动机。但水能利用长期发展缓慢，一是受煤炭大量使用的冲击，另外只能在河流旁边使用，限制了它的发展。

1878年，法国建成了世界上第一座水力发电站，之后许多国家也相继建立了水力发电站。目前，美国是开发水力发电最多的国家。我国水力资源理论蕴藏量为6.89亿kW，居世界第一，技术可开发量达4.93亿kW，主要分布在西南部地区，但目前开发得还不多。长江三峡水利工程是充分开发利用水能的典型，具有防洪、发电、航运、供水等多种功能，安装32台单机容量为70万kW的水电机组，是全世界最大的（装机容量）水力发电站。2010年7月，三峡电站机组实现了电站1820万kW满出力168h运行试验目标（日发电量可突破4.3亿度电，占全国日发电量的5%左右）。

（四）核能

核能俗称原子能或原子核能，它是指原子核里的核子（中子或质子）重新分配和组合时释放出来的能量。核能分为两类：一类为核裂变能，它是指重元素（铀或钍等）的原子核发生裂变时释放出来的能量。现在各国所建造的核电站，就是利用这种核裂变反应；军事上的原子弹爆炸，也是核裂变反应产生的结果。另一类为核聚变能，它是指氢元素（氘和氚）的原子核在发生聚变反应时释放出来的能量。氢弹爆炸就属于这种核反应。不过它是在极短的时间完成的，人们无法控制。近年来，受控核聚变反应的研究已经使核聚变能的利用显露出希望的曙光。

1. 核裂变

1938年，德国物理学家哈恩（O. Hahn，1879—1968年）和斯特拉斯曼（F. Strassmann，1902—1980年）在研究中子轰击U-235的产物时，想发现新元素的愿望虽未实现，但却发现了另一类核反应——核裂变。

U-235原子核受高能中子轰击时，分裂为质量相差不多的两种核素，同时又产生2～3个中子，这种中子称为再生中子，同时还释放大量的能量。反应式为：

$$_0^1n + _{92}^{235}U \rightarrow _{56}^{141}Ba + _{36}^{42}Kr + 3_0^1n + 能量$$

U-235裂变过程中，每消耗1个中子，能产生2个中子，它又能使其他U-235发生裂变，同时再产生几个中子，再促使U-235裂变，这就形成了链式反应。1939年，法国科学家约里奥·居里用中子轰击铀原子核，铀原子核一分为二并伴生巨大的能量。由于这能量来自原子核内部，于是就被叫作原子能。铀核被击碎时，更会产生2～3个新的中子，飞出来的中子再轰击别的铀核，再放出更多的核能和更多的中子。如此这般，就像链条一样，一环套着一环，接连不断地循环下去，反应将愈演愈烈，因此，被称为链式反应（见图6-2-1）。

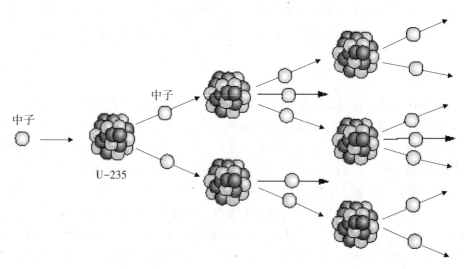

图6-2-1　铀核的链式反应

这个过程如不加以控制，巨大的核能将在几万分之一秒的瞬间迅猛地被激发出来，原子弹就是应用这一原理。1 kg铀原子核全部裂变释放出的能量，约等于2500 t煤燃烧时所放出的化学能。

2. 核聚变

将氘核和氚核放在一起，加热到几百万度（由裂变反应提供），就能结合成氦核，放出比裂变更巨大的能量。反应式为：

$$_1^2H + _1^3H \rightarrow _2^4He + _0^1n + 能量$$

放出的能量是一个铀核裂变放出能量的17.6倍。利用原子核能制成原子弹和氢弹，是一类有极强杀伤力的武器。若控制核能的释放速度，可以和平利用核能，作为能源发电，为人类造福。

3. 核电站

用核裂变能作为能源发电的发电站称为核电站，见图6-2-2。利用原子反应堆做能源，将水加热，变成水蒸气，推动汽轮发电机发电。

最先使用U-235做燃料的核反应堆，以后扩展到利用U-238和钍-232，它们在地壳中蕴藏量大，如能全部利用，可供人类用几千年。

如果能够利用核聚变反应，则聚变反应能提供的能量更丰富。地球上的海水有1.37×10^{18} t，在海水中含有大量的氘，1 kg海水中平均约含有3 mg氘，而每毫克氘放出的能量相当于100 L汽油燃烧时放出的能量。因此，如果能从海水中提取氘作为核动力，使海水里的氘的核能释放出来，这些能量足以供人们用上百亿年，而且聚变反应取得的核能不会产生环境污染问题，因此，它是一种理想的新能源。

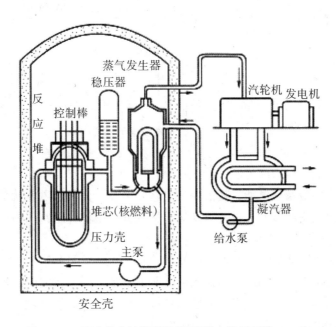

图6-2-2　秦山核电站原理示意图(引自张平柯等,2006)

三、新能源的开发利用

（一）太阳能

太阳是一个炽热的气体球，蕴藏着无比巨大的能量。地球上除地热能和核能之外，所有能源都来源于太阳能，因此，太阳能是人类的"能源之母"。地球上各种能源都起源于太阳，太阳不断地进行着激烈的热核反应，释放出大量核能，并以辐射波的形式传送到宇宙空间。太阳每秒钟向宇宙辐射的能量，大约相当于 $1.3×10^{18}$ t 标准煤燃烧时放出的热量，其中的 1/（22亿）传到地球上来。这些能量中一部分以短波辐射的形式返回宇宙空间，另一部分被大气、陆地和海洋吸收，最后以长波形式返回宇宙空间；被地球上植物光合作用利用的能量大约只有 0.02%。如果一年中地球获得的全部太阳能全部加以利用，约可供人类用 3 万多年，而太阳的聚变估计可以维持 60 亿年以上。可见，太阳可称得上是人类取之不尽、用之不竭的能源宝库。

太阳能的利用方法主要有以下三种：

1. 太阳能的光热转换

由于太阳能比较分散，能量密度低，必须设法把它集中起来，所以集热器是利用太阳能装置的关键部分，其目的是设法增加辐射能的吸收量，减少反射量。近十多年来，太阳能的光热利用发展很快，已经制成了各式各样的太阳能集热器，将太阳光的热能用于取暖、制冷、冶炼、洗浴、发电等许多方面，大大节省了其他能源。常见的利用太阳能光热转换装置有太阳能热水器、太阳能辐射灶、太阳能发电站（图6-2-3）等等。

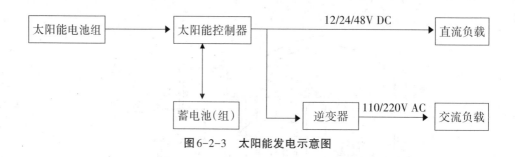

图6-2-3　太阳能发电示意图

2. 太阳能的光电转换

要将太阳能直接转换成电能，就需要能量转换装置，太阳能电池就是一种光电能量转换器。太阳能电池使用的转换元件一般是硅，称为硅光电池。通常用的硅太阳能电池的转化率高达 13%～17%。

太阳能电池为太阳能的利用开辟了广阔的途径，人造卫星和宇宙飞船探测宇宙空间时使用了重量轻、使用寿命长和耐冲击振动的太阳能电池。卫星和飞船的巨大铁翅膀上就密密麻麻排满了太阳能电池，组成了太阳能电池板。此外，太阳能飞机、太阳能汽车、太阳能电视机、太阳能电话等，都是使用太阳能电池而工作的。

3. 太阳能的光化学转换

目前，太阳能与化学能之间的转换主要通过植物的光合作用和光催化反应来实现（图

6-2-4）。由于氢气是除核燃料外，发热值最高的一种燃料，且其燃烧性能好，燃点高，燃烧速度快，无毒，在氧化燃烧或转化过程中主要产物为水，所以，氢气是理想的能量载体。

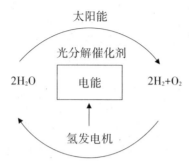

图6-2-4　太阳能光化学分解制氢循环模式

这为太阳能的能量储备开辟了一条新的道路。太阳能可以通过先转化为氢气进行储备。但是要想获得一种既经济又可行的太阳能-氢能的转化方式并非易事。人们设想过通过太阳能电解水的方法，但需要高温太阳炉将水或水蒸气加热到3000 K以上，水才开始分解，但分解水的加热温度很高，装置的具体结构设计困难，需要发展耐高温材料，成本太大。于是有人提出一种最经济、最理想的获得氢能源的循环体系，其过程类似于光合作用。在水中添加某种光敏物质做催化剂，增加水对长波光的吸收，利用光化学反应制氢，但急需研究的是光分解催化剂。再如，利用光合作用使生长快的小球藻等大量繁殖，小球藻含有丰富的脂肪和蛋白质，把藻类收集、晒干后可做燃料，这样贮存的是生物能。若让藻类发酵，生产沼气（主要成分是甲烷），可做气体燃料。

（二）风能

风能是太阳能的一种转换形式，地球接收到的太阳辐射能约有2%转化为风能（图6-2-5）。据估计，全球的风能总量有274万亿kW，其中可利用的约为200亿kW。这是一个巨大的潜在的能源宝库，是一种取之不尽、可再生、无污染、储量巨大但尚未得到大力开发利用的新能源。

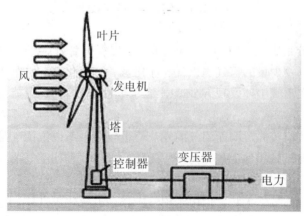

图6-2-5　风力发电原理示意图

目前，世界各国对风能的利用，主要是以风能做动力和发电两种形式。其中又以风力发电为主。1891年，丹麦建造了世界上第一座试验性的风能发电站。自此之后，一些欧洲国家如荷兰、法国等，纷纷开展风能发电的研究。截至2014年年底，世界风力发电总量居前三位的分别是德国、西班牙和美国，它们的风力发电总量占全球风力发电总量的60%。以风能做动力就是利用风轮来直接带动各种机械系统的装置，如带动水泵提水。风力提水装置结构简单，易于维护和操纵。澳大利亚的许多牧场，都设有风力提水机。还有一些风力资源丰富的国家，还利用风力发动机铡草、磨面和加工饲料等。

我国地域辽阔，蕴藏着非常丰富的风能资源。据计算，全国风能资源总量约为每年16亿kW，其中可开发的约为每年1.6亿kW。我国东南沿海岛屿以及西北牧区、西南山区严重缺电，但风能资源较大，有着发展风力发电的优良条件。因此，在我国因地制宜地开发利用风能，不仅可以扩大能源，而且有助于解决边远地区用电需要，有着现实的重要意义。

（三）沼气

沼气是一种可燃气体，由于这种气体最早是在沼泽、池塘中发现的，所以称之为沼气（图6-2-6）。我们通常所说的沼气，并不是天然产生的，而是人工制取的，所以属于二次能源。早在1857年，德国化学家凯库勒就研究清楚了沼气的化学成分，但这个"出身低微"的气体能源，始终没有引起人们的重视。直到最近一二十年，随着人类对能源的需求不断增长，沼气才逐渐受到人们的注意。

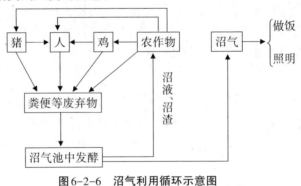

图6-2-6　沼气利用循环示意图

沼气的主要成分是甲烷（CH_4）气体。通常，沼气中含有60%～70%的甲烷，30%～35%的二氧化碳，以及少量的氢气、氮气、硫化氢、一氧化碳、水蒸气和少量高级的碳氢化合物。近年来，在沼气中还发现有少量剧毒的磷化氢气体，这可能是沼气会使人中毒的原因之一。

甲烷气体的发热值较高，因而沼气的发热值也较高，所以说沼气是一种优质的人工气体燃料。甲烷在常温下是一种无色、无味、无毒的气体，它比空气要轻。由于甲烷在水中的溶解度很低，因而可用水封的容器来储存它。甲烷在燃烧时产生淡蓝色的火焰，并释放出大量的热。甲烷气体虽然无味，但由于沼气中掺杂有硫化氢气体，所以沼气常常带有一种臭蒜味或臭鸡蛋味。

生产沼气的原料丰富，来源广泛。人畜粪便、动植物遗体、工农业有机物废渣和废液等，在一定温度、湿度、酸度和缺氧的条件下，经厌氧性微生物的发酵作用，就能产生出沼气。沼气是一种可以不断再生、就地生产、就地消费、干净卫生、使用方便的新能源。目前，它可以代替汽油、柴油，开动内燃机发电，驱动农机具加工农副产品，也可以用来煮饭、照明。

我国广大农村有着丰富的沼气资源。据统计，如果将全国的农作物秸秆和人畜粪便的一半利用起来，就可年产沼气650亿m^3，这就相当于1亿多吨的煤炭燃烧释放的热量。由此可见，沼气在我国未来农村能源建设中有着重要的作用，而在我国农村推广沼气的使用也是一件紧迫的事情。现在，世界上一些发达国家和能源短缺的发展中国家，如美国、德国、日本、法国、尼泊尔、菲律宾、印度等，都在积极开发和利用沼气。

（四）氢能

在众多的新能源中，氢能将会成为21世纪最理想的能源。这是因为，在燃烧相同质量的煤、汽油和氢气的情况下，氢气产生的能量最多，而且它燃烧的产物是水，不会污染环境；更为重要的是，氢主要存在于水中，燃烧后唯一的产物也是水，可源源不断地产生氢气。

氢是一种无色的气体，燃烧1 g氢能释放出142 kJ的热量，是汽油发热量的3倍。氢的重量特别轻，它比汽油、天然气、煤油都轻，因而携带与运送方便，是航天航空等高速飞行交通工具最合适的燃料。氢在氧气里能够燃烧，氢气火焰的温度可高达2500 ℃，因而人们常用氢气切割或者焊接钢铁材料。

在自然界中，氢的分布很广泛。水是氢的大"仓库"，其中含有11%的氢。泥土里约有1.5%的氢；石油、煤炭、天然气、动植物体内等都含有氢。氢的主体是以水的形式存在的，而地球表面约71%为水所覆盖，储水量很大；如果能用合适的方法从水中制取氢，那么氢将是一种价格相当便宜的能源。

氢的用途很广，适用性强。它不仅能用作燃料，而且金属氢化物具有化学能、热能和机械能相互转换的功能。例如，储氢金属具有吸氢放热和吸热放氢的本领，可将热量储存起来，作为房间内取暖和空调使用。氢作为气体燃料，首先被应用在汽车上。1976年5月，美国研制出一种以氢气做燃料的汽车；20世纪70年代末期，前联邦德国的奔驰汽车公司已对氢气进行了试验，他们仅用了5 kg氢，就使汽车行驶了110 km。氢既可用作汽车、飞机的燃料，也可用作火箭、导弹的燃料。美国飞往月球的"阿波罗"号宇宙飞船和我国发射人造卫星的长征运载火箭，都是用氢做燃料的。

开发利用氢能的主要难题是成本较高和贮存使用很不安全，一时还难以普遍使用。因此，积极探索研究新的制氢和贮存方法势在必行。

第三节　生物的种群与群落

地球上现今生存着数量惊人的生物，据估计有$5×10^6$～$10×10^7$种，甚至更多，已经命名的约有$1.4×10^6$～$1.7×10^6$种。为了认识它们，人们进行了大量的研究，建立了生物分类等级系统，把生物分为界、门、纲、目、科、属、种7个等级，其中种（或称物种）是分类系统的基本单元。

一、生物种群

种群是同种生物个体的集合体。任何一个种群都是由许多个体组成的，这些个体占据着一定的分布区。在其分布区内，既有适合生存的环境，又有不适合生存的环境，物种就在分散的、不连续的环境里形成不同大小的个体群。这些群体是物种存在的基本单位，其大小往往随时间的推移而变化。由此可知，种群是由一定时间内占据一定地区或空间的同种个体组成的生物系统。种群无论在空间上，还是在时间上，都可随研究者的目的去任意划分。它既可以大到全球蓝鲸种群，又可以小至一片草地上的黄鼠狼种群，甚至可以限定为实验室中饲养的一瓶草履虫这一实验种群。

各类生物种群在其正常生长发育条件下，具有一些共同特征。

1. 种群在空间分布格局上表现为均匀型、随机型和集群型三类（见图6-3-1）。种群空间分布格局的均匀型是指种群内各个个体在空间上呈等距离分布；随机型是指种群内每个个体在空间上均随机地分布；集群型是指种群内个体在空间上是成群、成簇、成斑点状或片状地密集分布。了解种群的分布格局，对选择统计种群密度的方法具有重要意义。

2. 种群的繁殖力受出生率、死亡率、迁入率和迁出率的影响。了解种群的繁殖力，对于掌握种群动态、确定物种环境容量和调控种群数量具有重要意义。

3. 种群的年龄结构呈三种金字塔类型，即增长型种群、稳定型种群和下降型种群（图6-3-2）。增长型种群的年龄结构呈典型的金字塔形，基部阔而顶部窄，表示种群中有大量的幼体和极少的老年个体，这种种群出生率大于死亡率，是一个迅速增长的种群。稳定型种群的年龄结构呈钟形，基部和中部近于等宽，即种群中幼年个体与中年个体数量大致相等，出生率和死亡率大致平衡，种群数量稳定。下降型种群的年龄结构呈壶形，基部窄而顶部阔，表示种群中幼体比例小而老年个体比例大，出生率小于死亡率，是一个数量趋于下降的种群。

4. 种群的性比接近1∶1。种群中雄性和雌性个体数目的比例称为性比，亦称性别结构，它也是种群动态研究的内容之一。对大多数动物来说，雄性和雌性的比例较为固定，接近于1∶1。只有少数动物，尤其是较为低等的动物，在不同的发育时期，性比会发生变化。

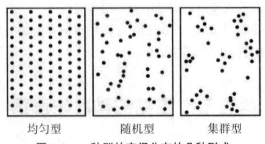

均匀型　　　　随机型　　　　集群型

图6-3-1　种群的空间分布的几种形式

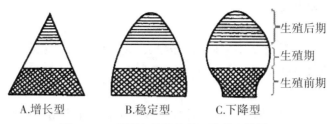

A.增长型   B.稳定型   C.下降型

图6-3-2 种群年龄结构的三种基本类型

二、生物群落

（一）生物群落的概念

自然界中的生物都不是单独孤立地存在的，而是多种生物生活在一起。在一定地域内，共同生活在一起的各种生物（包括各种植物、动物和微生物）以多种多样的方式相互作用、相互联系、彼此适应形成的具有一定组合规律的生物群体叫生物群落。根据生物群落的生物组成，可将其进一步分为植物群落、动物群落和微生物群落三大类。不同的生物群落有着不同的外貌。例如，森林、草原、灌丛的外貌迥然不同，森林中针叶林和阔叶林的外貌也有明显的差异。每一个相对稳定的群落都由一定的种类组成，不同群落其种类组成是不同的，群落中生物种类的丰富程度与环境条件的优越程度和复杂程度以及群落发育的时间长短有关。一般来说，环境的水热条件和营养条件越优越，环境条件越复杂，发育时间越长，种类就越丰富，反之则贫乏。所以，陆地上低纬度地带的群落比高纬地带的群落种类丰富，同一纬度地带山地比平原丰富，森林比草原丰富，大陆比岛屿丰富。

（二）群落的基本特征

群落和种群一样，种群的特征是组成种群的个体所不具有的，而群落的特征是组成群落的各个种群所不具有的，这些特征只有在群落水平上才有意义。群落主要有以下五个基本特征：

1.物种的多样性

一个群落总是包含着很多种生物，其中有动物、植物和微生物。因此，我们在研究群落的时候，首先应当识别组成群落的各种生物，并列出它们的名录，这是测定一个群落物种多样性的最简单方法。

2.植物的生长型和群落结构

组成群落的各种植物常常具有极不相同的外貌，根据植物的外貌可以把它们分成不同的生长型，如乔木、灌木、草本和苔藓等。对每一个生长型还可以做进一步的划分，如把乔木分为阔叶林和针叶林等。这些不同的生长型将决定群落的层次性。

3.优势现象

在一个群落中，并不是组成群落的所有物种对决定群落的性质都起同等重要的作用。在几百种生物中，可能只有很少的种类能够凭借自己的大小、数量和活力对群落产生重大影响，这些种类就称为群落的优势种。优势种具有高度的生态适应性，它的存在常常影响着其他生物的生存和生长。

4. 相对数量

群落中各种生物的数量是不一样的，因此，我们就可以计算各种生物数量之间的比例，这就是物种间的相对数量。

5. 营养结构

营养结构指生物之间的取食关系，这种取食关系将决定群落中的能量流动和物质循环（植物→植食动物→肉食动物）。

（三）群落的主要类型

由于地球不同地区具有不同的自然环境，因此形成各种各样的生物群落。不同群落，其生态环境、群落特征和地理分布差异很大。

1. 热带雨林

热带雨林分布在亚洲东南部、非洲中部和西部、澳大利亚东北部以及中美洲和南美洲的赤道附近。年降雨量在2000～2250 mm之间，全年雨量分布均匀。全年温度和湿度都很高，年平均温度约为26 ℃。因此，热带雨林中的植物生长迅速，生物死后的分解速度也很快。热带雨林是地球上物种种类最丰富的地区，但是每一种生物的数量却很少，缺乏明显的优势种。

2. 沙漠（荒漠）

沙漠又称荒漠，主要分布在年降雨量不足250 mm的世界各地。地球上比较大的沙漠大都分布在北纬30°和南纬30°之间。撒哈拉沙漠、阿拉伯沙漠和我国的戈壁沙漠呈不连续的条状分布横贯非洲和亚洲大陆。沙漠地区雨量稀少、昼夜温差大、物种种类少。

3. 草原

草原地区的年降雨量大约为250～750 mm。草原可分为高草草原和矮草草原，且高草草原的降雨量一般高于矮草草原。高草草原的优势种类是须芒草，这种草可以长到1～2 m高，密密地覆盖着地面。而矮草草原主要生长着野牛草和其他一些禾本科植物，高度只有几厘米。草原地区动物种类也很多，如草原哺乳动物、食肉动物、鸟类、爬行动物等。

4. 温带落叶阔叶林

温带落叶阔叶林分布于北半球气候温和的温带地区，主要树种是落叶阔叶乔木。其下灌木和阔叶草本植物发育得很好，种类也很丰富。落叶阔叶林带的气候是比较温和的，雨量全年分布比较均匀。温带落叶阔叶林动物种类和数量也很多。

5. 北方针叶林

北方针叶林又称泰加林，大部分位于北纬45°～57°之间，是世界木材的主要产地。北方针叶林带气候寒冷，但是雨量比苔原丰富，降雨多集中在夏季。

北方针叶林主要由常绿的针叶树种组成，主要种类有红松、白松、云杉、冷杉和铁杉。由于透光性很弱，所以林下植被不发达，主要是兰科植物和石楠灌丛。动物种类比较丰富。

6. 苔原（冻原、冻土带）

苔原又称冻原或冻土带，主要分布在北纬60°以北环绕北冰洋的一个狭长地带。这里是永久冻土带，土壤从几厘米以下终年冻结不化，因此大大限制了植物根系的发育。苔原地带气候严寒，雨量和水分蒸发量都很少。在最温暖的月份，月平均温度也在10 ℃以下，而在最潮湿的月份，月平均降雨量也只有25 mm。苔原的物种种类贫乏。

高山苔原和极地苔原非常相似，所不同的是高山苔原没有永冻层，排水条件比较好，植物的生长季比较长。在高山苔原，地衣和苔藓植物比较少，而显花草本植物比较多。

7. 淡水生物群落

淡水生物群落可分为流水生物群落和静水生物群落两种类型。流水生物群落包括溪流生物群落和河流生物群落等。溪流和河流通常上游河床窄、水浅、流速快，但是在整个流程中河床会逐渐加宽、水变深、水流速度逐渐减慢。有些生物能够黏附或附着在水中物体（如岩石、植物）的表面，但是这种附着生物只有在溪流的上游才能找到，如丝状的蓝绿藻和各种吸附着岩石生活的无脊椎动物（如蜉蝣、石蚕的稚虫和真涡虫等）。沿着溪流下行，就逐渐会出现漂浮植物和挺水植物，还有吸附着岩石生活的无脊椎动物和在底泥中钻埋生活的动物，如蛤和穴居蜉蝣。

静水生物群落包括池塘生物群落、沼泽生物群落和湖泊生物群落等，根据类型不同，其物理、化学和生物学特性也不相同，但是每个静水生物群落都可以大体上分为三个带，即沿岸带、湖沼带和深水带。

沿岸带从岸边开始，一直延伸到有根植物所能生长的最里边为止，其间要经过有根挺水植物生长区（芦苇、香蒲等）、有根浮叶植物生长区（水百合等）和有根沉水植物生长区等。栖息在沿岸带的动物有青蛙、蜗牛、蛇、蛤和各种昆虫的成虫和幼虫。湖沼带占有除沿岸带以外的全部水面，一直向下延伸到阳光所能穿透的最大深度。湖沼带生活着各种浮游植物（硅藻和蓝绿藻）和各种浮游动物（从原生动物到小甲壳动物），以及各种自游动物，如鱼类、两栖动物和比较大的昆虫。深水带是指比湖沼带更深的水域，这个水域只有在水极深的大型湖泊或水库中才有。深水带没有阳光，不能进行光合作用，因此深水带中的食物主要是湖沼带中生物死亡后沉降下来的遗体和有机碎屑。湖底生物主要是各种分解者。

8. 海洋生物群落

海洋生物群落依生物栖息的环境特点可以分为海岸带生物群落、浅海带生物群落、远洋带生物群落和海底带生物群落。

海岸带是指位于大陆和开阔大洋之间的海岸线地区，这里受海浪和潮汐的冲击最大，温度、湿度和光强度的变化也很大。沿着岩石海岸，我们可以找到各种各样的固着生物，如海藻、藤壶和海星等，它们的种类比其他任何地方都多。在沙质海岸，生物多在沙中营钻埋生活，如沙蟹和各种沙蚕。在泥质海滩上栖息大量的蛤、沙蚕和甲壳动物。

浅海带是指大陆架海域，从海岸带的低潮线一直延伸到大约200 m深处。浅海带约占整个海洋面积的7.5%。浅海带的生物种类丰富，生产力也很高，这是因为这里海水比较浅，能为阳光所穿透，而且有来自大陆的营养物补给。但是，生物种类和生产力将随着水深的逐渐增加而减小。浅海带的海底有大型海藻群落（如海带）和各种较小的单细胞、多细胞藻类。瓣鳃类和腹足类软体动物、多毛类（如沙蚕）和棘皮动物也是海底最常见的动物。

远洋带是指开阔的大洋，约占海洋总面积的90%。在远洋带海面进行光合作用的浮游植物主要是硅藻和双鞭甲藻。远洋带的浮游动物主要有桡足类甲壳动物和箭虫。自游动物有虾、水母和栉水母。远洋带虽然占海洋的大部分，但是海水的营养物质含量很低，因此生产力也很低。但远洋带却能养活像露脊鲸和蓝鲸这样巨大的动物。在远洋带没有光线的深海里，只有异养生物能在那里生存，它们完全依靠从海洋上层沉降下来的生物残体为食，即所谓的依靠"尸雨"为生。

海底带从大陆架的边缘一直延伸到最深的海沟，海底铺满厚厚的软泥，这些海底软泥主要是由有孔虫、放射虫、腹足类软体动物和硅藻的骨骼所构成的。生活在海底带的生物全都是异养生物，其中很多种类都"扎根"在海底软泥中，如海百合、海扇、海绵和鳃足类甲壳动物。腹足类和瓣鳃类软体动物也包埋在软泥之中，而海星、海黄瓜和海胆在软泥表面爬行。

（四）群落演替

1.群落演替的概念

一块农田，如果人们不去播种庄稼，而是任其自由发展，那么这块农田将会发生什么变化呢？不需很久，农田里就会长满各种野草、黄花菜和其他草本植物。几年之后，农田的面貌又会发生变化，草本植物减少了，各种灌木却繁茂地生长了起来，如黑草莓、野葛和山楂等。再过一些年，野樱桃树、松树和杨树也在这里长了起来，灌木又被挤到了次要地位。最后，这块农田将演变成一片森林，槭树、山核桃树和松树等可能成为那里的优势树种。这片森林在不受外力干扰的情况下，将会长期占领那里，成为一个非常稳定的森林群落，这个群落将不会再被其他群落所代替，所以叫顶极群落。

上述农田的演变过程是一些植物取代另一些植物，一个群落取代另一个群落的过程，这个过程直到出现一个顶极群落才会终止。群落的这种依次取代现象就叫作演替。群落的演替是一个有规律的、有一定方向的并且可以被人们预测的自然过程。从草本植物到灌木、从灌木到森林、从森林到顶极群落这一完整的演变过程就称为一个演替系列，而演替所经历的每一个群落都称为演替系列阶段。

每一个演替系列阶段都是一个独立的群落，它有自己独特的群落结构和物种成分。每一个演替系列阶段所经历的时间长短不同，短则一两年，长则几十年和几百年不等。一般说来，在温暖潮湿的气候条件下，演替进展比较快；在寒冷和干燥的气候条件下，演替速度比较慢。在寒冷的阿拉斯加，即使是先锋植物阶段的演替（地衣苔藓植物群落）也需要花费25~30年的时间（见表6-3-1），而在热带地区，这个阶段的演替时间只需3~5年就够了。

表6-3-1　阿拉斯加苔原演替情况

	阶段	时间
1	先锋植物阶段	25~30年
2	草本植物阶段	100年
3	早期灌丛阶段	200年
4	晚期灌丛阶段	300年
5	苔原顶级群落	5000年

2. 群落演替与物种多样性

随着群落演替的进行，组成群落的生物种类和数量会不会发生变化呢？在这里，我们先以一个弃耕农田在40年的演替期间，植物的种类和数量发生变化的情况为例进行说明。农田弃耕开始后1年，田间只有草本植物生长，主要是禾草。农田弃耕4年以后，就出现了一些灌木。农田弃耕到25年的时候，乔木开始出现，并逐渐增加。到农田弃耕第40年的时候，草本植物、灌木和乔木三种类型同时存在，数量也大体相等。可见，随着演替的进行，三种类型植物的种数有所增加，特别是灌木和乔木。

一般说来，在演替的初期，植物种类比较少，但是每一种植物的种群密度比较大；到演替后期，植物种类增多，但是每种植物的种群密度下降，而且各种植物的密度也更趋于一致。这说明，在演替过程中随着物种多样性的增加，各物种之间在数量上的差异逐渐减小，演替早期阶段少数物种往往占有明显优势的状况逐渐消失。因此，演替过程可引起物种多样性增加，每种物种的种群密度下降。

第四节 生态系统与生态平衡

自然界是由生物（包括动物、植物、微生物及人类）与非生物因素（如土地、水、气候等）组成的，两者之间不断地进行物质循环和能量流动，成为一个不可分割的统一整体。

一、生态系统

（一）生态系统的概念

生态系统是指在一定的空间内，生物的成分和非生物的成分通过物质的循环和能量的流动相互作用、相互依存而构成的一个生态学功能单位。在自然界，只要在一定空间内存在生物和非生物两种成分，并能相互作用，达到某种机能上的稳定性，这个整体就可以视为生态系统。因此，在地球上，有许多大小不同的生态系统，大至生物圈、海洋、陆地，小至森林、草原、湖泊和小池塘。除了自然生态系统外，还有人为生态系统，如农田、果园和用于验证生态学原理的各种封闭的微宇宙。

（二）生态系统的组成

任何生态系统都是由非生物成分和生物成分两大部分组成的，而生物部分则由生产者、消费者、分解者所组成，这四个组分构成一个完整的生态系统（图6-4-1）。

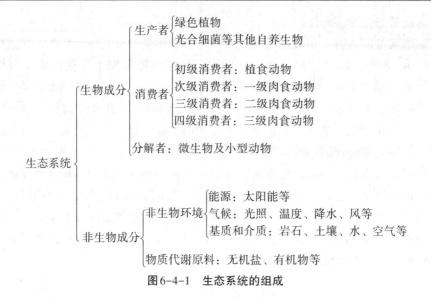

图6-4-1　生态系统的组成

1.非生物成分

非生物成分指生物赖以生存的物质和能量的源泉，包括太阳光能和热能、水分、空气和矿物盐类等，这些成分共同组成大气、江河、湖海和土壤环境，成为生物活动的场所。

2.生物成分

按取得能量的方式和所起的作用不同可将生物成分分为三个类群：

（1）生产者

生产者是生态系统中的自养生物，主要为绿色植物，也包括光合作用和化学能合成的某些细菌。它们吸收光能，通过光合作用制造有机物质。化学能合成细菌则不利用太阳光能，而是靠氧化无机化合物取得能量后，将二氧化碳和水合成为有机物质。生产者所生产的有机物质成为其自身和其他生物生命活动的食物和能源。

（2）消费者

消费者是生态系统中的异养生物，它们是以生产者生产的有机物为食的各种生物，包括动物、寄生和腐生的菌类以及人类自身。消费者包括所有以活的动植物为食的动物，它们都依靠植物为生（直接取食植物或间接猎食食草动物）。直接取食植物的动物叫植食动物，又称初级消费者（如昆虫、牛、羊、兔）；以植食动物为食的动物叫次级消费者，如青蛙、蝙蝠和某些鸟类；以次级消费者为食的动物是三级消费者，如狐和狼；以三级消费者为食的动物是四级消费者，如狮和虎。有些动物既取食植物又取食动物，是杂食性动物，如一些鸟类和鱼类。例如：有些鱼类既吃水藻、水草，又吃水里的无脊椎动物，属于杂食性动物，所有这些动物都是消费者。寄生动物也是消费者，因为它们不是寄生在活的植物体内就是寄生在活的动物体内，靠取食其他生物的组织、营养物或分泌物为生。

（3）分解者

分解者属于生态系统中的异养生物，主要是微生物（如真菌、细菌等）、某些原生动物及腐食性动物（如吃枯木的甲虫、白蚁、蚯蚓和某些软体动物等）。它们把复杂的动植物尸体和残枝分解为简单的化合物和元素，归还到非生物环境中，供生产者再次利用，自已也从中获取营养能量。

对任何一个生态系统来说，非生物环境、生产者和分解者是必不可少的基本成分。假如没有非生物环境，则生产者没有光能来源和无机原料以及其他适宜的环境条件而无法生产，其他生物也就没有食物能源，因此，就不可能存在任何形式的生命和生命活动。如果没有生产者，其他生物如消费者和分解者均不会存在，只可能是非生物环境的无机世界；假如没有分解者，死亡的有机体和排泄物在生态系统内不断积累，生产者最终因得不到所需的无机养分而消失，生态系统也就不能持续地运转和存在。虽然，消费者不是生态系统的必需成分，但对于生态系统的持续发展具有重要作用。如许多植物要靠昆虫传粉或靠其他动物传播种子；如果没有动物啃草，草原也会由于生长过盛而导致衰退。

（三）食物链与食物网

1. 食物链

生态系统中生产者所固定的能量和物质，通过一系列取食和被食的关系在生态系统中传递，各种生物按其食物关系排列的链状顺序称为食物链。食物链长短不一。最简单的食物链是由2个或3个环节组成的，如狐狸吃兔、兔吃草。在海洋里，金枪鱼吃较小的靖鱼，靖鱼吃更小的鲜鱼，鲜鱼吃甲壳动物，甲壳动物吃单细胞藻类，而人类吃金枪鱼，这就形成了有6个环节的食物链。

2. 食物网

生态系统中的食物营养关系往往是相当复杂的。一种生物常常以多种食物为食，而同一种食物又常常为多种消费者取食，于是食物链交错起来，多条食物链相连，形成了食物网（见图6-4-2）。

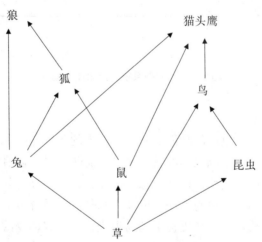

图6-4-2 温带草原生态系统食物网简图

食物链和食物网在生态系统中起着重要的作用。它们不仅维持着生态系统的相对平衡，并推动着生物的进化，成为自然界发展演变的动力。这种以营养为纽带，把生物与环境、生物与生物紧密联系起来的结构，称为生态系统的营养结构。

（四）生态系统的功能

生态系统的主要功能，是在生态系统各成分之间不断进行能量流动、物质循环和信息传递，这是通过各种营养关系，以食物链的形式相互联系在一起的。

1. 生态系统的能量流动

一切生物的生命活动都需要能量，也就是说，如果没有能量的供给，生态系统就无法维持下去。生态系统内能量最终来源于太阳能。生产者通过光合作用将光能转变为化学能，并将化学能贮存在有机物中。生产者所固定的能量并不能全部被初级消费者所利用，其中的一部分能量用于生产者自身的新陈代谢等生命活动，也就是通过呼吸作用被消耗掉，还有一部分的植物未被动物取食。同样，初级消费者所获得的能量也不会全部被次级消费者所利用，依次类推，能量在沿食物链逐渐流动的过程中会越来越少。生产者和消费者的遗体和粪便等，则被分解者所利用，并且通过分解者的呼吸作用，将其中的能量释放到环境中去（见图6-4-3）。因此，能量流动是单向性的，生态系统必须不断地从外界获取能量。

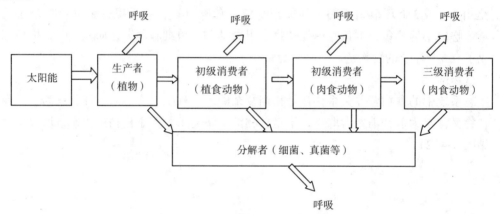

图6-4-3 生态系统的能量流动图解

2. 生态系统的物质循环

物质循环也是生态系统重要的功能之一。自然界的各种化学元素被植物吸收即从无机环境进入了生物界，并沿着生物之间的营养关系而流转，最后以排泄物和残体的分解形式又回到环境中去，如此周而复始，循环不息。因此，物质循环与能量流动不同，它能在生态系统中再次被利用，不断地参与循环。例如，森林生态系统中氮从空气、水和土壤等领域被植物吸收，又通过植物被动物摄食被动物吸收，但随着动物的排泄物和死亡，氮又返回大气、水和土壤中，还可被利用（图6-4-4）。

3. 信息传递

生态系统中信息传递不像物质流那样是循环的，也不像能量流动那样是单向的，而往往是双向的，有输入至输出的信息传递，也有从输出向输入的信息反馈。生态系统中有各种各样的信息，主要有物理信息、化学信息、营养信息和行为信息这四种。生态系统的信息传递在沟通生物群落内各生物种群之间的关系及生物种群和环境之间的关系中都起着重要作用。

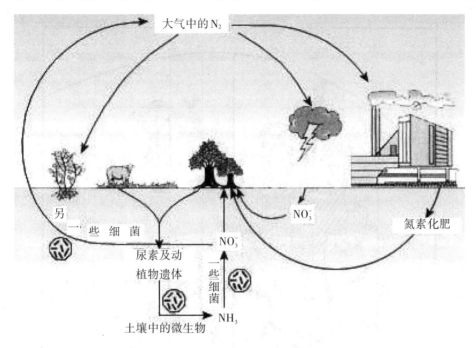

图6-4-4 自然生态系统中氮的循环图

（五）生态系统的类型

整个地球表面形成了一个广大的生态系统。根据地表环境中的水分状况，生态系统可划分为陆地生态系统、海洋生态系统和淡水生态系统三类。

1. 陆地生态系统

陆地的非生物环境极其复杂，使陆地生物的种类繁多，由此形成了很多类型的陆地生态系统，主要类型有热带雨林，分布在赤道两侧；热带草原，分布在非洲东部、南美巴西高原等地；亚热带常绿阔叶林，分布在我国东南部和美国、澳大利亚等地；温带落叶阔叶林，集中分布在西欧、东亚和北美，包括我国的华北、东北地区；寒温带针叶林，广泛分布在寒温带地区，横贯欧、亚、美三大洲北部；温带草原，分布在中纬度大陆内部，包括欧亚大陆、北美大陆内部和南美的阿根廷；荒漠，分布在亚热带和温带极端干旱少雨的地区；冻原，分布在欧亚及北美大陆最北部寒冷地区。详见图6-4-5。

2. 海洋生态系统

海洋生态系统属于水生生态系统。水具有流动性，水生生物地理分布较广，但水生生态系统的类型比陆地生态系统少。

海洋生态系统可分为三个类型，即海岸带、浅海带和远洋带。海岸带位于海陆交界处，水深几米到几十米，生物成分复杂，从浮游植物到各种软体动物均有。浅海带主要位于大陆架，水深一般不超过200 m，具有稳定的生存条件和丰富的食物，藻类鱼类繁多。远洋带指大陆架以外的广阔海洋区，水深超过200 m，甚至可深达10 000 m以上。海洋生态系统是地球生态系统中面积最大、层次最多的一个生态系统。

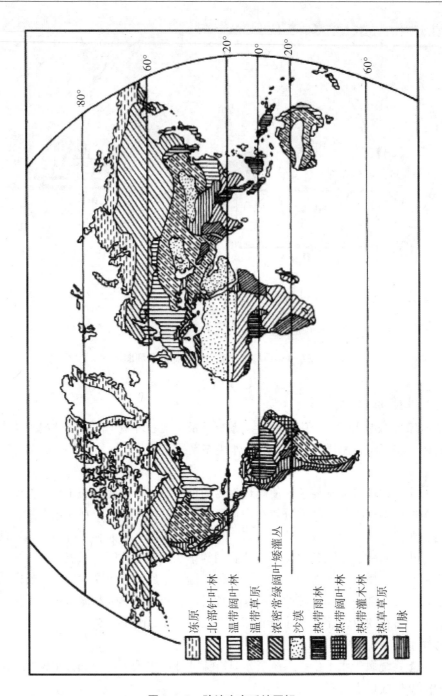

图6-4-5 陆地生态系统图解

3.淡水生态系统

淡水生态系统包括流水生态系统和静水生态系统。流水生态系统主要指河流中的生态系统,一般上游生物少,中游生物量增多,下游生物种类最多。静水生态系统以湖泊为代表,较为独特,从沿岸带到深水带又有不同。

二、生态平衡

（一）生态平衡的概念

生态平衡是指自然生态系统中生物与环境之间、生物与生物之间相互作用而建立的动态平衡联系。当一个生态系统的能量和物质的输入输出基本相等时，能量流动和物质循环则保持平衡状态。在一定时期内生物群落的种类和数量保持相对稳定，生产者、消费者和分解者组成了完整的营养结构，即使受到外来的干扰，也能够通过自我调节恢复到原来的稳定状态。在结构良好的阔叶林内进行择伐，只要采伐量不超过生长量，森林系统就能通过调节保持平衡不被破坏。河流受到一定量的污染可以通过沉降、分解和转化等过程达到自净，以恢复原来的稳定状态。

事实上，任何生态系统都处在不断的运动、变化和调节之中，当外界环境条件发生变化时，就会引起生态系统内部的变化。生物为了适应环境条件的变化必须调整自己，建立新的平衡。因此，生态平衡是生态系统处于相对稳定的状态，是一种动态平衡。

（二）生态平衡的内容

生态平衡包括生态系统内两方面的稳定：一方面是生物种类的组成和数量比例相对稳定；另一方面是非生物环境保持相对稳定。例如，生物个体会不断发生更替，但总体上系统保持稳定，生物数量没有剧烈变化，而是在某个范围内来回变化。这同时也表明生态系统具有自我调节和维持平衡状态的能力。当生态系统的某个要素出现功能异常时，其产生的影响就会被系统做出的调节所抵消。生态系统的结构越复杂，能量流动和物质循环的途径越多，其调节能力，或者抵抗外力影响的能力就越强。反之，结构越简单，生态系统维持平衡的能力就越弱。农田和果园生态系统就是脆弱生态系统的典型例子。

（三）影响生态平衡的因素

影响生态平衡的因素有自然因素和人为因素。前者指火山喷发、地震、山洪、海啸、泥石流、雷电等，它们都可使生态系统在短时间内受到严重破坏，甚至毁灭。但是，这些自然因素引起环境强烈变化的频率不高，而且在地理分布上有一定的局限性和特定性。因此，从全球范围来说，自然因素的突变对生态系统的危害不是很大的。后者是指人类的各种活动，它是生态系统中最活跃、最积极的因素。千百年来，人类的各种生产活动愈来愈强烈地干扰着生态系统的平衡，人类用自己强大的技术力量不断地向大自然索取财富，强烈地改变着自然生态系统的面貌。人类因素对生态系统平衡的影响，主要表现在滥用自然资源、污染与破坏环境、盲目引入新物种等。

（四）生态平衡的破坏

一个生态系统的调节能力是有限度的。外力的影响超出这个限度，生态平衡就会遭到破坏，生态系统就会在短时间内发生结构上的变化，例如，一些物种的种群规模发生剧烈变化，可能导致另一些物种的消失，也可能产生新的物种。这种变化总的结果往往是不利的，它削弱了生态系统的调节能力。这种超限度的影响对生态系统造成的破坏是长远性的，生态系统要重新回到和原来相当的状态往往需要很长的时间，甚至造成不可逆转的改变，这就是生态平衡的破坏。

生态平衡一旦被破坏，其后果是极其严重的，轻则生态失调，重则环境破坏，威胁人类的生存，特别是森林和草原等陆地生态系统和江湖等水域生态系统尤为关键。森林在保持自然生态平衡方面起着重要的作用，是陆地上最主要的生态系统，其结构复杂，功能稳定，生物量最高。森林遭到破坏，就会使生态系统的正常结构和功能瓦解，造成大气流动、水分循环的混乱。美国曾为加速开发中西部大规模开垦草原，砍伐森林，致使土地裸露，失去水分，风蚀加剧。20世纪30年代发生的巨大黑风暴，毁坏了大量耕地。

生态失调表现为生态系统的营养结构发生变化，食物链关系受到破坏，生物群落中某些种类减少，特别是生产者的下降必然使功能受阻，能量流动和物质循环不能正常进行，无法保持稳定状态，甚至造成生态系统的崩溃。人类在其发展历史上已经目睹了太多这样的事例。20世纪，美国人在凯巴伯森林为保护鹿而猎杀狼，鹿迅速繁殖，以致成灾，毁坏了整片森林，森林被毁，鹿也好景不长，种群数量急剧减少。17世纪，殖民者宰杀了毛里求斯的渡渡鸟，结果引起的连锁反应就是毛里求斯的一种名贵树种——大颅榄树也逐渐消亡。

第五节　地球环境与环境问题

人类生活在地球上，与生存的自然环境之间相互依存、相互制约，形成一个统一的不可分割的整体。

一、无机环境与有机环境的关系

环境是指围绕着人类的外部世界，是人类赖以生存和发展的物质条件的综合体。环境可分为无机环境和有机环境，前者包括大气、水、土壤等，后者主要指生物。生物是环境的组成部分，无机环境则是生物的生存环境。生物与无机环境密切相关。无机环境影响生物的生活、繁殖和数量变化，生物则通过自己的生命活动经常影响无机环境。生物与无机环境之间不是简单的平衡，而是一种动态平衡，两者之间相互调节、相互适应，从而达到新的相对平衡。

（一）无机环境对生物的作用

生物个体在发育的全部过程中不断地与无机环境进行着物质和能量的交换，它从无机环境中取得必要的能量和营养物质，同时又把代谢产物排放到无机环境中。无机环境对生物的生理、形态和分布影响很大。生物在一个地区的生存是该地区的各种环境要素综合作用的结果，其中对生物的生命活动起直接作用的环境要素称作生态因子，如光、温度、水分、空气、土壤等。

1.光对生物的作用

光是生物的基本能源，它提供光能使绿色植物进行光合作用合成有机物，动物则直接或间接地依赖植物而生存。光的性质、强度和周期直接影响生物的生长发育和形态结构，如植物的开花、动物的繁殖和迁移都与光照的季节变化有关。例如，鸟类的迁徙现象，候鸟能准确无误地感知季节变化，春季北飞繁殖，秋季南迁越冬，这是由于光照长短起了重要的信号作用。

2. 温度对生物的作用

温度与生物的发育分布和生活习性更有直接的关系。随着气温上升，植物生长速度加快。热带和亚热带有利于各种生物生存，种类丰富；而极地或高山寒冷地区生物的种属和个体都大大减少。热带白天高温，许多动物具有明显的夜行性或在晨昏活动，而在寒带，动物则有冬眠习性或用较厚的皮毛和羽毛来抵御寒冷。

3. 水对生物的作用

生命起源于水域环境，水是生物有机体的重要组成成分，没有水就没有生命。不同的水分环境造就了不同的生物生态特征。水生生物可直接生活在水中，海洋中的动物具备适应盐分的调节机能。陆上潮湿环境中植物叶一般大而薄，根系浅而弱，如水浮莲就是如此；相反，干炎热环境中植物叶面往往缩小成针状、鳞片状，或以干季落叶来减少水分蒸发，并且根系发达，如沙漠中骆驼刺的地上茎仅有 5～60 cm 高，主根却长达 5～6 m。

4. 空气对生物的作用

空气的供氧量和空气的运动也对生物产生影响。沼泽地区土壤含氧不足，植物形成特殊的呼吸根伸出地面吸收大气中的氧；热带海岸红树林的呼吸根也很发达，用这些特殊形态来增大吸氧量。空气的运动产生风，风不仅能传播植物的花粉和种子，也能增大植物的蒸腾作用，造成植物的形态变异，甚至折断倒伏。

5. 土壤对生物的作用

植物生长在土壤上，从土壤中吸取其生长发育的养分，因此土壤的性质对植物的作用极大。土壤营养充足，植物生长旺盛，反之，则植物生长差；酸性土宜栽茶、橡胶等，中性土可栽培蔬菜粮食等，碱性土上则多为草原和荒漠植物。陆栖动物在土壤上活动，长期在开阔土地上行走的动物如羚羊、鸵鸟等适应了细长而健壮的腿，骆驼则以特殊的足趾适于在沙漠中生活。

此外，生物作为环境的一个组成部分，对其他生物产生影响，它们既有共生的一面，也是竞争的对手，关系复杂。

（二）生物影响无机环境

无机环境与生物的相互关系，也表现在生物对无机环境的作用上。生物参与了无机环境中能量交换和物质循环过程，影响到地球各个圈层的物理化学变化。

1. 生物改变大气成分

原始大气中不含游离氧，绿色植物出现后，通过光合作用产生氧使原始大气从无氧大气变为有氧大气。同样，原始大气中氮的含量原本也不多，由于土壤微生物的固氮作用将火山喷发时带出的少量氮留在大气中，使氮成为现代大气的主要成分。而现代人类的经济活动造成大气中 CO_2 含量的增加，森林遭破坏使植物覆盖面积大规模缩小，也改变了大气的成分。

2. 生物影响水循环

森林对水循环的作用是巨大的。森林通过树冠枝叶有截留雨量的作用，增加了林中湿度，减少了地表径流，能延长地表水的流动时间，调节局部地区的水循环，也改善了大气中的水分状况和含氧量，有利于水土保持。

3. 生物参与岩石和土壤的形成

组成地壳的部分岩石是生物作用形成的，珊瑚礁、硅藻土是海洋生物死亡后的残骸堆积而成的，石油、天然气和煤层都是有机生物体大量堆积掩埋后的产物。土壤发育的关键也是生物过程，通过植物进行养分循环造就了土壤。土壤有机质是植物利用土壤中矿物营养构成有机分子，植物死亡后又经微生物分解形成的。

（三）生物对无机环境的适应

在生物进化过程中，不同无机环境中的生物对其生存条件有明显的适应性，表现在生物的形态结构、生理机能和行为特征上。即使无机环境变化，生物也会产生新的适应性。这是自然选择和适者生存的自然规律的作用，有利于生物的生存与繁衍。

1. 形态适应

许多动物借助保护色、警戒色和拟态等躲避捕食者而得以生存。生活在草地、池塘里的青蛙为绿色，活动在农田土丘一带的泽蛙是灰褐色。有些有毒生物体的体色非常艳丽，称为警戒色，作为对捕食动物的一种预先警告。例如，颜色鲜艳的毒蘑菇，作为对一些捕食动物的预先警告。有些昆虫的体色及体形与其所栖息的植物的某个部位或器官极为相似，使自身得到保护，这称为拟态，如枯叶蝶和竹节虫。

2. 生理适应

生物往往能适应特殊条件。如骆驼极为耐干旱，有"沙漠之舟"的称号，十多天不喝水还能在沙漠中行走，其原因在于它的血液中有一种特殊的蛋白质能维持血液中的水分，同时在脂肪代谢过程中产生大量的水分，供其生理活动的需要。此外，骆驼多毛的外皮有隔绝温度的作用。这些都是在长期进化中适应环境的结果。

3. 行为适应

生物体具有在生理行为上与无机环境相协调、与时间相呼应的节律。生物具备高度精确的测定时间的能力，称为"生物钟"，如植物开花的时间，许多鸟类、兽类的起居、归巢都有严格的时间节律。麻雀早晨鸣叫时间会有季节性变化，因不同的季节日出时间不同，黎明时间也不同。

二、影响环境的自然因素

人类依赖自然环境，环境是人类生存和发展的必要条件。影响环境的因素有两个方面：一是自然因素，频繁发生的自然灾害会影响局部地区，甚至全球的环境变化；二是人为因素，如人类不合理活动造成对环境的破坏和污染。

（一）自然因素

环境孕育了人类，但环境的异常现象也给人类带来了祸害。自然灾害是人类面临的最严重的挑战之一，给人们的生命财产带来极大的威胁。

1. 主要的自然灾害

自然灾害是指给人类生存带来灾祸的自然现象和过程。陆地自然灾害按自然要素可分为地质灾害、地貌灾害、气象灾害、土壤灾害、水文灾害、生物灾害。其中世界性的三大自然灾害是地震、旱涝灾害和风暴灾害。

（1）地震

地震灾害是众灾之首，造成的死亡人数最多，经济损失最大。据联合国统计，从1900

年至1985年，世界地震死亡265万人，约占各种自然灾害造成的死亡总人数的58%，年经济损失约为几十亿美元。新中国成立以来，地震死亡人数达28万，占全部自然灾害死亡人数的50%以上。1976年7月28日，我国唐山地区发生了7.8级大地震，使一个有百年历史和百万人口的城市毁于一旦，24万人死亡。

地震是地球表层的震动，是地球内部能量积聚在局部地区和极短时间内的突然释放。地震都发生在地表以下，发生震动的地方叫作震源，在地面上与震源正相对的地方叫作震中，从震中到震源称为震源深度。地震学上用地震震级和地震烈度两个不同概念来衡量地震的大小。震级是按地震本身强度而定的等级标准，反映地震所释放的能量的大小。一次地震只有一个震级，地震释放的能量越大，震级越大，至今测到的最高震级是8.9级。地震烈度是指一次地震在具体地点地面受到的影响和破坏程度。地震烈度不仅决定于地震震级的大小，也受震源深度、震中距离、地震波传播介质、地质构造等条件综合影响，因此在同一地震作用下各地烈度不同，一般震中区烈度最高，随震中距的加大而减小。国际上一般将地震烈度分为十二度，地震引起的地面震动及其影响的强弱程度越严重，烈度越大。地震灾害不仅因建筑物倒塌致使人员伤亡和财产损失，还诱发多种次生灾害，如地震会引起火灾、水灾、放射性和毒气污染、瘟疫、泥石流、滑坡、崩塌、海啸等一系列灾害，有时还会导致政治混乱、经济破坏，带来广泛的社会问题。

世界地震分布是有规律的，往往呈带状集中分布，多分布于地壳板块结合处的脆弱地带。主要有两大带（图6-5-1）：一个是环太平洋地震带，位于太平洋与大陆交接处，包括西太平洋岛屿和东太平洋美洲西部地区。全球约80%的浅源地震和90%以上的中源地震、深源地震都集中在这一地带。另一个是地中海—喜马拉雅地震带，位于亚欧大陆、非洲大陆与印度洋的结合地带，这里分布着除环太平洋地震带以外的大部分浅源地震和全部中源地震。

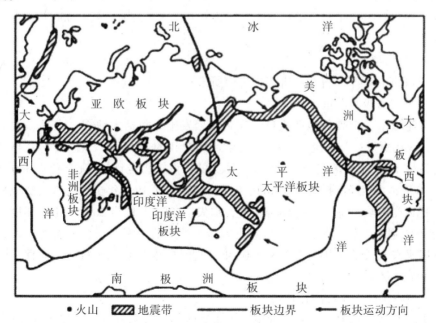

图6-5-1 世界地震带分布示意图

（2）旱涝灾害

旱涝灾害经济损失大，死亡人数也多。据统计，近年来全球自然灾害每年因此造成的经济损失高达400亿～600亿美元，旱涝灾害造成的经济损失占自然灾害全部损失的40%以上，其中干旱占10%，洪涝占33%。旱涝灾害造成的人员伤亡也很大。世界范围内的旱涝灾害是极为频繁的，造成了严重的后果。1983年起，非洲发生了20世纪以来最大的一次干旱和饥荒。非洲55个国家和地区就有34个大旱，24个国家发生大饥荒，1.5亿～1.85亿人受到饥饿威胁。1998年，我国共有29个省、自治区、直辖市发生严重洪涝灾害，农作物受灾面积达2120万公顷，死亡3000余人。我国在1951—1991年期间，平均每年发生旱灾7.5次，发生洪涝5.9次。旱涝灾害带来的危害是多方面的。干旱除了导致饥荒外，长期干旱更引起沙漠化，1968—1984年的旱灾使非洲撒哈拉地区的沙漠每年南移5 km。洪涝灾害除造成人员伤亡外，还淹没农田，冲毁房屋、道路桥梁和堤坝。

（3）风暴灾害

风暴灾害破坏力大。主要风灾是危害极大的台风（飓风），在全球自然灾害造成的损失中，台风造成的人员伤亡和经济损失分别占到20%和33%。据统计，自18世纪以来，造成死亡人数达10万人以上的台风发生过8次，其中死亡人数达30万人的就出现过4次。台风的破坏力造成的危害，主要是由强风、暴雨和风暴潮引起的。台风风速可达到12级（32 m/s）以上，造成建筑物倒塌，大树拔起；带来的暴雨可造成洪涝灾害，引起的风暴潮可使海水上涌五六米并冲上海岸，形成大灾。1970年11月，在孟加拉湾海岸发生了历史上最大的风暴灾害，强风推着海浪，短短数小时海岸成为汪洋，夷平了村庄，夺走了30万人的生命，100万人流离失所，470万人受害，农作物损失价值达6300万美元。台风的分布具有地区性，在全球主要发生在8个海区，威胁严重地区有3个：孟加拉湾北部及沿海地区；我国东南沿海、日本和东南亚国家；加勒比海地区和美国东部海岸。我国也是台风重灾区，1989—1992年间，平均每年受灾面积达307万公顷，死亡450人，直接经济损失80多亿元。

2. 自然灾害的特点

20世纪60年代以来，自然灾害表现出前所未有的显著特点：

（1）自然灾害极其严重

半个世纪以来，世界各地严重自然灾害频繁发生，包括大地震、大旱、大涝、风暴潮、海啸、火山爆发……据统计，在1965年到1992年的28年间，全球共发生4653次自然灾害（已造成10人以上死亡或100人以上受灾的自然灾害统计），灾害死亡360万人，受灾人口达30亿，直接经济损失达3400亿美元。1990年至1999年全球灾害共造成87.8万人死亡，19亿人受影响，每年造成1000亿美元损失。2004年12月26日发生的印度洋海啸就有超过25万人遇难。我国是世界上自然灾害最为严重的国家之一，因灾死亡人数多，新中国成立以来有50多万人因灾死亡。2005年，我国自然灾害造成2475人死亡，因灾直接经济损失2042.1亿元。

（2）自然灾害的发生频率在加快

近年来，全球自然灾害的发生频率、灾害影响的人数和直接经济损失都在迅速增长。据20世纪90年代初的资料，与20世纪60年代相比，发生频率增加了3.2倍，年死亡人数增加了5.2倍，受灾人数增加了6.9倍，而年经济损失增加了30倍。例如，据联合国统计，1999年全球的自然灾害造成52 000人丧生和650亿美元的经济损失；联合国发展计划署2004年称，目前全球死于自然灾害的人数平均每年约有67 000人。

（3）人为因素加剧了自然灾害

由于人口激增和迅速的工业化，环境恶化，自然生态系统遭到破坏，如大规模毁林、土地侵蚀、大气和水体污染、温室效应等，这些人为因素正在改变着自然环境的本来面目，并与自然灾害交织在一起，增大了灾害的危害性。因此，当前自然灾害远比以前复杂，尤其是人为因素引起环境质量恶化造成的损失是无法计量的。

（4）自然灾害的重灾区是发展中国家

每年全球人口中有11%要面对自然灾害的袭击，面临地震、热带风暴、洪水和干旱的人口分别为1.3亿人、1.19亿人、1.96亿人和2.2亿人，这些受灾人口主要分布在发展中国家。在自然灾害死亡人数中，生活在贫穷国家的占到总数的53%。发展中国家成为重灾区的原因与人口众多、工业化进程加快、环境缺乏保护、防灾意识薄弱和资金投入不足相关。新中国成立以来的60多年里，各种自然灾害造成的直接经济损失高达25 000多亿元，平均每年造成的损失大约占GDP的3%～6%、财政收入的30%，是发达国家的数十倍。

3. 减灾防灾对策

许多国家，特别是发展中国家已认识到减轻自然灾害的影响对全人类的重要意义。1987年，联合国第42届大会通过了"国际减轻自然灾害十年"的决议，把1990—2000年的十年作为研究防治自然灾害的活动期；21世纪初，联合国又实施了"国际减灾战略计划"。这些措施提醒和教育人们重视环境保护，预防灾害，减轻灾害的损失。世界各国都十分重视灾害研究，成立了相应的研究机构和国际组织，召开研究的国际会议，出版灾害研究杂志。

我国在长期与自然灾害斗争中积累了丰富的经验，制定了"以防为主，防抗救相结合"的减灾方针。组织大规模江河治理，加强气象、水文、地震的监测预警工作，取得了明显成效。1989年国家成立了"中国国际减灾十年委员会"，2004年更名为"中国国际减灾委员会"，推进全社会减灾活动。

我国的主要减灾对策是：加快建立健全灾害监测预报系统，提高测报水平，兴建减灾工程，将减灾与经济建设紧密结合，提高整体防灾能力；灾害发生后，动员一切力量，减少生命财产损失，保障灾民生活，减轻灾害影响；进一步完善减灾法规，加强宣传教育，提高全民减灾意识；重视增强科学技术在减灾中的作用。

三、人类活动对环境的影响

人类社会的发展对环境产生了极其巨大的影响。多少世纪以来，以地球主人自居的人类在向自然界索取巨额财富的同时，也向自然界排放了大量的废弃物，制造了一个不适合自身生存的环境，人类赖以生存、繁衍、发展的地球正在遭受空前的浩劫。

人类在生产活动和生活中，向环境中释放各种污染物质，这些污染物质有的经过一段时间可以自己分解为无害物质或逐渐消散、稀释，有的则在长时期内保持其有害性质甚至发生危害性更强的转变，以致造成对地球环境中大气、水、土壤等的污染。

（一）人类活动已经引起的环境问题

1. 大气污染

大气污染通常是指由于人类活动或自然过程引起某些物质介入大气中，呈现出足够的浓度，达到了足够时间，并因此危害了人体的健康或危害了环境的现象。大气污染主要来源于三个方面：一是生活污染，即炊事或取暖时燃料燃烧向大气排放有害气体和烟雾；二是工业污染，即火力发电，钢铁和有色金属冶炼等各种工业部门废气排放给大气造成的污染；三是交通污染，即汽车、飞机、火车、船舶等交通工具尾气排放造成的污染。

大气污染是随着产业革命的兴起、现代工业的发展、城市人口的密集、煤炭和石油燃料使用的迅猛增长而产生的。特别是进入20世纪，工业的发展促使人口向工业区和城市集中。工厂的生产活动和居民做饭、取暖等生活活动排放了大量的烟尘、二氧化碳和有害气体，造成了城市和附近地区空气的恶化，汽车拥有量的迅速增加也大幅度加剧了空气的污染。近百年来，西欧、美国、日本等发达国家的大气污染事件日趋增多，20世纪50—60年代是大气污染成为公害的泛滥时期，世界上由大气污染引起的公害事件接连发生，不仅严重地危害居民的健康，甚至造成数百、数千人的死亡。

我国是世界上大气污染最严重的国家之一，特别是工业、人口集中的城市，污染程度更严重。在我国进行环境统计的363个城市中，226个城市大气环境质量超过二级标准，137个城市大气环境质量超过三级标准。工业废气的排放仍是我国大气污染的主要来源，主要是由于我国的能源结构以煤为主。另外，机动车污染随着机动车数量的增加也在迅速加大。在一些大城市，机动车排放的氮氧化物已成为影响大气质量的首要污染物。特别是今后一个时期，随着工业化和城市化进程的加快，机动车的数量将会迅速增加，排放的污染物也将相应增加。严重的大气污染，直接影响了人民群众的身体健康和社会经济的发展。

（1）温室效应

温室效应是全球性大气污染带来的严重后果之一。工业革命后，随着人类的活动，特别是消耗的化石燃料（煤炭、石油等）的不断增长和森林植被的大量破坏，人为排放的二氧化碳、甲烷等气体不断增长，大气中二氧化碳、甲烷的含量在逐渐上升，而它们吸收红外线的能力特别强。这些气体在使全球变暖的过程中起着重要的作用，因此，被称为"温室气体"。在过去的一个世纪里，全球表面平均温度已经上升了$0.3 \sim 0.6\ ℃$，全球海平面上升了$10 \sim 15\ cm$。许多学者推测，到21世纪中叶，地球的平均温度将上升$1.0 \sim 4.5\ ℃$，而海平面将会上升$20 \sim 165\ cm$。这带来的严重后果主要有两极和高山冰川积雪的消融、海平面上升、气候带发生移动、雨量分布的变化、传染病流行等。气候变暖的后果是严重的，也是无法挽回的。近年来，世界各国出现了几百年来历史上最热的天气，厄尔尼诺现象也频繁发生，给各国人民造成了巨大的经济损失。海平面若升高$1\ m$，可使尼罗河三角洲全部被淹没，使埃及的可耕地减少$12\% \sim 15\%$，将淹没孟加拉国土的11.5%。就世界范围看，影响的区域可达500万km^2，占全球土地面积的3%。目前，全世界大约有$1/3$的人口生活在沿海岸线$60\ km$的范围内，有人估计这可使10亿人处于危险之中。

值得高兴的是，旨在遏制全球气候变暖的《京都议定书》，终于在2005年2月16日正式生效。目前，全球已有141个国家和地区签署了议定书，其中包括30个工业化国家。《京都议定书》正式生效，是人类历史上首次以法规的形式限制温室气体排放，是人类在与气候变暖进行斗争中迈出的第一步，也是第一份全球性的公约。扭转全球气候变暖趋势，给人类的子孙后代留下一个可供生存、可持续发展的环境，成为世界各国的共识。

（2）酸雨

酸雨是又一个由于大气污染而带来的环境问题。1872年，英国科学家史密斯发现伦敦雨水呈酸性，首先提出"酸雨"这一专有名词。当降水的pH下降到5.6以下时就被称为"酸雨"。酸雨主要是由于大气中的二氧化硫和氮氧化物形成的。这些氧化物一部分来自自然界的火山爆发、闪电等，另一个主要来源是人类燃烧的化石燃料（煤、石油）。因为煤中含有相当数量的硫，所以在19世纪和20世纪的初期，酸雨主要是硫酸型的，后随着石油的大量使用，硝酸型的酸雨逐渐被发现。目前，在发达国家和地区，如北美、日本、欧洲，使用石油为主要燃料，硝酸型酸雨居多；在发展中国家和地区，以燃煤为主，硫酸型酸雨比例较大。

酸雨给地球生态环境和人类社会经济都造成了严重的影响。酸雨对土壤、水体、森林、建筑、名胜古迹等人文景观造成了严重的危害，不仅造成重大经济损失，更危及人类生存和发展。酸雨使土壤酸化，肥力降低，导致作物发育不良或死亡；酸雨能杀死水中的浮游生物，减少鱼类食物来源，破坏水生生态系统；酸雨污染河流、湖泊和地下水，直接或间接地危害人体健康；酸雨对森林的危害更不容忽视，酸雨淋洗植物表面，直接伤害或通过土壤间接伤害植物，促使森林衰亡。酸雨对金属、石料、水泥、木材等建筑材料均有很强的腐蚀作用，因而对电线、铁轨、桥梁、房屋等均会造成严重损害。在酸雨区，酸雨造成的破坏触目惊心。如欧洲酸雨区，瑞典的91万多个湖泊中，已有2万多个遭到酸雨危害，成为死湖，德国、法国、瑞典、丹麦等国已有700多万公顷森林正在衰亡；北美酸雨区，美国和加拿大的许多湖泊成为死湖，大片森林死于酸雨。

我国是以煤为主要能源的国家，而且基本上都是未经脱硫处理的粗煤，燃煤过程中排放的二氧化硫的量和浓度都较高，已超过了欧洲和美洲，居世界首位。目前我国是世界上酸雨面积最大、降水酸度最高的国家，每年因酸雨造成的直接经济损失达200亿元左右。近年来我国政府已开始对酸雨问题进行总体控制，提出消减方案，预计未来几十年内，酸雨在我国将成为历史。

酸雨是跨越国界的全球性问题，酸雨是涉及世界各国的灾害，所以需要世界各国齐心协力，共同治理。

（3）臭氧层破坏

臭氧层破坏是当前全球面临的环境问题之一，自20世纪70年代以来就开始受到世界各国的关注。臭氧（O_3）是一种有臭味的气体，常温下为浅蓝色。在大气圈的平流层中，距地面15～35 km的高度上有一个臭氧含量较高的臭氧层，它好像一个巨大的过滤网，可以吸收和滤掉太阳光中有害的紫外线，有效地保护地球生物的生存。1985年，英国科学家首次发现，南极上空在9—10月平均臭氧含量减少50%左右，并且每年呈周期性出现。1989年，科学家又发现北极上空臭氧层耗损也很明显，每年也呈周期性出现。

科学家们经过观测和研究，发现人类排放到大气中的某些物质对臭氧有破坏作用，其中最主要的是氟利昂、哈龙以及氮氧化物。氟利昂是一类化学物质（甲烷和乙烷的氟氯衍生物）的总称，它辐射地面，导致人类皮肤癌、白内障发病率增高，并抑制人体免疫系统功能；引起农作物受害减产，破坏海洋生态系统的食物链，导致海洋生态平衡破坏。一位美国的环境科学家曾预测：人类如果不采取措施，到2075年，全世界将有1.5亿人患皮肤癌，将有1800多万人患白内障，农作物将减产7.5%，水产品将减产25%，材料损失将达47亿美元，光化学烟雾的发生率将增加30%。

臭氧层遭到破坏的问题已引起国际社会的广泛关注，并于1987年制定了《关于消耗臭氧层物质的蒙特利尔议定书》，现已有188个国家的政府签字同意执行这份旨在保护地球臭氧层的国际环境公约。世界各国正加紧研究和生产氟利昂的替代品，或改进原有的生产工艺，以避免使用氟利昂。在冰箱工业中，已经开发出新的制冷系统；在绝缘工业中，已经采用无害发泡剂技术，或者用玻璃纤维类材料来取代氟利昂；在电子工业中，水技术取代了有害的清洁剂；在消防工业中，也在用新的产品替代灭火用的哈龙。

尽管如此，臭氧层遭破坏问题还不能在短期内得到完全解决。大气层中目前已经积累了许多消耗臭氧层的物质，在今后很长时间内可能继续破坏臭氧层。因此，人类还要做好紫外线的防护工作。

2. 水污染

水污染是指水体因某种物质的介入，而导致其化学、物理、生物或者放射性等方面特征的改变，从而影响水的有效利用，危害人体健康或者破坏生态环境，造成水质恶化的现象。造成水污染的原因很多，最主要的是人类的生活和生产活动将大量的工业、农业和生活废弃物排入水中，给水源带进许多污染物。具体表现在以下四个方面。

（1）病原微生物污染

病原微生物是指可使人或牲畜致病的细菌、病毒、寄生虫卵等。它们存在于人们排出的生活污水及医院等排出的废水中。这些水如果未经消毒处理就排入了水域，则会引起水体的病原微生物污染，容易引起大范围的传染病。例如，1971年，埃及阿斯旺大坝水库完工后，新灌区水中带来了血吸虫，使该地区血吸虫感染率高达80%；1989年，上海一带爆发的甲肝疫情，就是由于吃了受甲肝病毒感染的毛蚶所致。

（2）有毒物质污染

有毒物质污染是当今世界上非常广泛和严重的一类水体污染。这些有毒物质包括金属和非金属的有毒无机化合物、有机化合物等。它们主要来自工业废水和农药。值得注意的是，所有有毒物质在水中的浓度也许并不大，但经过食物链的富集，在其顶端可以达到令人吃惊的浓度。因此，在有污染的水域中生长的鱼虾不能食用。

（3）水体的富营养化

水体的富营养化是指一些植物营养素，如含氮、磷、有机碳等的营养物质大量进入水中，促使某些藻类过量繁殖，破坏了水中的生态平衡，使水质变差，以至于不能使用。这种情况多发生在静水或水流缓慢的水域，如湖泊、水库、河口等处。藻类过量繁殖大量消耗水中的溶解氧，造成水中缺氧而使部分鱼类死亡，其遗体在被分解过程中进一步消耗水中的溶解氧，以至于更多的水中生物死亡，该水体成为"死水"。厌氧微生物在分解生物遗体时产生硫化氢、氨等气体，使水变臭，甚至产生一些使人畜致癌的亚硝酸盐。水体中磷含量的多少常对富营养化起关键作用，而磷胆及含磷的洗涤剂的使用是引起水体中含磷量增加的主要原因。当前，国际上已限制使用含磷洗涤剂。

（4）耗氧有机物污染

耗氧有机物实质是蛋白质、脂肪、碳水化合物等有机物。它们本身无毒，但在被微生物分解的过程中要消耗水中的溶解氧。耗氧有机物主要来源于生活污水及造纸厂等工业废水。被污染的水体中鱼虾等动物会因缺氧而死亡，其尸体被分解时进一步消耗水中的溶解氧，形成恶性循环。

此外，还有酸碱污染、热污染等其他形式的水体污染。一般来说，水体的污染不是单一的形式，而是各种污染共存。目前，全世界每年约有4200多亿立方米的污水排入江河湖海，污染了5.5万亿立方米的淡水，这相当于全球径流总量的14%以上。我国水体污染也十分严重。在全国的532条河流中，有436条受到不同程度的污染，约占河流总数的82%。水资源对我们来说十分宝贵，所以必须加以保护。保护水资源的一个不可忽视的方面就是防止水污染。

3. 土壤污染

人类生活在地球的生物圈中，土壤是生物圈的重要组成部分，土壤同大气、水一样都是人类发展的重要条件，人类的衣食住行以及一切活动都与土壤有关。所以，土壤也是人类的重要环境之一。

土壤污染主要是指人类活动使污染物进入土壤造成的污染。人类活动所产生的污染物质，其数量和速度超过了土壤的容纳能力和净化速度，因而使土壤的性质、组成及性状等发生变化，使污染物质的积累过程渐渐占据优势，破坏了土壤的自然动态平衡，从而导致土壤的自然功能失调，土壤质量恶化，影响作物的生长发育，以致产量和质量下降，并可通过食物链对生物和人类造成直接危害。

根据污染源及污染物进入土壤的途径，土壤污染发生类型主要有以下几种。

（1）农业污染

污染物主要来自施入土壤的化肥和农药，其污染程度与化肥、农药的数量、种类、利用方式及耕作制度等有关。有些农药如有机氯杀虫剂在土壤中长期残留，并可在生物体内富集。氮、磷等化学肥料，凡未被植被吸收和未被根层土壤吸附固定的养分都在根层以下积累或转入地下水，成为潜在的环境污染物。残留在土壤中的农药和氮、磷等化合物在地面径流或土风蚀时，就会向其他地方转移，扩大土壤的污染范围。

（2）水污染

城乡工业废水和生活污水，未经处理就直接排放，使水系和农田土壤遭到污染。特别是水源不充足的地区，采用污水灌溉，常使土壤受到重金属、无机盐、有机物和病原体的污染。尽管污灌使生物生长获得了水分和部分营养物质，但也使大量污染物进入土壤，并影响到作物的质量。污灌土壤的污灌物质一般集中于土壤表层，但随着污灌时间的延长，污染物质也可由上部土体向下部水体扩散和迁移，以至于到达地下水深度。

（3）大气污染

污染物质来源于被污染的大气，其污染特点是以大气污染源为中心呈辐射状或带状分布，长轴沿主风向伸长。大气污染型的土壤污染物质主要集中在土壤表层，其主要污染物是大气中的二氧化硫、氮氧化物和颗粒物等，它们通过干沉降和降水而降落到地面。由于大气中的二氧化硫等酸性氧化物使雨水酸度增加，从而引起土壤酸化、破坏土壤结构、肥力及生态系统的平衡。大气中的各种飘尘中含有重金属、非金属等有毒有害物质及放射性散落物等物质，它们会造成土壤的多种污染。

（4）固体废物的污染

固体废物的污染主要是工业的尾矿废渣、污泥和城市垃圾等，在地表堆放或放置过程中通过扩散、降水淋洗，直接或间接地影响土壤，使之遭受不同程度的污染。随着人类社会生产活动的日益发展，大规模地开发和利用资源，以及城市人口剧增，固体废物不断蚕食土地、污染环境。固体废物污染已成为又一严重的世界性环境污染。

土壤污染已成为世界性问题。我国的土壤污染问题也较严重，据初步统计，全国至少有1300万～1600万ha耕地受到农药污染，每年因土壤污染减产粮食1000多万t，因土壤污染而造成的各种农业经济损失合计约200亿元。不断恶化的土壤污染形势已经成为影响我国农业可持续发展的重大障碍，将对我国经济的发展提出严峻挑战。因此，保护土壤环境是每个人义不容辞的责任。

4. 对生物的影响

人类活动对生物的影响表现在对生物和物种资源的破坏上，尤为严重的是使森林毁损和物种灭绝。

（1）森林资源锐减

森林是陆地生态系统中的重要组成部分，但由于森林火灾、病虫害、人类长期的破坏和砍伐，森林面积大幅度下降，从1862年的55亿ha减少到1990年的40亿ha。目前森林面积仍在不断减少，特别是热带森林正在遭受大规模砍伐，每年几乎达1700万公顷。森林资源锐减主要是人类造成的。首先，人类将森林转为耕地和牧场。人口的增长迫使人类不得不砍掉原始森林种植粮食。据联合国估计，被毁森林中45%面积转变为耕地。巴西朗多尼亚州为移民农耕，在20世纪80年代砍伐了占该州面积24%的森林。毁林放牧也在拉美一带盛行，在过去20年中有2000多万ha热带雨林被改作牧场。第二，人类对薪柴和木制产品的需求也砍掉大片森林，非洲不少国家能源消费中70%以上仍靠薪柴。第三，空气污染和酸雨也严重损害着森林。欧洲森林在20世纪80年代曾遭此损害，占森林总面积14%的1930万ha森林呈受害迹象，其中最严重的是波兰。

（2）物种灭绝

物种灭绝日趋严重。目前，世界上存在的生物物种约为1000万种，由于人类不合理的开发活动，生物物种不断减少，一些生物濒于灭绝，到20世纪末，50万～300万个生物物种尤其是珍稀的动植物种遭到灭绝的危险。

物种灭绝的危险主要来自生物生活环境的破坏和人为捕杀。野生生物的生存很大程度上依赖于其生活环境，如森林、草原，给它们提供了生存必需的食物和栖息条件。地球上大多数物种生活在热带，特别是热带雨林，热带雨林的面积只占地球的7%，但生存的动植物却占50%以上。热带雨林大幅度减少必然导致大批物种的灭绝。据研究，如果拉美森林面积缩小为原来的52%，占森林植物物种15%约1.36万种将灭绝。人为捕杀也加速了物种的灭绝。由于利益的驱使，人类长期以来大量捕杀各种动物，非洲大象从1979年的130万头锐减到1989年的62.5万头，南大洋的蓝鲸数量只剩原来的5%。

在与自然界的长期共存中，人类向自然界无限制地索取而导致自然支撑体系失衡，导致土地侵蚀与退化，耕地、森林与草场锐减，土地沙漠化扩大与蔓延，水体污染与淡水资源严重短缺，环境污染加剧，灾害频发，温室气体加速增长，臭氧空洞，酸雨威胁，生物多样性锐减等等。严峻的现实迫使我们重新审视和思考人类违反自然规律的不合理行为，寻求保持相互作用的最佳方式，以期实现人与自然的协调发展。

（二）人类活动可能引起的潜在环境问题

潜在的环境问题是指目前没有从总体上认识，但在一定的时期后会对人类产生巨大影响的环境问题。这类环境问题可能是从未听说过的，或在表面上曾经被科学家讨论并给予警告的。例如，臭氧层空洞、水资源危机等。更多潜在的环境问题则是随着社会的进步和科技的发展，外部经济、文化和环境条件的变化，其潜在的危害程度也随之发展并在一定时期后爆发，威胁人类。这些潜在的问题可能导致出现新的威胁。

1. 环境诱变剂

凡是能引起生物体遗传物质发生突然或根本的改变，使其基因突变或染色体畸变达到自然水平以上的物质，统称为诱变剂。当各种诱变剂被人为地强加于地球环境中，由于诱变剂的作用而使生物基因的情报系统受到损伤而发生紊乱，不能正确地传递遗传信息，也就是说，发生了突变，这类诱变剂则被认为是环境诱变剂。

（1）环境诱变剂的种类

一般来说，环境诱变剂可以分为：物理性环境诱变剂（电离辐射、紫外线、电磁波等）、化学性环境诱变剂（主要指一些人工合成的化学品，包括药品、农药、食品添加剂、调味品、化妆品、洗涤剂、塑料、着色剂、化肥、化纤等）和生物性环境诱变剂（真菌的代谢产物、病毒、寄生虫等）。在各种不同的环境诱变剂中，最令人不安的是人工合成的化学物质。

（2）环境诱变剂的利弊

1927年，美国遗传学家H. J. Muller首次利用X射线成功地诱使果蝇发生了突变，开拓了诱发突变的新领域。自此以后，人们利用诱发突变进行育种工作，取得了极大的成功，并在生物学、医学等领域也都取得了巨大的成绩。然而，当时人们并没有想到环境诱变剂也会对人体产生"三致"（致癌、致畸、致突变）的严重后果，故人类也为此付出了惨痛的代价。目前，在深入研究、积极监测、严加防护的前提下，合理利用环境诱变剂仍然可以造福人类。例如，随着太空科技的发展，利用太空飞行器搭载作物种子进行"太空育种"就是一个成功的典型例子。

（3）环境诱变剂对人体健康的潜在危害

从接触诱变剂到产生有害后果，有时需要很长时间；如果环境诱变剂是作用于生殖细胞，可能要在下一代，甚至几代以后才能表现出来。例如，长期遭受日光照射的海员、渔民、牧民，在身体暴露处发生皮肤癌的概率较大，发病期在暴晒后的10~40年以后，平均发病年龄在70岁以上，开始是色素沉着和角质增生，继而发生癌变。

2. 物种入侵

物种是生物分类的基本单位，是具有一定的形态和生理特征以及一定的自然分布区的生物类群。物种概念中，重要内容之一是物种有着一定的自然分布区。例如，大熊猫仅产于我国的四川、甘肃等地，是我国特有的珍稀物种。

（1）物种的引进

引进外来物种不仅对人类的生存、社会经济的发展、人们生活水平的提高起着十分重要的作用，同时也极大地丰富了引进国的生物多样性，对改善生态环境带来巨大的效益。例如，花生原产于南美热带地区，600多年前，花生被引进到我国。现今我国是世界上最大的花生生产基地之一。玉米原产地是美洲，400多年前引入我国，现在玉米在我国的粮食作物中排名第三。同样，我国的物种也被大量地引到国外，如荷兰40%的花木是从我国引进的。此外，诸如荷兰乳牛、安哥拉长毛绒兔、乌克兰猪、巴西红木、加拿大糖槭等也是众所周知的外来物种。但是，当人类从引种工作中获得丰厚的利益，并继续把一种生物引来移去的时候，出现了一些人类意想不到的问题。

（2）物种入侵

物种是在自然界中长期演变而成的。在物种形成的过程中，各个物种与其周围环境相互协调，与其天敌相互制约，将各自的种群限制在一定的栖息环境和数量内，从而形成该地区稳定、平稳的生态系统。当一个物种传入一个新的生境后，一方面生活在适宜的气候、土壤和水分及传播条件下，另一方面又缺乏原产地天敌的抑制，该外来物种就会在新的生境中大肆繁殖和扩散，形成大面积的单优群落，排斥和危及本地部分物种的生存，严重时还会引起一系列的生态问题。因此，人们把这种由于外来物种的存在而使本地物种的生存安全受到威胁的现象称为"物种入侵"或"生物入侵"。这种入侵比化学污染的隐患更大，因为生物能繁殖，会不断扩张，甚至喧宾夺主，破坏本地的生物多样性和生态环境，造成重大的经济损失，有时还会危及人体健康和生命安全。生物入侵产生的后果中，最大的是生物多样性的丧失和生态系统遭到破坏，其损失无法估计。认真对待物种入侵，并不亚于对待人类社会的敌寇入侵，因为物种入侵危及生态安全，而生态安全又是国家安全的一个组成部分。此外，外来物种对环境的破坏及对生态系统的威胁是持久的。当一个外来物种停止传入一个生境后，已传入的该物种个体并不会自动消失，大多会在新的环境中大肆繁殖和扩散，对其控制或清除往往十分困难。而由于外来物种的排斥、竞争导致灭绝的特有物种则是不可恢复的。

四、环境保护

环境污染是人类活动影响环境造成的恶果，是伴随工业化进程而出现的不良现象。

（一）大气污染的防治

大气污染造成的危害是多方面的，其中最主要的是酸雨污染，它与温室效应、臭氧层破坏并称为破坏大气的三大元凶。酸雨的危害极大，它有很强的腐蚀性，20世纪70年代以来，世界上森林大面积死亡、湖泊酸化、农业生产受损都与此有关。大气中的二氧化硫、烟尘等有害物质和汽车尾气造成的光化学烟雾等在一定条件下直接危害人体健康，例如，1952年12月5日—8日，发生在英国伦敦的烟雾事件，使英国全境几乎都为沉雾覆盖。大气中二氧化硫和尘粒浓度超过平时浓度的6～10倍。短短4天内伦敦死亡人数比常年同期多4000人，同时，肺炎、肺癌、流行性感冒及其他呼吸道疾病死亡率成倍增加。

保护大气环境的主要任务是控制污染，而控制污染源排放是其中的重要措施。可以通过合理布局工业、改变能源结构、改进燃烧方式和改革工艺流程等措施来实现。同时，搞好环境绿化，以净化空气。

（二）水污染的防治

在工业和农业生产活动中各种有害有毒废水大量排入江河湖泊等水体中，造成淡水水源的污染。这些废水主要来自城市工业废水、生活污水和农田排水等，其中城市工业废水是主要来源。现代工业发达国家和大城市水污染都曾比较严重，轰动世界的"日本水俣事件"就是典型事例。

"日本水俣事件"发生在1953—1968年，由于日本熊本县水俣市的一些工厂将含汞的工业废水排入水俣湾，造成水体严重污染。当居民食用这种受污染水域中的鱼后中毒，造成中枢神经疾病。这次事件有近300人中毒，其中死亡60余人。

水污染造成的危害是极其严重的，造成水源短缺、供水紧张、水质下降、疾病蔓延。据联合国调查，全世界河流的稳定流量40%左右被污染。

水环境保护要靠控制和治理。首先，要加强废水治理，减少污染负荷。废污水要经处理才能排放，重污染厂矿要整顿或搬迁。其次，要合理利用和增强河流自净能力，调节洪枯水量。此外，还要改变废水、污水排放的空间位置和时间节奏，避免集中排放。

（三）土壤污染的防治

由于土壤中增添了人类活动产生的某些有害物质，超过了土壤的自然净化能力，使土壤质量下降，正常功能失调，导致土壤污染。

土壤污染造成的危害，除了影响作物的产量和质量外，其有害物质能通过食品（如粮食、蔬菜、水果、乳、肉、禽、蛋等）在人畜体内积累，以致引起中枢神经中毒及肝脏损害，甚至致癌致畸。日本曾发生过吃粮食中毒的"镉米"事件。1955年，日本富士县农民由于长期用铅锌冶炼厂排出的废水灌溉稻谷，有毒的镉元素被农作物吸收后，通过食物链进入人体，危害健康。受害的农民骨痛难忍，造成207人死亡，280人残废。

土壤污染的防治要从控制污染源着手，不让受污染的废水污泥进入农田，同时合理安全施用农药和化肥，加强土地管理，废渣堆放少占用农田。还要采用合理的土壤耕作措施，调节土壤中的空气水分，增强土壤的自然净化能力。

（四）噪声污染的防治

凡是干扰人们休息、学习和工作的不需要的声音都可称为噪声污染。噪声的强度用声级来表示，其单位是"分贝"（dB），一般超过50 dB就会影响人的睡眠和休息。城市噪声来源很多，主要有工厂噪声（如鼓风机、空气压力机、冲床等，运转时噪声达80～120 dB）、交通运输噪声（如运行中的汽车、火车、飞机发出的声音，飞机起降时噪声高达140 dB）、建筑施工噪声（如打桩机、压路机运转时发出的声音）及社会生活噪声（如家用电器发出的声音）。

城市噪声会产生各种危害性的后果，主要是降低人的工作效率，影响身体健康。长期在60 dB以上噪声中工作会使人感到疲倦，听力衰退，神经衰弱，精力不集中。而在90 dB以上噪声环境中长期工作或生活就会严重影响听力，造成噪声性耳聋，并引起其他疾病，如高血压、胃溃疡等。噪声还能使玻璃震碎，烟囱倒塌，甚至造成动物和人的死亡。

噪声污染的治理唯有控制噪声污染源，主要是控制工厂噪声污染源和交通运输噪声污染源。工厂要采取消声、隔声、吸声措施并调整不合理布局，搬迁出市区人口密集区。降低交通噪声除降低发动机、排汽及车体结构噪声外，还必须注意降低汽车喇叭声和车辆刹车噪声。通过一系列措施建成城市低噪声控制区。

综上所述，环境保护就是保护自然环境，防止生态破坏和环境污染，使之更适合于人类生产、生活和自然界其他生物的生存。

第六节　可持续发展

面对日渐恶化的生态系统，人类不得不反思传统的发展理念和模式，构建一种不仅实现人与社会的和谐发展，而且实现人与自然和谐相处的全新发展观。可持续发展就是人类发展过程中经历了许多经验和教训，经过长期反思后，为应对未来忧患而提出的全新发展观与战略选择。

一、可持续发展的概念与内涵

（一）可持续发展的提出

第二次世界大战后，正当人类陶醉于"征服自然"的欣喜中时，一系列相继出现的环境问题，一次比一次激烈地报复着人类社会。人类不得不面对现实，重新审视人类自身发展与自然环境的相互关系，历史由此拉开了"人类如何发展"大讨论的序幕。1972年，以米都斯为首的由西方科学家所组成的罗马俱乐部，面对人口激增、环境污染的严重现实，提出了《增长的极限》的著名报告。报告指出，如果目前的人口和资本仍以快速增长模式继续下去，世界就会面临一场"灾难性的崩溃"。而避免这种前景的最好的方法是限制增长，即"零增长"方案。无论是对急需摆脱贫苦的发展中国家，还是对仍想增加财富的发达国家，这都是难以接受的。因此，更多的人在寻求和探索一种在环境和自然可承受基础上的发展模式，提出了"协调发展""有机增长""同步发展""全面发展"等许多设想。同年，联合国在瑞典首都斯德哥尔摩召开了人类环境会议，通过了划时代的文献《人类环境宣言》。这次会议被认为是人类关于环境与发展问题思考的第一个里程碑。1980年由世界自然保护同盟等组织、许多国家政府和专家参与制定的《世界自然保护大纲》，第一次明确提出了可持续发展的思想，明确提出，应该把资源保护与人类发展结合起来考虑自身发展的问题，为可持续发展理论的正式形成做好了铺垫。

1987年，由挪威首相布伦特兰夫人领导的世界环境与发展委员会，在对世界重大经济、社会、资源和环境等问题进行系统调查研究的基础上发表了长篇报告《我们共同的未来》。报告对可持续发展的概念作了界定：可持续发展是指既满足当代人的需要，又不损害后代人满足其需要的能力的发展。报告还指出：不论是发达国家还是发展中国家，可持续发展均是在21世纪正确协调人口、资源、环境与经济和社会之间相互关系的共同发展战略，是全人类求得生存与发展的唯一途径。

1992年6月在巴西举行的"联合国环境与发展会议"正式确定"可持续发展"作为人类社会发展的新战略。会议制定并通过了《里约宣言》和《21世纪议程》两个纲领性文件，号召各成员国制定本国可持续发展战略与政策并加强合作，把可持续发展战略由理论推向行动，并于1992年年底通过决议建立了联合国"可持续发展委员会"。现在可持续发展战略已得到世界普遍认同，不论是发达国家还是发展中国家都以此作为指导本国经济社会发展的总体战略。

2002年8月，联合国在南非召开了"可持续发展世界首脑会议"，191个国家派团参加了这次会议，其中104个国家元首或政府首脑参加，这次会议回顾了《21世纪议程》的执行情况、取得的进展和存在的问题，并制定了一项新的可持续发展行动计划，会议通过了《可持续发展世界首脑会议实施计划》这一重要文件。"联合国人类环境会议""联合国环境与发展会议"和"可持续发展世界首脑会议"这三次联合国会议被认为是国际可持续发展进程中具有里程碑性质的重要会议。

（二）可持续发展的概念与内涵

1. 可持续发展的概念

"可持续发展"的概念是1987年首次出现在世界环境与发展委员会发布的《我们共同的未来》的报告中，其定义为："能满足当代人的需要，又不对后代人满足其需要的能力构成危害的发展。"这一定义十分明确地界定了可持续发展的基本含义，它是一种既考虑人类现实发展需要，又不影响未来发展的一种持续发展观。其所包含的思想原则已经得到世界大多数国家政府的认可和接受。

由于可持续发展涉及自然、环境、社会、经济、科技、政治等诸多方面，所以，由于研究者所站的角度不同，对可持续发展所给的定义也就不同。例如，（1）生态学家认为，可持续发展是不超越环境、系统更新能力的发展；（2）世界自然保护同盟、联合国环境规划署、世界野生生物基金会认为，可持续发展是在不超出维持生态系统涵容能力的情况下，改善人类的生活品质；（3）经济学家认为，可持续发展是在保持自然资源的质量及其所提供服务的前提下，使经济发展的净利益增加到最大限度。可见，关于可持续发展的定义尽管描述不同，侧重角度不同，但有一点是相同的，那就是可持续发展绝不是单纯的经济发展，也不是单一的环境保护，而是一个综合的概念，它包含着生态可持续发展、经济可持续发展和社会可持续发展三个方面。人类只有保持资源、经济、社会同环境协调发展，才是真正符合了可持续发展的要求。

2. 可持续发展的内涵

（1）可持续发展鼓励经济增长

可持续发展并不否定经济增长，而是强调"经济发展是第一要务"，认为只有经济增长了，才可能提高当代人的生活水平，真正增加社会财富和增强国家实力。而要推动经济增长，传统的"高投入、高产出、高污染"工业经济发展模式必须摒弃，改之为依靠科技进步、提高经济活动效益和质量的"低消耗、高产出、清洁"的新型可持续发展的生产模式。

（2）发展的可持续性

人类的经济和社会的发展不能超越资源和环境的承载能力。人类谋求自身发展是硬道理，但其过程必须考虑自然生态的承受能力，不能在超越资源和环境的承载能力下盲目追求经济和社会的发展，即要考虑自然生态自身发展的持续性。这就要求我们所进行的经济建设，必须是在顺应自然生态内在规律下所进行的一种良性改造。

（3）人与人关系的公平性

当代人在发展与消费时应努力做到使后代人有同样的发展机会，同一代人中一部分人的发展不应当损害另一部分人的利益。

（4）人与自然的协调共生

人类必须建立新的道德观念和价值标准，学会尊重自然、师法自然、保护自然，与之和谐相处。协调发展包括经济、社会和环境三大系统的整体协调，也包括世界、国家和地区三个空间层面的协调，还包括一个国家或地区经济与人口、资源、环境、社会以及内部各个阶层的协调，可持续发展源于协调发展。

由上可见，可持续发展是以自然生态的可持续发展为基础，经济的可持续发展为主导，社会的可持续发展为目的的综合发展。

3.可持续发展的基本原则

（1）公平性原则

公平是指机会选择的平等性。这里包括两种公平，其一是当代人之间的公平，穷国与富国的权利分享；其二是对子孙后代的公平，当代人和后代人之间的福利分享。这种公平特别体现在代与代之间用公平的原则，去使用和管理属于全人类的资源和环境，每代人都要以公正为原则担负起各自的责任，当代人的发展不能以牺牲后代人的发展为代价。

（2）持续性原则

资源与环境是人类生存与发展的基础。没有可利用的资源和生态环境的持续性发展，人类的持续发展就无从谈起。人类进行经济建设和社会发展必须考虑资源与环境的承载力，从资源与环境的现状出发，本着持续发展的原则来制定科学合理的发展模式。

（3）共同性原则

可持续发展强调要实现可持续发展的目标，必须全球共同行动。尽管世界各国由于国情不同，在经济、文化、社会发展水平等方面存在着差异，导致可持续发展在具体实施中的具体目标、政策和实施步骤等也各有差异，但是，可持续发展的总目标及其体现的公平性、持续性原则是一致的，应当成为全球人的共识。我们要解决的生态环境问题没有国界，要真正实现人与自然的和谐，走可持续发展道路，必须全球人一起努力和行动起来。

二、实现可持续发展的途径

可持续发展是一项综合的系统工程，它要实现的是自然、经济和社会复合系统的和谐发展，不可避免地要涉及社会经济生产与生活的方方面面。我们将从影响可持续发展的人口、资源、环境、科技和制度等因素着手，探讨实现可持续发展的一些具体途径。

（一）影响可持续发展的因素

1. 人口与可持续发展

人是社会经济活动的主体，其需求与行为直接影响着人类自身与赖以生存与发展的自然环境。要实现可持续发展，人口是首要考虑的因素。

（1）人的发展是可持续发展的最终目的

可持续发展思想的形成就是基于对人类未来发展的忧虑而提出的。不可否认，传统立足于经济增长的粗放型发展模式，的确给人类创造了前所未有的物质财富。但不曾想，对环境的漠视、对资源的无节制开采利用却引起了大自然的报复，一系列危及人类生存的公害事件与全球性环境问题接踵而至，毫不留情地粉碎了人类企图征服自然的梦想。在这紧要的关头，提出与环境协调发展的可持续发展理念，正是为了人类未来的长期稳定持续发展。因此，谋求人类的永久福利和永续发展毫无疑义是可持续发展的终极目标。

（2）适当规模的人口是可持续发展的基本条件

纵观人类发展史，我们不难发现自工业革命以来，人口数量的迅猛增长是导致今日环境恶化和资源短缺的主要原因之一。人口数量的迅猛增长，伴随而来的粮食、能源、供水、住宅等一系列需求的增长，逼迫人类不断加大对自然资源的开采利用力度和广度以满足日益增长的各种物质需求，而地球资源与环境承载量是有限的，结果可想而知，环境不断恶化，资源出现短缺。

（3）人口质量的提高是实现可持续发展的关键

可持续发展要解决的是经济、社会与生态环境三方面的综合全面发展，没有一定素质的人口来支撑和出谋划策是无法真正协调这些矛盾的。长期以来，人类不恰当的生活和生产方式的选择，以及对资源无度的利用，也是造成环境恶化和资源短缺的根源之一。如工业生产所产生的"三废"对环境的污染已是世人皆知，但在"发展"的名义下，牺牲环境以换来经济发展的事例却是屡见不鲜，还有为追求"高消费"的生活质量，无节制地消耗资源等。人口质量的提高将对这些问题的解决起十分关键的作用。

2. 资源与可持续发展

资源是人类社会生存与发展的物质基础。地球广袤的空间为人类提供了种类繁多、储量丰富的生活和生产资料。开发利用这些资源，成就了人类一个又一个文明的发展。但地球上的资源毕竟是有限的，相当部分又是不可再生资源，用一点就少一点，所以，资源的供给问题日益突出。虽然，随着社会生产力水平的提高和科学技术的进步，人类开发利用资源的广度和深度在日益增强，可为人类利用的资源范畴也在不断扩大，但较之人类对资源消耗的速度和强度，某些资源已经面临匮乏。保障资源的永续利用是维系人类持久发展的物质基础，是实现可持续发展的必由之路。

3. 环境与可持续发展

环境是人类生命的摇篮。人类生命所需的清新的空气、洁净的水以及土壤等都是由它提供的。可以说，没有环境，就没有人类。在相当长的一段时期内，人类漠视环境，以为大自然是一个可以随意利用和支配的资源库，为了满足不断膨胀的物质需求，竭尽全力去改造自然、征服自然，正当人类庆幸自己拥有征服自然的能力的时候，一系列危及人类生存安全的环境问题相继发生了，气候变暖、臭氧空洞、生物多样性锐减以及土壤污染等等。在严峻的世界环境形势面前，人们不得不重新审视与人类朝夕相伴的朋友——环境，主动伸出友好之手，投入到保护环境的全球行动之中，积极探索人与自然环境的协调发展，走可持续发展的道路。

4.科技进步与可持续发展

在技术进步一日千里的今日，人们的社会实践活动已经离不开科技进步了。可持续发展作为新时期主导人类发展的新理念，不论是在资源持续利用上，还是在环境治理与保护等方面都将发挥巨大的作用。科技进步不仅大大提升了人类综合开发和利用资源的水平与能力，而且丰富了治理和保护环境的手段，提高了人类保护环境的能力。但科技进步绝对不是万能的。因为有些科技进步在满足人类的某些需求的同时也会产生一定的副作用，对人类的可持续发展产生威胁，如制冷所用氟利昂是导致臭氧层空洞的罪魁祸首。因此，对于科技进步不能盲目迷信，而是要兴利除弊，始终与资源的持续利用和环境保护相结合。

5.制度与可持续发展

可持续发展的实施最终要落实到实践中去。现实中，在最大利润驱动下，以牺牲环境为代价的事例屡禁不止。分析其原因，作为公共的资源与环境，私人或企业对其造成的破坏或污染往往并不承担相应的责任，也没有强有力的制度和法规来约束他们的行为，导致在具体的实践活动中，"效益至上"的思想仍大有市场。由此可见，制定相关制度并有力地执行，是落实可持续发展的保障。

（二）实现可持续发展的途径

可持续发展不可能自发实现，需要人类社会从政策、法制、教育、科技以及管理等方面全方位介入，构建一个良性的有助于可持续发展的综合支持系统。概括目前国际社会以及各国开展可持续发展的各种实践活动，主要表现在以下几个方面：

1.积极推动全球行动与开展国际合作

资源环境问题是一个全球性问题，不是单靠某一个国家或某些国家和地区的努力就可以实现的，必须全球合作。从20世纪中期开始，联合国组织就一直在关注生态环境，并为改善和协调人与自然的关系，推动可持续发展做了许多积极而富有成效的工作。

一方面召集和组织开展了各种层次与可持续发展相关的国际会议，积极研究资源、环境、人口、经济等协调发展的问题，商讨治理的对策。如1974、1984、1994年召开的"世界人口会议"，强调人口问题的重要性、世界人口问题的严重性以及控制人口过快增长的必要性等；1972年的"联合国人类环境会议"首次把环境问题列入世界政治议程，会上提出了"只有一个地球"的口号，肯定了环境保护的必要性，呼吁全球合作，共同应对环境问题；1992年组织召开的"联合国环境与发展大会"上，可持续发展战略思想得到国际认同，环境问题再次提到重大国际政治、经济范畴。另一方面，设立了专门处理与可持续发展相关事物的国际组织，督促各国参与与落实。如1973年成立了联合国环境规划署，负责协调全球的环境保护与监督落实；1983年成立了由各国的政要和环境专家组成的世界环境与发展委员会和人口与发展委员会；1993年专门成立了"可持续发展委员会"，用于分析和追踪各国在环境与发展结合方面的进展和执行情况等。

在联合国的积极倡导下，越来越多的国家、社会团体、公众加入到可持续发展的行列中，联系自身的生活和生产实际开展了形式多样的符合可持续发展要求的社会实践活动。

2. 调控人口因素

要实现可持续发展，合理的人口发展是关键因素。具体而言，就是适度控制人口数量的增长，提高人口质量，优化人口结构。

从目前来看，国家和地区不同，表现出来的人口问题也是不同的。从人口数量来看，一些国家和地区，如亚非拉国家和地区人口增长过快，给经济发展和社会生活造成极大的压力，控制人口增长成了当前社会经济发展的当务之急；而另外一些国家和地区，如欧洲、北美等发达国家人口增长则已经降到一个十分低的水平，个别国家和地区甚至出现了负增长，劳动力资源供给的短缺，也给经济和社会的发展前景蒙上了阴影。具体是鼓励人口数量发展还是严格控制人口数量发展，要密切结合国家和地区资源环境以及经济发展水平的实际，科学、合理、适度地发展。

无论是对发展中国家，还是对发达国家，提高人口质量都是必要的，也是至关重要的。高素质的人口，能极大地提高资源的利用率以及采取更加有效的措施来保护和治理环境，以缓解实现可持续发展人口数量上的压力。提高人口质量最重要的途径就是营造有利于人才潜能发挥的机制，高度重视教育、培训以及健康等方面的投资与发展。只有这样，才能整体提升人口素质，才能真正提高生产与消费的集约化水平，减少对资源和环境的依赖和破坏性利用，实现可持续发展。

3. 转变经济增长方式，由传统粗放型向资源节约型调整

在当前资源压力日渐加大的今天，传统的粗放型经济增长方式不可能维系人类的持续发展，向资源节约型模式调整势在必行。资源节约型发展是指在既定的土地面积上，投入更多的生产资料和劳动，采用新的技术和耕作手段，来获取更多的收益。它是在充分分析和认识资源的特点基础上，针对新时期严峻的资源形势，提出的一种新型经济增长方式。这要求在经济活动中，始终围绕着减量化、再利用和再循环三原则下功夫。减量化原则强调生产的产品向体积小型化和重量轻型化发展，要求以较少的原料和能源投入达到预定经济目标，反对奢侈浪费，以减少由此带来的资源损耗和环境污染；再使用原则是指产品的本身及包装尽可能采用可重复利用的形式，以此来提高资源的重复利用率，达到既节约资源又减少环境污染的双重目的；再循环原则是指物品完成使用功能后，通过一定的科学技术手段，重新回收利用，以减轻对环境不必要的压力和充分利用资源。

4. 积极倡导绿色的生产和消费方式

绿色的生产和消费方式，是新时期人类应对严峻的环境形势，积极保护和捍卫环境而提出的又一新理念和新举措。它实质就是从生产到消费各个环节都要联系环境，注重环境保护。

绿色的生产，要求其在生产过程中至少要满足以下三个方面的要求：第一，生产活动提供的产品和服务是有益于人类健康的，对人类发展是有利的；第二，整个生产流程是安全的、无害的，充分考虑了环境保护，对于不可避免的环境问题尽可能通过科学技术手段将污染及破坏减少到生态环境可以承受的最低水平；第三，从产品的设计到具体的生产过程尽可能地减少对资源和能源的消耗，达到既节约资源、降低能耗又满足人类不断增长的物质需求的双重目标。

绿色的消费模式则指人类必须把自身的消费行为建立在与生产力发展水平、资源环境状况等方面相协调的基础上。第一，理性消费。理性消费指人们面对多种可供选择的消费方式时，本着健康、实用、对环境少害等宗旨选出最符合可持续发展要求的方式。如发展城市公共交通缓解交通压力。第二，适度消费。适度消费是指人们在进行物质消费时要摒弃那种一味追求奢华、肆意挥霍资源、毫无节制地滥用物质财富的消费行为。第三，无害消费。无害消费则是指人们在进行消费，做出消费选择时，不对资源和环境产生破坏性影响。如不用或少用一次性筷子；购物时自觉配备可重复使用的购物袋等等。

5.制定和完善各种相关法规政策，引导和保障可持续发展的实施

从一定意义上讲，可持续发展是一种道德准则，要把这种道德准则转变为人们的自觉行动，光口头倡导是不够的，必须通过制定一套相应的法律法规，来约束和影响人们的行为，使之朝有助于可持续发展的良性轨道上发展。

时至今日，人们已经从环境保护、资源利用、经济干预以及人口发展等多角度制定了一系列的法规政策，为可持续发展的实施做出了积极的努力。如环境保护，从20世纪60年代起，为解决日渐严重的环境问题，许多国家先后设立了专门的各级环境保护机构，并针对环境保护与治理问题制定了一系列政策。如美国，除基本环保法《国家环境政策法》外，与保护环境相关的各种法规多达一百余种，形成了比较完整的环境法体系。不仅如此，每年国家还拿出巨额的经费来治理环境污染和提供相关技术上的服务与支持。瑞典将公共环境纳入经济社会发展规划，由国家来主导、控制这些土地的使用，使公共环境得到了较好的保护和利用。日本成立了由总理大臣直接领导的环境厅，直接对环境实行行政干预，一方面对产生的环境污染划分责任，谁污染谁治理；另一方面，设立了众多的防止公害的研究所，为治理环境提供技术上的支持。

但人类社会以及我们赖以生存和发展的资源环境都处于动态发展中，导致可持续发展的内涵以及具体实践也在不断调整，这要求我们必须有动态发展的理念，及时、不断地去调整和完善我们的各项法规政策，为可持续发展做好保驾护航工作。

思考与练习

1.什么叫自然资源？按利用性质可分为哪几类？

2.土地资源有哪些基本特征？

3.我国土地资源有何突出特征？

4.水资源有哪些基本特征？

5.我国水资源有哪些主要特征？在开发利用上存在的问题有哪些？

6.矿产资源的特征是什么？我国矿产资源有何特点？

7.生物资源区别于其他资源的基本特征是什么？

8.什么是能源？简述常见能源的分类标准及类型。

9.什么叫核能？原子核变化有哪几种方式？举例说明之。

10.简述你对我国开发利用新能源的观点。

11.什么是种群？其基本特点有哪些？

12.什么是群落？其基本特征有哪些？

13. 简述生态系统的概念、组成和主要功能。

14. 根据地表环境中的水分状况，生态系统的类型分为哪些？

15. 什么叫生态平衡？说明生态平衡遭到破坏后的后果。

16. 人类活动对地球环境有哪些影响？

17. 试述生物与无机环境之间的关系。

18. 简述可持续发展的概念、内涵及基本原则。

【学习重点】

*现代生物工程的研究内容及应用

*新材料的主要种类

*激光的概念、特征及原理

第七章 人类科学技术的发展

第一节 生物工程

生物工程也可称为生物技术，它并不是一门完全新兴的技术，按历史发展和使用方法的不同，生物工程可分为传统生物技术和现代生物技术两大类。传统生物技术是应用发酵、杂交育种等传统的方法来获得需要的产品。而现代生物技术是以生物化学或分子生物学方法改变细胞或分子的性质而获得需要的产品。

一、现代生物工程的研究内容

根据操作的对象和技术，现代生物工程一般包括基因工程、细胞工程、酶工程、发酵工程和蛋白质工程。

（一）基因工程

基因工程是现代生物技术的核心技术。基因工程是指在基因水平上，采用与工程设计相似的方法，按照人类的需要进行设计，然后创建出具有某种新性状的生物新品系，并能使之稳定地遗传给后代。

DNA重组技术是基因工程的核心技术。重组，顾名思义，就是重新组合，即利用供体生物的遗传物质，或人工合成的基因，经过体外切割后与适当的载体连接起来形成重组DNA分子，然后将重组DNA分子导入到受体细胞，使外源基因在受体细胞中表达，该种生物就可以按人类事先设计好的蓝图表现出另外一种生物的某种性状。

人类掌握基因工程技术的时间并不长，但已经获得了许多具有实际应用价值的成果。例如，我国科学家把杀虫蛋白质基因转入棉花，成功地培育出了转基因抗虫棉花，应用这项技术培育出来的转基因棉花已经在我国最主要的黄河流域棉区、长江流域棉区和新疆棉区这三大棉区得到了大面积推广，累计推广面积已经达到了1.23亿亩，而新增产值则达到了172亿元。就目前来说，这也是我们国家唯一通过基因工程成功获得转基因棉花并大面积应用的案例。

（二）细胞工程

细胞工程是根据细胞生物学和分子生物学原理，采用细胞培养技术，在细胞水平上进行遗传操作。细胞工程的主要技术包括动植物的组织和细胞培养、细胞融合、细胞核移植、染色体（组）工程和细胞育种技术等。

细胞工程的建立是与细胞融合现象的发现及其研究密切相关的。自从哈林1907年介绍了动物细胞的组织培养方法之后，人们运用该技术对动物组织培养中的细胞融合现象做了更深入的研究，特别是证明了不同来源的两种动物细胞经过混合培养可以产生新型的杂交细胞，这为培育具有双亲优良性状的新生命类型的细胞工程奠定了基础。著名的克隆羊——多莉，是细胞核移植的成果。科学家把芬兰多塞特母绵羊乳腺细胞的细胞核移植进苏格兰黑面母绵羊的去核卵细胞中，形成融合细胞。融合细胞能像受精卵一样进行细胞分裂、分化，从而形成胚胎细胞。然后，科学家将胚胎细胞转移到另一只苏格兰黑面母绵羊的子宫内，胚胎细胞进一步分化和发育，最后诞生了"多莉"（见图7-1-1）。从遗传特征上看，多利具有与芬兰多塞特母绵羊相同的特征。

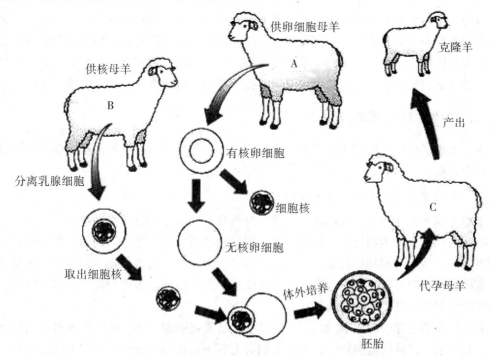

图7-1-1　克隆羊——多莉的具体克隆过程示意图

（三）酶工程

酶工程可以分为两大部分：一是如何生产酶；二是如何应用酶。酶的生产大致经历了四个发展阶段。最初从动物内脏中提取酶，如从猪的胰脏中提取α-淀粉酶；随着酶工程的进展，人们开始利用微生物来获取酶，例如，从 1 m^3 的枯草芽孢杆菌培养液里获取的α-淀粉酶的量，相当于几千头猪的胰脏中酶的含量。在基因工程诞生后，通过基因重组来改造产酶的微生物，例如，将芽孢杆菌合成α-淀粉酶的基因转移到一种繁殖更快、生产性能更好的枯草杆菌里，进而用这种枯草杆菌来生产α-淀粉酶，使产量提高了数千倍。近些年来，酶工程又出现了一个新的热门课题，那就是人工合成新酶，也就是人工酶。

（四）发酵工程

发酵工程是指利用微生物的某些特定性状，通过现代化工程技术来大量生产有用的物质。

现代发酵工程不但生产酒精类饮料、醋酸和面包，而且生产胰岛素、干扰素、生长激素、抗生素和疫苗等多种医疗保健药物，生产天然杀虫剂、微生物菌肥和微生物除草剂等农产品，在化学工业上生产氨基酸、香料、生物高分子、酶、维生素和单细胞蛋白等。

（五）蛋白质工程

在现代生物技术中，蛋白质工程出现得最晚，是在20世纪80年代出现的。蛋白质工程是指人工生产自然界原来没有的、具有新的结构与功能的、对人类生活有用的蛋白质分子。

目前，蛋白质工程主要着重于在已有的蛋白质基础上，进行局部的改造，使合成的蛋白质变得更符合人类的需要。如胰岛素是治疗胰岛素依赖型糖尿病的特效药物，但是天然胰岛素在人体内寿命只有几小时，重症病人每天要注射好几次药物，给病人增加了不便和痛苦。通过蛋白质工程改变胰岛素的空间结构，得到长效胰岛素，还可以增强其稳定性。

二、现代生物工程的应用

生物工程已经广泛地应用于工业、农牧业、医药等行业，并已经取得了明显的经济效益和社会效益。

（一）生物工程在工业方面的应用

生物工程在工业领域的应用非常广泛。材料是一个社会经济建设的重要支柱之一。通过生物技术构建新型生物材料，是现代新材料发展的重要途径之一。例如，化工塑料废弃后很难降解，从而造成环境污染，有"白色污染"之称。一些微生物却能生产出可降解塑料，这些生物塑料不仅安全无毒害，而且在土壤中降解后还能为作物提供营养。因此，生物塑料的研制是塑料工业发展的新方向。

能源是人类生存的物质基础之一，是社会经济发展的原动力。传统能源造成的环境污染，以及越来越严重的能源危机，迫使人们努力寻求新能源。地球上每年生产出的纤维物质，例如，稻草、麦秆、玉米秸、灌木、干草、树叶等等，只要拿出5%左右，加以合理的利用，就足够满足全球对能源的需求量，这就是生物质能的利用。科学家还可以利用生物技术，将纤维素通过一系列反应转化为酒精。如果在汽油中掺入10%的酒精，可在略加改装的汽车上使用。另外，直接以酒精为燃料的发动机也已经诞生。目前，在经济发达的国家，酒精代替汽油做燃料的比例已达到5%～10%。

（二）生物工程在农牧业方面的应用

生物技术能提高作物产量，加快畜禽繁殖速度。例如，由我国科学家袁隆平成功培育的杂交水稻使水稻的产量有了大幅度提高，为解决我国和世界的粮食问题做出了巨大的贡献。另外，我国杂交水稻工程技术研究中心在野生水稻中发现了两种有增产潜力的基因，分别位于1号染色体和2号染色体上，如果将此基因转到杂交水稻中，则杂交水稻的产量有可能在原有的基础上再提高20%左右。又如，胚胎分割和移植技术为大量繁殖优良牲畜品种提供了有力的技术手段。母牛一般一胎只能产一头小牛，一头良种母牛一生约能繁殖10头牛犊，如果将良种牛的早期胚胎切割成数块，再分别移植入数头普通母牛子宫内培养，就可同时获得数头良种牛犊，由于这一技术的应用，使本来一生只能生下10头后代的优良母牛变得可以每年产50头以上的小牛。目前，牛胚胎移植技术已进入商品化阶段，加上胚胎冷冻技术不仅解决了胚胎移植中母畜性周期的时间限制，同时也解决了远距离的运输问题，如今1000只牛胚胎连同冷冻容器总质量不超过50 kg，在飞机上只要相当于一个座位的地方就能够容纳，从而使世界范围内的母牛良种推广大大简化。

生物技术还能培育优良品种的作物和畜禽。例如，植物收获后往往在转运和贮藏过程中造成损失，过软的水果和蔬菜容易破损腐烂，并且过熟后失去原味。利用生物技术延缓植物的成熟，就可以克服这些问题。华中农业大学专家将一种能减少乙烯合成的基因转入番茄，培育出耐储藏、产量高、品质优良的转基因番茄。据估计，转基因番茄每年可挽回因番茄腐烂造成的4000多万元损失。应用转基因技术培育的耐储藏保鲜番茄，在国内外都率先获准进行商品化生产。又如，利用转基因技术，还可以培育出耐受不良环境的农作物、抗病农作物和抗病畜禽。此外，生物技术还使农业超越了传统农业领域。科学家已经培育出多种转基因动物，它们的乳腺能特异性地表达外源目的基因，因此，从它们产的奶中就可获得所需的蛋白质药物。由于转基因牛或羊吃的是草，挤出的奶中含有珍贵的药用蛋白，因此，可以获得巨大的经济效益。

（三）生物工程在医药方面的应用

目前，医药卫生领域是现代生物技术应用得最广泛、成绩最显著、发展最迅速、潜力也最大的一个领域，生物技术贯穿了疾病预防、诊断和治疗的整个过程。

20世纪70年代以后，由于基因工程的发展，人们开始利用基因工程技术来生产疫苗。基因工程疫苗是将病原体的某种蛋白基因重组到细菌或真核细胞内，利用细菌或真核细胞来大量生产病原体的蛋白，把这种蛋白作为疫苗。由于这种疫苗只是病原体的某种蛋白质而不是完整的病原体，不具有传染性，因而绝不可能发生生产或使用中的感染事件，是绝对安全的。同时，病原体的蛋白质同样可以使免疫系统产生相应的抗体，起到预防传染病的效果。

乙型肝炎是世界上广为流传的传染病之一，全世界乙型肝炎病毒携带者估计多达2亿人，乙肝病毒携带者有可能转变成慢性肝炎患者，发生肝癌的比例比一般人高50倍以上。1982年，乙肝疫苗首次出现在美国，但当时生产的乙肝疫苗是从携带者的血液中制得的，数量少、价格昂贵，并且，由于这种疫苗是血液制品，安全上没有保证，为避免传染艾滋病，有些国家已禁止使用血源性乙肝疫苗。现在，世界各国使用的是基因工程乙肝疫苗，价格低，安全性好，因而得到推广。中国是世界上乙肝患者最多的国家，乙肝疫苗接种预防已被列入新生儿计划免疫项目，我们的下一代将不再受乙肝的困扰。

1978年，卡恩（Kan）和多奇（Dozy）首先应用羊水细胞DNA限制性片段做镰刀型细胞贫血症的产前诊断，从而开创了DNA诊断的新技术。DNA诊断技术是利用重组DNA技术，直接从DNA水平做出人类遗传性疾病、肿瘤、传染性疾病等多种疾病的诊断。DNA诊断技术具有专一性强、灵敏度高、操作简便等优点。

利用基因工程还能大量生产一些来源稀少的药物，降低药物成本，减轻患者的负担。例如，侏儒症患者的病因是生长发育时期体内缺少一种生长激素。这是脑部的垂体所分泌的一种激素。垂体分泌的生长激素过少，就会患上侏儒症，发育不良，形体矮小。治疗侏儒症的特效药是人的生长激素，如果发现某人在生长发育时期患了侏儒症，只要给他注射一段时间人生长激素，病人会赶上正常人的发育速度，长得和常人一个模样。然而，人生长激素价格太高，它是从尸体的垂体中提取出来的，而垂体只有豌豆那么大。50具尸体的垂体提取的人生长激素，只够治疗一个侏儒症患者。即使全世界的尸体统统解剖开取出垂体，也只能治疗侏儒症患者的15%。进入20世纪80年代，科学家利用DNA重组技术，把人生长激素基因导入大肠杆菌，通过大量培养这种"工程菌"，可以获得人生长激素。一个大肠杆菌能够产生20万个人生长激素分子，每升发酵液可提取人生长激素2 mg以上，相当于一个垂体的含量。用类似于生产人生长激素的方法，还可以生产许多珍贵药物，而大肠杆菌在这些项目中都令人信服地完成了工程菌的任务。这些珍贵药物包括胰岛素、干扰素等等。

基因治疗是一种应用基因工程技术和分子遗传学原理对人类疾病进行治疗的新疗法。世界上第一例成功的基因治疗是对一位4岁的美国女孩进行的，她由于体内缺乏腺苷脱氨酶而完全丧失免疫功能，治疗前只能在无菌室生活，否则会因为感染而死亡。1990年9月，这个女孩接受了她自身的但带有矫正基因的T淋巴细胞的回输，病情大为好转，进入了普通小学上学。人类基因组计划的完成，将有助于人类认识许多遗传疾病以及癌症的致病机理，为基因治疗提供更多的理论依据。

（四）生物工程在环境保护方面的应用

环境生物技术是生物技术应用于环境污染防治的一门新兴边缘学科，它诞生于20世纪80年代末期的欧美经济发达的国家和地区，以现代生物技术为主体，并包括对传统生物技术的强化和创新。

1. 污染监测

传统的环境监测和评价技术侧重于理化分析和对试验动物的观察，现代生物技术建立了一类新的快速、准确地监测与评价环境的有效方法，主要包括利用新的指示生物、利用核酸探针和利用生物传感器。

传统的试验动物存在周期长、费用高、结果有偶然性等缺点，为了获得准确有效的数据，人们建立了各种短期生物试验法，分别用细菌、原生动物、藻类、高等植物和鱼类等作为指示生物。例如，发光细菌的发光现象与其生存的环境有直接联系，当发光细菌的生存环境受到侵害时，其将迅速丧失能量，失去发光能力。通过监测发光细菌的发光强度，便能对环境质量做出评价。

核酸探针技术的出现也为环境监测和评价提供了一条有效途径。如果对一段特异性的DNA片段进行标记，即做成探针，就可以监测外界环境中有无与之互补的DNA片段存在。例如，想要监测水环境中的大肠杆菌，可以根据大肠杆菌的一段特异性DNA合成与之互补的片段，这就是大肠杆菌的核酸探针，假如水样中存在与探针互补的DNA，就说明水样中存在大肠杆菌。

近年来，生物传感器在环境监测中的应用发展很快。生物传感器是以微生物、细胞、酶、抗体等具有生物活性的物质作为污染物的识别元件，具有成本低、易制作、使用方便、测定快速等优点。例如，对环境中致癌与致突变物检测，通过检测固定有不同菌株的电极上的电流变化来判定是否存在致癌与致突变物。目前用于环境监测的传感器包括用于生物需氧量监测的生物传感器，测定有机磷农药和测定环境中除草剂、亚硫根离子、微生物等的生物传感器。

2. 污染治理

传统的生物治理方法是利用微生物的分解作用，将自然生长的微生物群体加以驯化、繁殖后来降解污染物，但处理过程比较缓慢，现代生物治理多采用纯培养的微生物菌株，因此，选取高效的菌株非常重要。

自然环境中分离得到的菌株，其降解污染物的酶活性往往有限，采用基因工程技术，对这些菌株进行改造，可以提高微生物酶的降解活性，成为治理污染的超级"工程菌"。从20世纪80年代以来，已开发出的基因工程菌有净化农药DDT的细菌、降解水中染料的工程菌、降解土壤中TNT炸药的工程菌及用于吸附无机有毒单质及化合物（铅、汞、镉等）的基因工程菌等。例如，DDT是一种高效杀虫农药，从20世纪20年代起流行于全世界，但20世纪60年代后被禁用。原因是它在使用后不会自行分解，而是积聚在土壤中。土壤中的DDT会通过农作物的根系进入农作物，然后又会进入人体，并积聚于人的肝脏，损害人体健康。即使在DDT被禁用以后，这个问题仍未解决。因为经过数十年的使用，DDT在土壤中的浓度已经很高了，而且自然界的净化能力对它毫无办法。这些DDT仍在不断地侵蚀人们的肝脏，医生们认为这是各类肝病，包括肝癌，发病率持续上升的原因之一。到20世纪80年代后期，人们终于找到了从全球的土壤中清除DDT的根本办法。科学家利用基因工程技术，将一种昆虫的耐DDT基因转移到细菌体内，培育一种专门取食DDT的细菌，再大量培养，制成药液。这种药液喷洒到土壤上，数天内，土壤中的DDT就会被取食得一干二净。又如，科学家利用DNA重组技术把降解芳烃、萜烃、多环芳烃、脂肪烃的4种菌体基因连接，转移到某一菌体中构建出可同时降解4种有机物的"超级细菌"，用之清除石油污染，在数小时内可将水上浮油中的2/3烃类降解完全，而天然菌株需要1年之久。

三、生物工程的安全性与伦理道德问题

日新月异的生物技术在给我们带来许多利益的同时，也可能给我们带来意想不到的冲击和始料未及的后果，甚至还会触及一些伦理道德方面的问题。

（一）生物工程的安全性

在转基因农作物的附近可能存在野生的近亲植物，通过杂交，这些野生植物获得了新的性状，如耐寒、抗病或生长加速等，因此可能具有更强的生命力，在自然界与其他物种的生存竞争中获得绝对优势，排挤其他物种，从而打破自然界原有的生态平衡。例如，国外已有报道，转基因玉米的抗除草剂基因已飘散到附近地区的野生植物上，造成"超级杂

草"的出现。

关于转基因食品的安全性目前也尚无定论，科学家认为，转基因食品可能带来的风险有两个：一是基因被破坏或其不稳定性将会产生新的毒素；二是外来基因产生的新的蛋白质可能会带来过敏性或毒性。因此，用转基因生物生产的转基因食品和药品要进入市场，必须进行消费安全评估。目前，国际上对待转基因食品的通行办法是限定转基因食品的含量，当超出这一含量时，则对这些食品强制性地贴加标签，让消费者知道并自主选择。

我国卫生部也于2002年4月8日发布了《转基因食品卫生管理办法》，并于当年的7月1日起施行。此外，生物技术还可能被恐怖分子利用，来研制生物武器，对全球的和平造成极大的威胁。

（二）生物工程的伦理问题

人类基因组计划的完成，固然使基因治疗、生物制药等技术更具发展潜力，但是，同时引发了一系列伦理、道德甚至法律问题。人们首先面对的可能是"基因歧视"，一些携带不正常基因的人被打入"另册"，在婚姻、就业、上学等方面受到不公正待遇。侵犯个人隐私权也是基因科学可能引发的弊端，因为每个人的基因组中或多或少含有脆弱的基因或不正常的基因，因而每个人的基因组信息不能轻易暴露，不然就可能危及其切身利益和生存空间。

在克隆人所引起的争论中，同样隐藏着许多社会伦理问题。克隆人技术威胁着人类的生育模式。传统生育模式中离不开男性和女性，他（她）们各司其职，提供精子和卵子。现代生殖辅助技术也遵循这种生育模式。克隆人的生育模式则完全不同，它不一定非要男性不可，也不需要精子，只要有体细胞核和卵子胞质（即去核卵细胞）即可。对于单身女子，可以取出其乳腺细胞的核，移植到自己的去核卵细胞中形成重组卵，重组卵再移植到自己的输卵管中，即可发生正常的怀孕，在子宫里发育成胎儿并分娩。这种"自己生自己"的生育模式给伦理学提出了许多解决不了的难题。另外，"克隆人"还可能造成人类的性别比例失调。"克隆人"技术使来源于男子体细胞核的胚胎发育成男孩，来源于女子体细胞的胚胎发育成女孩，无须进行性别鉴定便可知是男是女。

生物工程伴生的安全性和伦理道德问题还有许多。我们只有努力克服生物工程的负面影响，使其沿着健康的道路发展，才能使生物工程更好地造福于人类。

第二节　新材料的开发技术

人类社会发展的历史证明，材料是人类生存和发展的物质基础，也是社会生产力的重要因素。人类历史上每一种重要新材料的发现和应用，都能使人类支配自然的能力提高到一个新的水平。每一次材料科学技术的重大突破，都会大大地提高社会生产力，加速社会发展进程，给人们的生活带来巨大的变化。

材料是指人类能用来制作有用物件的物质。新材料是指最近发展和正在发展中的比现有材料的性能更为优良的材料，或者具有现有材料尚不具有的某种优良性能的材料。新材料是有时间性的，现在的传统材料都是过去某一历史时期的新材料。

一、材料的发展概况

人类使用材料的历史与人类社会文明史一样悠久。早在史前，原始人类在与自然抗争的过程中，学会了直接利用自然界的原料，通过简单制作，做成生活资料和生产资料，如用茅草、树叶、动物的皮毛遮风挡雨；用原始的材料制作石器、骨器和木器，来猎杀动物，充饥果腹。自从人类发现了火种以后，人类学会了利用高温烧制陶瓷和炼铜术，人类进入青铜器时代。后来又学会炼铁，进入铁器时代。从铸铁到炼钢，钢铁工业的迅速发展，成为18世纪产业革命的重要内容和物质基础。到目前为止，传统材料已有几十万种。材料品种很多，从大的类别来分，可分为无机非金属材料、金属材料、有机高分子材料以及复合材料；按材料使用性能来分，可分为结构材料和功能材料。

新材料技术是现代科学技术发展的一个关键，每一项重大新技术的发现，往往有赖于新材料的发展。例如，半导体材料的出现和发展，对电子工业的发展具有极大的推动作用，1946年第一台真空管计算机问世，经过60多年不断更新，到现在的一台与其功能相当的微型计算机，其体积仅为原来的三十万分之一，而质量仅为六万分之一。目前正在发展的新型半导体材料，只有几个原子层厚，加上光电子材料研究的进展加速了整个信息技术革命的进程，在光电子材料基础上发展起来的光电子技术，将代表21世纪新兴工业的特色。

目前，新材料已经初步形成了一个高性能金属材料、无机非金属材料、新型有机合成高分子材料以及复合材料等多元化的局面。随着科学技术的发展，人们还在设计和制造更多、更新的材料，不断地适应社会和经济的发展。材料、能源和信息已经成为构成现代社会的三大支柱。

二、新金属材料

随着经济与技术的发展，与其他材料一样，金属材料正在不断地被开发和研制出性能优异又具有多种特殊功能的新型材料。

（一）未来钢材——钛

钛在地壳中含量约为0.6%，仅次于铝、铁、镁，居金属含量的第四位。1791年英国化学家格雷戈尔（Gregor，1762—1817年）就发现了钛元素，但直到1910年，英国人亨特才第一次在爆炸器中用钠还原四氧化钛，制得不到1 g的纯金属钛。因为，钛在高温下化学性质活泼，所以必须在与空气和水相隔绝的环境中进行冶炼，在真空或惰性气体中提纯。因为冶炼技术困难，所以直到1947年，全世界才生产出2 t钛。

钛的主要特征是密度小、熔点高、强度大、抗腐蚀性强。钛的密度只有钢的一半，但强度比钢高；抗腐蚀性强，它甚至能抗王水的腐蚀；熔点高，它的熔点比黄金的熔点还高600 ℃左右。如此优异的综合性能在金属中少见，因此钛受到了重视。

钛属于太空时代的金属。它的高强度、小相对密度的性能，特别适用于生产超音速飞机和航天器。例如美国YF-12A型战斗机，用钛量达93%。钛的耐高温性能好，是制造涡轮喷气发动机的理想材料，它几乎可以取代不锈钢和铝合金。利用钛合金代替不锈钢，可使发动机的质量减轻40%～50%。除此之外，因钛具有强的抗腐蚀性能，可用它制造深海潜艇，去探索海底的秘密。钛也可用于生产化工行业的反应器等设备。

目前，钛开发与利用中存在的主要问题是冶炼困难，产量低。如果在冶炼技术上取得突破，钛就有可能代替钢铁。因而，它被称为"21世纪的金属"。

（二）超导材料

人们按材料的导电性能，将材料分为绝缘体、半导体和良导体。金属材料由于具有优良的导电性能和较小的电阻率，作为良导体而被广泛用于输电线，如铜、铝等。但即使再优良的金属导线也会存在一定的电阻，一方面，随着通过的电流量增大，电阻会产生热量；另一方面，随着温度升高，金属导线的电阻将会越来越大，直接影响电力的输送效率和其他功能的发挥。长期以来，人们期望能得到一种电阻极小，小到为零的材料，来作为理想的输电材料。荷兰物理学家卡麦林·翁纳斯（H. Kamerlingh Onnes，1853—1926年）首先发现超导体。1911年，他发现当温度降低到4.2 K时，汞的电阻突然消失，这种"零电阻"现象引起了科学家的关注。我们把这种在一定条件下，能导致导电材料的电阻趋近于零的现象，称为超导现象。能产生电阻趋近于零现象的材料，称为超导材料。产生超导现象时的温度叫临界温度，相应的电流、磁场则分别称为临界电流和临界磁场。很显然，并非所有的材料都具有超导现象，例如铜在温度降至接近绝对零度（-273 ℃），其电阻也仅比常温时减少1%。尽管汞是最早发现的超导材料，但它在常温下是一种液体，因而，无法作为结构和功能材料。经过人们不懈的努力，在20世纪60年代初，开始陆续发现了几百种超导材料，最具代表性的是铌（9.26 K）、铌钛（9.8 K）、铌三锡（18.1 K）等。自1968年以来，科学家把研究的重心放在致力于提高超导材料的临界温度领域，并取得了一个又一个的成果。1986年年底，美国贝尔实验室研制了临界温度为40 K的超导氧化物。1987年2月，美国休斯敦大学华裔科学家朱经武和我国科学家赵惠贤，又将超导材料的临界温度提高到90 K以上。1987年年底，铊-钡-钙-铜-氧系材料，其临界温度提高到125 K。有报道显示，科学家还发现了308 K（35 ℃）的常温超导现象，高临界温度的超导材料的不断问世，为超导材料从实验室走向应用铺平了道路。

由于超导材料在临界温度时的电阻趋近零，它可避免或减少输电线路上电能的损耗（通常，输电线电能的损失约占发电量的10%），当前超导材料显然是首选的、最理想的输电线材料，它能实现电能的远距离、高电流密度的无损输送。用超导材料制造电机，其质量可减轻90%，输出电流可提高20倍，这对制造大功率发电机具有突出的意义。例如，制造一座百万千瓦级的发电机，用普通材料其体积相当于一座两层楼房，而使用超导材料，则只占几张桌子大小的空间。

超导材料制成巨大功率的磁体，会产生强大的磁场，用超导材料制成的列车，在运行时，车身悬浮于铁轨上而不接触铁轨，即"磁悬浮列车"，这种列车运行时的阻力很小，速度可达500～1000 km/h。这种列车已在日、德、英、法等国制造成功。我国于1995年研制出了第一台磁悬浮列车。2002年12月31日，磁悬浮列车在从上海龙阳路地铁站至浦东国际机场这条世界首条磁悬浮商业运行线路上开始首次正式运行。

（三）稀土材料

在化学元素周期表中有一个系列叫镧系，共15种元素：镧、铈、镨、钕、钷、钐、铕、钆、铽、镝、钬、铒、铥、镱、镥。镧系元素加上钇、钪共17种金属元素，被称为稀土元素。它们在自然界中的含量较少，化学性质非常相似，常在矿物中共生，它们的氧化物一般都难溶于水，都是金属，也称为稀土金属。现在人们所说的稀土材料，一般是指由这17种元素中的一种或几种元素所形成的一类高纯单质及其化合物材料。稀土材料具有独特的光学、磁学和结构等理化性质。在普通的材料中加入少量稀土元素后，它的性能便可得到较大的改善，因而，稀土被称为材料工业的"维生素"。我国是世界上稀土资源最丰富的国家，约占世界总储量的80%。我国稀土生产为世界第一，稀土应用为世界第二。稀土工业在我国已有几十年的历史，我国拥有较大的稀土研究队伍，不少厂家开发和生产的稀土材料产品已进入国内外市场，稀土材料的开发和应用在我国有着广阔的前景。

冶金工业中，利用加入少量稀土元素来改善金属性能，如在球墨铸铁中加入少量稀土元素，就能除去其中的非金属杂质，改变铸铁中的石墨形态，显著提高其密度，提高铸铁的机械性能，使它达到铸钢和锻钢的水平。石油化学工业中，用稀土制成的分子筛催化剂活性很高，是石油炼制中催化裂化工序的重要添加剂，它与一般催化剂相比，具有汽油产率高的特点。稀土钕钇铝石榴石是一种良好的激光材料，在军事工业中，用它制成的激光器，可用于激光测距与瞄准、激光通信与雷达等。此外，由于这种激光器的瞬间输出功率特别高，焦点温度可达几百万度，故可用来制造击毁飞机、导弹、卫星及坦克的激光武器。稀土金属与钴的合金是一种极好的永磁材料，已被广泛应用于微型电机、加速器、音响设备、电子手表、医疗器械等。

（四）形状记忆合金

在一定温度下，将这类合金先加工成型，然后改变外界温度（降温或升温），它可产生变形。一旦外界温度重新恢复到原来温度，它的形状立即可以复原，犹如具有"记忆"过去形状的功能，故称其为形状记忆合金。例如，镍-钛合金丝，在室温下形状笔直坚硬。将它放入冷水中，它会变得很柔软，可将它弯曲成任意形状，如果再将它放回到热水中，已被弯曲的镍-钛合金丝会突然伸直，恢复到它原先的形状。形状记忆合金的"记忆力"与合金的晶体结构有关，它们通常是两种或两种以上具有热弹性马氏体可逆相变效应金属组成的合金。

形状记忆合金的特性有三种：

（1）单程记忆效应：形状记忆合金在较低的温度下变形，加热后可恢复变形前的形状。

（2）双程记忆效应：某些合金加热时恢复高温相形状，冷却时又能恢复低温相形状，称为双程记忆效应。

（3）全程记忆效应：加热时恢复高温相形状，冷却时变为形状相同而取向相反的低温相形状，称为全程记忆效应。

迄今为止，已发现形状记忆合金有多种，不同的形状记忆合金形变的温度是不同的，如镍-钛合金为-50～80 ℃，金-镉合金为30～100 ℃等。

从20世纪70年代起，形状记忆合金主要应用于紧固零件。如用形状记忆合金可制得

"智能"型铆钉，使用时先在常温下弯曲铆钉尾部，然后在低温时拉直并插入孔内，待温度升高时，铆钉尾部会自动弯曲达到铆接的目的，见图7-2-1。又如用形状记忆合金制成的用于外科各种骨整形和断骨再接的接骨板，不但能将两段断骨固定住，而且能在断骨恢复原来形状的过程中产生压缩力，迫使断骨很快愈合。齿科用的矫齿丝也是利用形状记忆合金，先将形状记忆合金放入人的口腔内，靠体温使形状记忆合金丝复原、紧固，来达到治疗与矫正的目的。另外，形状记忆合金还可制成火灾自动报警器和自动灭火器等。用形状记忆合金制成航天飞机的抛物面形通信卫星天线，发射前，在临界温度下，将它叠成非常小的体积放入卫星内。进入太空后，将其取出置于相应位置，在太阳光照射下，温度升高，天线可恢复原抛物面形状。

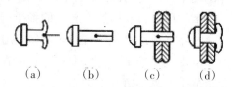

(a)　　　(b)　　　(c)　　　(d)

图7-2-1　形状记忆合金铆钉的自动铆接过程

（五）贮氢合金

氢具有单位质量释放能量高、无污染等优点，被公认为是21世纪最有希望的新能源。但在常温下，不纯的氢气遇明火会发生爆炸。因此，氢作为能源时，纯度要求非常高。1968年，人们发现某些合金具有吸附氢气的特性，如镁-镍合金、镧-镍合金。这类合金在一定温度和压力下可大量吸附氢气，其原因是合金中的金属原子能与氢原子结合形成氢化物，把氢贮藏起来。这是可逆反应，金属氢化物受热时，氢气又将释放出来。标准状况下，有一些贮氢合金吸收的氢气体积可达到自身体积的1000倍，其中的氢气密度可超过液态氢气，甚至达到固态氢气的密度。贮氢合金可以用来提纯和回收氢气，它可以将氢气提纯到很高的纯度。我国科学家研制的钛-铁-锰贮氢材料，可将氢提纯为99.9999%的超纯氢，这项研究可大大降低提纯氢的成本。

贮氢合金的迅速发展，为氢气的利用开辟了更广阔的前景。例如，贮氢合金吸氢后可用于氢动力汽车，它为开发无污染汽车提供了可靠的能量来源。另外，贮氢合金在吸氢时会放热，在放出氢气时会吸热，人们利用这种放热-吸热循环，进行热的贮存和传输，用于制冷或采暖设备等。

（六）非晶态合金

一般情况下，一种合金熔化时，其原子的排列是无规则的，当冷却至固态时，组成合金的原子或离子都将按一定规则排列形成晶体。由于晶体内各晶粒之间存在着不同向的晶界，这在一定程度上会影响合金的各项性能。非晶态合金是指一些不仅能以晶体的形式存在，也可以非晶体的形式存在的合金。非晶态合金的制备是将合金熔化后，再用高速冷却（约为106 ℃/s）使之凝固，这样，合金中的原子来不及按规则排列，保持着原来液态时的无序状态，从而获得了无规则的非晶态组织结构。这种非晶态组织结构类似于玻璃的无定形结构，它避免了合金结晶时固有的缺点，在各项机械性能和功能上有了新的突破。在20

世纪30年代，已有报道用蒸汽沉淀法和电沉淀法，制备出非晶态合金。在20世纪60年代，美国科学家杜维兹（Duwez）直接将熔融金属速冷制备出金-硅非晶态合金，被称为"金属玻璃"。

非晶态合金的硬度和强度比一般晶态合金高很多，用它制造的高强度电缆，可大大提高使用寿命。它还具有良好的磁性能，用它做材料代替硅钢片制作变压器铁芯，可使自身能量损失减少60%以上。美国每年损耗在变压器上的电量为6000 MW，约30亿美元，若将现有的全部配电变压器都换成非晶态铁合金，则每年至少可节省10多亿美元的电费。非晶态磁性材料还可用于制作磁带、录音磁头，其耐磨性较一般材料高几十倍，而且具有贮存量大、频率响应好、分辨率高、失真小等优点。非晶态合金还具有良好的化学性能，特别是具有耐腐蚀性能，比起优质不锈钢，它的耐腐蚀性要强100倍。

三、高性能的无机非金属材料

无机非金属新材料主要有新型陶瓷、特种玻璃、非晶态材料和特种无机涂层材料等。

（一）新型陶瓷

新型陶瓷的原料是人工合成的超细、高纯的化工原料，粒度达到微米（10^{-6} m）级以上，它用精密控制的制备工艺烧结而成。这种陶瓷在结构上大多以共价键或离子键相结合，高温下仍有高强度，并具有许多传统陶瓷没有的特殊性能。

1. 高温结构陶瓷

高温结构陶瓷具有耐高温、耐腐蚀、耐摩擦和高强度的优异性质，它可以在一些严酷环境下工作。发动机是飞机和汽车中的关键部件，通常用金属制成。一般情况下，发动机的工作温度越高，热效率也越大。然而，温度太高，金属的强度也就下降。可用氮化硅或碳化硅高温结构陶瓷代替金属制成发动机，因其具有良好的抗氧化能力和抗热震性，在高温下仍有足够的强度，且体积小、重量轻。据报道，我国已研制出了这种陶瓷发动机汽车，它可在沙漠里长时间运行，发动机不必用水冷却，这种汽车作为沙漠用车具有独特的优势。

2. 半导体陶瓷

半导体陶瓷具有半导体的特性，因为它对环境中的气体、温度、湿度和光亮变化具备特有的敏感性，可将其相应地分为热敏陶瓷、气敏陶瓷、湿敏陶瓷和光敏陶瓷等类型。它们常用于制造陶瓷敏感器件及传感器件。比如，将气敏陶瓷制成的氧传感器安装在汽车的排气管中，便可测试汽车废气中的氧浓度，然后通过微电脑自动控制发动机中的空气与汽油的比例，使之处于最佳工作状态，达到节约汽油的目的。又如，为了制止驾驶员酒后开车，人们将陶瓷酒精传感器的一头安置在驾驶室中，另一头连接在汽车点火线路上，只要司机喝了酒，呼出的气体中含有的酒精气体达到一定浓度，传感器感觉后就使发动机熄火，汽车就无法启动，能防止交通事故的发生。气敏陶瓷传感器也可用于制作燃气报警器，当室内空气中含有一定量的煤气等可燃性气体时，它就会报警，提醒人们采取措施。

3. 生物相容性陶瓷

生物相容性陶瓷也称为生物陶瓷。它具有特殊的生理行为，即良好的生物相容性，放入生物体内不会引起不良反应，是现有的任何别的材料无法替代的。

生物相容性陶瓷常用于制造人造骨骼和一些人体组织器官修复的材料，如美国研制的人造骨，它是用磷酸盐陶瓷材料制成的，植入人体后可以逐渐被体内的酶降解，经过一定的时间会转化为自然骨。现在，生物陶瓷大体有三种类型：惰性生物陶瓷、表面活性生物陶瓷和可吸收生物陶瓷，这些生物陶瓷有很高的化学稳定性和持久耐用的寿命，是人体医学材料发展的重大突破。

（二）特种无机涂层材料

它是涂层材料的一种，具有高温防热、耐磨、耐腐蚀、催化、红外辐射、导电等多种特性，广泛应用于工业和国防事业。

1. 保护涂层

这些涂层涂于物体的表面，具有防热、隔热、耐腐蚀、防渗、防漏的功能，起到保护被涂物的作用，可延长被涂物在恶劣环境下的使用寿命。例如，防热隔热涂层，它是由耐高温的金属氧化物粉末和无机聚合物组成的，具有优越的耐高温性能。如用氧化锑涂层可对被涂物起隔热阻燃的作用；用氧化铝、氧化锆等高温喷涂层，可防高温，常用于火箭和导弹的外部涂层。还有一些涂料因为不易被水湿润，具有防渗、防漏的功能，用于建筑物楼顶，能有效防止水的渗漏，或涂在装水容器的接缝处，具有极佳的堵漏效果。

2. 装饰涂层

随着真空镀膜和电镀工艺的发展，各种工程塑料经过表面装饰以后，大量地应用于家用电器和轻工产品。例如，在塑料表面镀金属化合物，已被广泛应用的有氮化钛、碳化钛等硬质涂层，它们会产生一种仿金、仿银的效果，现已被广泛用于手表表壳和表带、灯具、纽扣等耐用品。这种涂层既耐磨，又有漂亮的外观效果，受到了人们的欢迎，早已走进了千家万户。

3. 功能涂层

一些无机非金属涂料具有光、电、磁、声等特殊功能，它们在被涂物上会起不同的作用。例如，现代战争中使用的"隐形"飞机和坦克，它们的"隐形"本领表现在表面覆盖了一层吸波涂层。这种吸波涂层能吸收对方防空系统发射过来的雷达电磁波，或者改变雷达电磁波的波长后，再反射回去，致使对方雷达得不到飞机和坦克的准确方位和距离等信号，或者产生一种错觉，这样，便可有效地避免敌方的攻击和侦破，得以出奇制胜。

四、新型有机高分子材料

随着材料科学的飞速发展，合成高分子材料不断地涌现出新的品种。据报道，目前世界上合成高分子材料已超过1.4亿t，而且，它们在社会经济中的地位，已不单是传统材料的代用品，正成为国民经济和国防工业高科技领域不可缺少的基础材料。

（一）高性能塑料

1. 工程塑料

工程塑料是指工程上做结构材料应用的塑料。它们有优于一般塑料的性能，如具有更高的强度和机械性能，可在较宽的环境温度下使用等。常见的工程塑料有：聚甲醛

（POM）、聚碳酸酯（PC）、聚酰胺（PA）、聚酯（PET或PBT）、聚苯酰（PPC）等。如聚甲醛是由简单的有机化合物甲醛聚合而成的、具有高刚性和高硬度、低摩擦系数、自润滑和良好的耐疲劳等特性，它可在较高的动态载荷作用下长期使用，被称为"最耐疲劳的塑料"。它特别适用于制造精密小齿轮、轴承轴套，各种电子钟表、打印机、复印机等的零部件。又如聚碳酸酯是一种具有特种性能的透明塑料，有"打不碎的玻璃"之称。它透明度高、密度小、坚韧、易于加工成型、抗冲击强度高，能在135～145℃中连续使用，它可取代普通有机玻璃用作超音速飞机上的挡风夹层、天窗盖和舷窗。

2. 特种塑料

特种塑料具有特别的功能，其价格昂贵，世界年消费量不大，但增长的速度却很快。特种塑料能在高温、强腐蚀性和高辐射的条件下使用，能用于航天、冷冻化工、医疗等领域。常见特种塑料有聚四氟乙烯（PTEE）、聚酰亚胺（PI）、聚醚醚酮（PEEK）、聚苯硫醚（PPS）、聚醚砜（PSF）和液晶聚合物（LCP）等。如聚四氟乙烯被称为"塑料王"，它是最耐腐蚀的材料，除了极强的碱金属氢氧化物熔融态能使其表面轻微的腐蚀外，其他任何化学试剂，包括王水都不能使它腐蚀，它的耐腐蚀性超过不锈钢，而且可长期在260℃以上温度范围中使用。聚四氟乙烯还具有不吸湿、不燃烧、耐高温的特性，它被广泛用作防腐材料、耐摩擦密封材料、化学反应设备的内衬材料等。另外，聚四氟乙烯的固体表面能很小，其他物质很难黏附其表面、现代家庭厨房常用的"不粘锅"，其表面防粘涂层就是添加了大量聚四氟乙烯。

（二）特种纤维

特种纤维是合成纤维的进一步发展，它们产量不多，但品种较多。其中具有代表性的是芳纶纤维（芳香族聚酰胺）材料，它具有重量轻、耐腐蚀、强度高、寿命长、绝缘性好、耐辐射、加工方便等特点，这些特点是其他天然和合成纤维材料无法比拟的。例如，它的比强度（即同质量材料得到的强度）是钢丝的5倍，一根手指粗的芳纶纤维绳可吊起两辆大卡车，被称为"合成钢丝"。芳纶纤维在高科技方面具有取代金属材料的趋势。在航空航天方面，用芳纶纤维制成的毡毯，可作为航天飞机返回大气层时的热防护层。它还可用于降落伞、飞机的机轮、窗布，或作为增强纤维用于机舱门等。此外，芳纶纤维坚韧、耐磨、刚柔兼具，又是理想的防弹材料。

（三）特种橡胶

特种橡胶是在普通合成橡胶的基础上发展起来的，以其更优异的性能广泛用于国防工业和特殊的领域，起到其他材料所无法替代的作用。特种橡胶的产量虽然不多，但品种不断增多，有硅橡胶、氟橡胶、聚氨酯橡胶、聚硫橡胶等品种，其中以硅橡胶最具代表性。硅橡胶的主要成键结构中含有Si—O键，它比普通的合成橡胶具有突出的高耐热性，它的使用温度范围为-100～300℃，是所有橡胶之最，同时具有优越的抗老化性和电绝缘性。硅橡胶广泛用于航空、造船、化工和建筑行业，作为高温环境下的密封材料（如日常所用高压锅的密封圈）、减震材料和电绝缘材料。在硅橡胶基础上发展起来的硅硼橡胶和硅氮橡胶，耐热温度高达500℃。另外，硅橡胶在人体内也具有很好的生物相容性和稳定性，是制作人工器官的理想材料，目前已用于人体内人造血管、人造心脏，以及在体外应用的人工心肺机、人造肾脏、输血导管等。

（四）其他功能高分子材料

还有一些高分子材料，由于其特殊的化学或物理结构，在化学活性、光敏性、导电性、选择分离功能、生物医学活性等方面，具有特殊的功能，被称为功能高分子材料，常被用于一些高科技领域。

1. 高分子分离膜

传统的分离技术不外乎蒸馏、分馏、结晶、萃取、吸附、过滤等，基于高分子分离膜的膜分离技术，比传统分离技术更节能、更经济、无污染，且操作方便，易于自动化。如海水淡化就可使用一种反渗透膜，当海水在一定的压力下流过这种膜时，在膜的另一侧会得到纯净的淡水。高分子分离膜还广泛应用于工业废水处理、湿法冶金、食品保鲜、混合气体分离、药物分离等。

2. 导电高分子材料

高分子材料通常是不导电的，但现代科技的发展已使人们能够制造出导电的高分子材料。美国化学家麦克迪尔米德（A. G. MacDiamid）、美国物理学家黑格（A. J. Heeger）和日本材料科学家白川英树（H. Shirakawa）三位科学家，对导电高分子材料的发现和发展做出了杰出的贡献，成为2000年度诺贝尔化学奖的得主。导电高分子材料是一种新型能导电的树脂，它利用少量掺杂剂就能达到如金属般的导电性能。如经碘蒸气掺杂后的聚乙炔，可使其电导率提高 10^9 倍。用导电高分子材料制作的蓄电池体积小、重量轻、无腐蚀性（因为不需要铅和硫酸），蓄电能力是普通蓄电池的10倍，并可反复充电使用。目前，科学家还发现了一系列稳定的聚苯胺、聚吡咯和聚噻吩等导电高分子材料，它们应用于高效电池、电容器的制作，也应用于防静电和防腐蚀方面。导电高分子材料已成为21世纪材料科学领域研究的热点之一。

五、特殊功能的复合材料

复合材料是一种由金属材料、有机高分子材料、无机非金属材料等具有不同结构和功能的材料，通过特殊工艺复合为一体的新型材料。这种复合材料利用优势互补和叠加而制得，既能突出其综合性能，又能克服原有材料的缺陷。20世纪以来，复合材料发展非常迅速，它广泛用于高科技领域，并占有独特的地位。

（一）玻璃钢

玻璃钢是第一代复合材料的代表，它是一种以塑料树脂为基体、玻璃纤维为增强剂的玻璃纤维增强塑料。玻璃钢具有质量轻、强度高、耐腐蚀的性能，并具有良好的隔热、隔音、抗冲击和透波能力。不同的基体材料衍生出不同品种的玻璃钢，目前应用较多的有玻璃纤维增强尼龙、聚碳酸酯、聚乙烯、聚丙烯、环氧酚醛、有机硅树脂等。玻璃钢最早用于航空和军事工业，后又广泛用于民用产品，现在逐渐为其他复合材料所替代。

（二）碳纤维增强树脂复合材料

20世纪60年代以后，产生了第二代复合材料。碳纤维增强树脂复合材料是其中的代表，它所用的增强剂是经高温分解和碳化后获取的碳纤维，碳纤维增强树脂复合材料的性能优于玻璃钢。碳纤维增强树脂复合材料主要用于航空和航天工业，用它制造火箭和导弹头锥、人造卫星支撑架以及飞机上的机翼等。在民用工业中，较多地用于汽车和运动器具，如小轿车的壳体等。从20世纪70年代起，碳纤维和混纤（硼纤维、芳纶纤维）复合材料，大量用于先进的运动器具，如弓箭、高尔夫球杆、网球拍等，使运动器具面貌一新。20世纪80年代以后，又研制了碳-碳复合材料，它由多孔碳素基体和埋在其中的碳纤维骨架组成。这种碳-碳复合材料的工作温度几乎居于所有复合材料的首位，是一种热防护的理想材料，特别是制造火箭和航天飞机上最高受热部位的理想材料。

（三）聚合物基复合材料、金属基复合材料和陶瓷基复合材料

第三代复合材料采用了不同特性的基体材料，以提高其综合性能，常见的有聚合物基复合材料、金属基复合材料和陶瓷基复合材料。

聚合物基复合材料，又称分子复合材料，这是一种采用分子排列高度有序的聚合物和无定形团状聚合物结合成的新型复合材料。目前，已人工合成三种此类聚合物薄膜：对位-聚苯并噻唑（PBT）、对位-聚苯并咪唑（PBI）和对位-聚苯并噁唑（PBO），这种聚合物基复合材料具有更好的热稳定性、抗湿性、易于加工、无须纤维增强制成薄膜就能达到所要求的特性。不过，这种复合材料只能在350℃以下温度范围内使用。

金属基复合材料所用的基体既有轻金属，如铝、镁，又有钛、铜、铅、铍等有色金属的超合金，金属间化合物及黑色金属。这种复合材料比传统的金属材料具有重量轻、强度和刚度高、耐磨损、耐高温等显著特点。另外，又比聚合物基复合材料在导热性、导电性、抗辐射性、不吸湿、耐老化等性能上更具优越性，同时具有较高的耐高温的性能，可在350～1000℃温度使用。金属基复合材料的增强剂有非金属纤维和非金属颗粒，例如，硼纤维增强铝基复合材料可用于航天飞机的机身构架，能减少飞机自重而节约燃油。通常，飞机结构每减轻1 kg，每年可节约燃油2900 kg。目前，发展最快的是碳化硅颗粒增强铝合金基复合材料，其重量轻，密度仅为钢的1/3，又比铝合金、钛合金耐磨性强。金属基复合材料有着优异的性能，主要用于航空和航天工业，现在随着制造工艺的完善和成本下降，逐渐用于民用工业，并有加速产业化的趋势。

陶瓷基复合材料，也称多相复合陶瓷，包括纤维补强陶瓷材料、颗粒弥散多相复合陶瓷、自补强多相复合陶瓷以及功能梯度复相陶瓷等。例如，我国独特的新型材料碳纤维补强石英复相陶瓷，其强度比纯石英陶瓷高12倍，且具有很好的韧性和抗烧蚀性。特别是20世纪80年代产生的功能梯度复相陶瓷，其功能和性质随空间或时间呈连续变化。这种材料由陶瓷与金属构成，是通过精心设计和特殊工艺在原子级水平上混合起来的，它的组成和结构在整个材料内部都是均匀分布的，其界面层的组分、结构和性能呈连续性变化。这种连续性变化减轻了陶瓷、金属异种材料界面区域的突变，消除了界面的热应力集中而不易引起材料的开裂或剥离。这种材料的高温侧是能耐热和抗氧化的，低温侧是具有高热导率和韧性的，整个材料能有效地缓和热应力。功能梯度材料的开发，可满足航天飞机表面材料的要求，既能经受高达1800℃的高温，又能经受巨大的温度落差，具有广阔的应用前景。

六、纳米材料

纳米材料是当今材料科学研究中的热点之一。我国著名科学家钱学森曾预言,纳米将是下一阶段科学发展的重点,是一次技术革命,也将是21世纪又一次产业革命。

(一)纳米材料的特性

纳米(nm)是"nanometer"的译名,即为毫微米,它是长度的度量单位,用符号nm表示,$1\ nm=10^{-9}\ m$,纳米是一个非常小的空间尺度,以氢原子为例,1 nm长度范围内,只能排列10个氢原子。纳米材料就是用特殊的方法将材料颗粒加工到纳米级,再用这种超细微粒子制造人们需要的材料。目前,纳米材料有四种类型:纳米颗粒、纳米碳管和纳米线、纳米薄膜、纳米块材。

纳米材料表现出奇异的热、光、力、电和化学等性能,这与它的特殊结构有关,其奇异的性质主要有:

1. 特殊的光学性质

金属超微颗粒对光的反射率很低(低于1%),而吸收率很高。利用这一性质,可作为高效率光热、光电转换材料,制作太阳能电池、红外敏感器、隐身元件。

2. 特殊的热学性质

超微颗粒的熔点将显著降低。例如,普通金的熔点为1064 ℃,但当金的颗粒为2 nm时,其熔点仅为327 ℃左右,熔点下降达700 ℃之多。纳米银粉的熔点也可从常规熔点670 ℃下降至100 ℃,这意味着纳米银粉可以在沸水中"熔化"。纳米金属的这一优点,有利于在低温条件下,将不同的纳米金属烧结成用于高技术领域的、"超一流"的特种合金。

3. 特殊的磁学性质

磁性超微颗粒实质上就是一个生物磁罗盘。通过电子显微镜观察表明,生活在水中的趋磁细菌体内通常含有直径约为微米级的磁性氧化物颗粒,趋磁细菌就依靠它而游向营养丰富的水底。人们发现小尺寸磁性超微颗粒与大块磁性材料有显著的不同,随着超微颗粒尺寸减小,它会呈现出超顺磁性。利用磁性超微颗粒的这个特性,已制成高储存密度的磁记录磁粉,大量应用于磁带、磁盘、磁卡以及磁性钥匙等。

4. 优良的力学性质

纳米陶瓷材料具有良好的韧性。例如,纳米金属固体的硬度比传统金属材料硬3~5倍,纳米铁的断裂应力比一般铁高12倍,纳米铜比普通铜热扩散性能高1倍。

5. 特殊的电学性质

金属材料中的原子间距会随颗粒减小而变小,因此,当金属晶粒处于纳米范畴时,其密度随之增加。这样,金属中自由电子移动的路程将会变小,使电导率降低。因此,原来的金属良导体就转变为绝缘体,这种现象称为尺寸诱导的金属绝缘体转变。

正是因为纳米材料具有这些奇特的性质,与宏观物体迥然不同,由此,人们可以制造出各种性能优良的特性材料。

(二)纳米材料的应用

纳米材料显示了广阔的应用前景。例如,利用纳米材料制成磁记录介质材料不仅音质、图像和信噪比好，而且记录密度高，广泛应用于电声器件、阻尼器件等。纳米金属颗粒还是一种极好的催化剂。例如，纳米铂黑催化剂可使乙烯的氧化反应的温度从600 ℃降到室温；镍或铜-锌化合物的纳米颗粒，对某些有机化合物的氢化反应的催化能力大大提高；超细Fe、Ni、γ-Fe_2O_3的混合物烧结体，可用作汽车尾气净化的催化剂。这种超细微粒催化剂可能在工业应用中产生革命性的变革。又如纳米半导体材料的电导率显著降低，可在大规模集成电路器件、薄膜晶体管选择性气体传感器、光电器件等应用领域发挥重要的作用。纳米膜材料可除去水中小于100 nm的颗粒污染物。纳米材料还可以用于医学和生物工程。例如，利用纳米微粒进行细胞分离，用纳米微粒制成的药物可方便地在人体内传输，进行局部治疗和组织修补。纳米探针和纳米传感器的应用，也可能带来诊断技术的革命。纳米科技的发展对能源、环境和医学等方面都将产生显著的影响。

我国科学家在纳米科技领域屡创佳绩，让世界为之瞩目。早在1993年，中科院北京真空物理实验室，用原子成功地写出"中国"二字。1998年，清华大学研究人员首次在国际上，把氮化镓制备成一维纳米晶体。同年，中国科学家又用非水热合成法，制备出金刚石纳米粉。1999年上半年，北京大学首次用纳米技术组装出世界上最细且性能良好的扫描隧道显微镜用探针。同年，中科院金属研究所合成高质量的碳纳米材料，使我国新型储氢材料研究跃上世界先进水平。后来，我国科学家制造出直径为0.6 nm的有机材料，其信息超高密度存储容量要比现有的光盘高100倍，用此材料，在一块方糖大小的盘上，就可以将美国国会图书馆的全部信息存放。迄今为止，我国已建立十多条纳米技术的生产线。纳米材料在能源和环境等方面的应用、开发也已在我国兴起。可以预见，纳米技术的研究和应用不仅能引发一场新的工业革命，而且还会带来人类认知革命，产生观念上的变革，对未来科学技术的发展产生重大的促进作用。

七、新材料发展的方向

目前，新材料的制造方法主要根据需要来设计。随着量子化学、固体物理等新学科的发展，电子计算机的应用以及计算机信息处理技术的发展，我们知道破坏某一分子的化学键需要多少能量，从而把不需要的分子"剪裁"下来，再按所需性能"接上"另一分子，实现在分子、原子结构的水平上，构造出合乎要求的理想新材料。这种所谓的"分子设计"，若能实现，将使人类摆脱对自然材料的依赖，使材料的生产和应用发生根本性的变革。随着社会的进步，人类总是不断地对材料提出新的要求。新材料的发展与材料的总体循环密切相关，材料技术的每一环节的改进，都会导致新材料的产生。

概括起来，当今新材料的发展有以下几个特点：

（1）结构与功能相结合

人们开发一种新材料，首先，要求材料具有结构上的作用；其次，还要求具有特定的功能或者兼有多种功能。即新材料应在结构和功能上实现较为完美的结合。

（2）智能型材料的开发

所谓智能型，就是要求材料本身具有一定的"感知"能力，也就是具有自我调节和反馈的能力，犹如具有模仿生命体系的作用，具有既敏感又有驱动的双重功能。

（3）少污染或不污染环境

新材料在开发和使用过程中，甚至废弃后，应尽可能地减少对环境的污染。

（4）能再生

为了保护和充分利用地球上的自然资源，开发可再生材料是首选。

（5）节约能源

开发新材料要考虑节约能源，优先开发制作过程耗能较少的，或者新材料本身能帮助节能的，或者有利于能源开发和利用的新材料。

（6）寿命长

新材料应有较长的寿命，在使用的过程中少维修或尽可能不维修。

总之，新材料的发展必须创新，要加强材料科学的基础研究，依托新理论、新构思、新设想、新工艺，创造更多、更新的材料，为人类社会的物质文明建设做出更大的贡献。

第三节　激光技术

1960年，一种神奇的光诞生了，那就是激光（Laser）。它是英文名称LASER的音译，是英文 Light Amplification by Stimulated Emission of Radiation 的各单词第一个字母组成的缩写词。意思是"通过受激辐射光扩大"。1964年，按照我国著名科学家钱学森的建议将"光受激辐射"改称"激光"。激光和普通光一样都是电磁波，因此，具有电磁波的一切特性。由于激光器的特殊构造，激光在发光原理上与普通光有本质的不同，表现在宏观上有不同的特点。

一、激光的特性

激光与普通光相比，具有如下特性：

（一）方向性好

普通光是向四面八方发光。要让发射的光朝一个方向传播，需要给光源装上一定的聚光装置，如汽车的车前灯和探照灯都是安装有聚光作用的反光镜，使辐射光汇集起来向一个方向射出。

激光器发射的激光，朝一个方向射出，光束的发散度极小，大约只有0.001弧度，接近平行，在传播中始终像一条笔直的线，不易发散。一束激光射出20 km远，光斑只有杯口那么大。1962年，人类第一次使用激光照射月球，地球离月球的距离约为3.8×10^{5}km，但激光在月球表面的光斑不到2 km。若以聚光效果很好的探照灯光柱射向月球，其光斑直径将覆盖整个月球。利用激光的这一特性，科学家在1962年测出了地球与月球的精确距离。

（二）亮度高

在激光发明前，人工光源中高压脉冲氙灯的亮度最高，与太阳的亮度不相上下，而红宝石激光器的激光亮度，能超过氙灯的几百亿倍。因为激光的亮度极高，能够照亮远距离的物体。红宝石激光器发射的光束在月球上产生的照度约为0.02 lx，颜色鲜红，激光光斑明显可见。若用功率最强的探照灯照射月球，产生的照度只有约10^{-12}lx，人的眼睛根本无法察觉。激光亮度极高的主要原因是定向发光，大量光子集中在一个极小的空间范围内射出，能量密度自然极高。

（三）颜色极纯

光的颜色由光的波长（或频率）决定。一定的波长对应一定的颜色。太阳光的波长分布范围约在$0.76 \sim 0.4$ μm之间，对应的颜色从红色到紫色共7种颜色。发射单种颜色光的光源称为单色光源，它发射的光波波长单一。比如氖灯、氦灯、氪灯、氢灯等都是单色光源，只发射某一种颜色的光。单色光源的光波波长虽然单一，但仍有一定的分布范围。如氖灯只发射红光，单色性很好，被誉为"单色性之冠"，波长分布的范围仍有10^{-5}nm，因此，氖灯发出的红光，若仔细辨认仍包含有几十种红色。由此可见，光辐射的波长分布区间越窄，单色性越好。

激光器输出的光，波长分布范围非常窄，因此颜色极纯。以输出红光的氦氖激光器为例，其光的波长分布范围可以窄到2×10^{-9}nm，是氖灯发射的红光波长分布范围的万分之二。由此可见，激光器的单色性远远超过任何一种单色光源。

（四）相干性高

激光的频率、振动方向、相位高度一致，使激光光波在空间重叠时，重叠区的光强分布会出现稳定的强弱相间现象。这种现象叫作光的干涉，所以激光是相干光。而普通光源发出的光，其频率、振动方向、相位不一致，称为非相干光。

激光的闪光时间可以极短。由于技术的原因，普通光源的闪光时间不可能很短，照相用的闪光灯，闪光时间是1/1000 s左右。脉冲激光的闪光时间很短，可达到6 fs（1 fs=10^{-15} s）。闪光时间极短的光源在生产、科研和军事方面都有重要的用途。

二、激光原理

（一）自发辐射和受激辐射

假设原子处于能量为E_1的低能态，由于从外界吸收了一个能量为$h\nu$的光子而达到能量为E_2的高能态，这一过程称为光吸收。当原子从高能态跃迁到低能态时，必将发射出能量为$h\nu$的光子，这一过程称为光辐射。而光辐射可能有两种情形：一种情形是原子自发地由高能态跃迁到低能态，这称为自发跃迁，相应的辐射称为自发辐射；另一种情形是在外界的影响下原子才由高能态跃迁到低能态，这称为感应跃迁，相应的辐射称为受激辐射。

$$h\nu = E_2 - E_1$$

普通光源中的原子发光都是自发辐射过程。光源中的大量原子各自处于不同的激发态，并且各自独立地向基态跃迁，所发出的光的频率、振动方向、传播方向以及相位都各不相同，所以彼此是不相干的。

原子在某一能态停留的平均时间，就是该能态的平均寿命，用t表示。处于高能态的原子中，在单位时间内从高能态E_2自发跃迁到低能态E_1的原子数比率A_{21}，称为原子自发跃迁的概率，它与高能态E_2的平均寿命t之间有下面的关系

$$t = 1/A_{21}$$

这表明，自发跃迁的概率越大，该能态的平均寿命就越短。一般激发态自发跃迁的概率都很大，所以激发态的平均寿命通常极其短暂，约为10^{-8} s。

处于高能态E_2的原子在发生自发跃迁之前，若受到能量为$h\nu$的外来光子的扰动，就可能发生感应跃迁。从高能态E_2跃迁到低能态E_1，同时发生受激辐射，即发出一个与外来光子同频率、同相位、同振动方向和同传播方向的光子。这样，连同入射的那个光子，将得到两个同样的光子。既然入射一个光子可以得到两个处于相同状态的光子，那么能否得到三个、四个乃至更多的同频率、同相位、同振动方向和同传播方向的光子呢？如果发生这种被称为光放大的过程，那么我们就能获得一束单色性和相干性都很好的高强度光束，这就是激光。如何发生光放大过程呢？这决定于发光系统中的原子所处的状态。

（二）是光放大还是光吸收

在一般情况下，当光子通过发光系统时，光吸收过程和受激辐射过程都有可能发生，而要发生光放大过程，必须使受激辐射过程占优势。理论分析表示，发光原子系统发生受激辐射过程与发生光吸收过程的概率之比，等于处于高能态的原子数N_2与处于低能态的原子数N_1之比，即N_2 / N_1。所以，发生光放大过程必须满足$N_2 / N_1 \gg 1$，也就是说，要使大量原子处于高能态，而处于低能态的原子数很少。但是，在平衡态下，处于高能态的原子数总是远少于处于低能态的原子数，并且能级间距越大，两能级上原子数的这种差别就越悬殊。

可见，要实现光放大过程，必须满足$N_2 \gg N_1$，这种分布方式称为粒子数反转，粒子数反转是实现光放大过程的基本条件。

（三）粒子数反转的实现

在通常的物质中，粒子数反转是难以实现的，这是由于这些物质的原子激发态的平均寿命都极其短暂，当原子被激发到高能态后，会立即自发跃迁返回基态，不可能在高能态等待并积攒足够多的原子从而出现粒子数反转的情形。但是，有些物质的原子能级中存在一种平均寿命比较长的高能态能级，这种能级称为亚稳能级，亚稳能级的存在使粒子数反转的实现成为可能。

在形成E_2能级对E_1能级的粒子数反转的过程中，外界是要向工作物质提供能量的。原子获得能量才能从低能态激发到高能态，这种过程称为抽运过程。将原子从低能态激发到高能态，可以通过不同的激励方式，光激励是其中的一种。还可以用放电过程引起粒子碰撞，以传递能量，这种方法称为电激励。总之，要形成粒子数反转，必须建立适当的能量输入系统。

（四）光学共振腔

只有工作物质的粒子数反转并不能产生激光，这是由于在一般情况下自发辐射的概率比受激辐射的概率大得多，这样发出的光是沿各个方向传播的散射光，不具有相干性。所以，要获得激光，必须提高受激辐射的概率，而且要使某单一方向上的受激辐射占优势，这就是光学共振腔的主要作用。

光学共振腔，简单地说是在工作物质两端分别平行放置全反射镜M_1和部分反射镜M_2所形成的腔体，如图7-3-1所示。最初，处于粒子数反转的工作物质中有一部分原子要发生自发辐射，光子向各个方向发射，沿其他方向发射的光子都一去不复返，而只有沿管轴方向发射的光子受到反射镜的往返反射。这些被往返反射的光子在工作物质中穿越时就不断地引发受激辐射，因而得到放大，强度越来越大，从部分反射镜M_2射出，这就是激光。

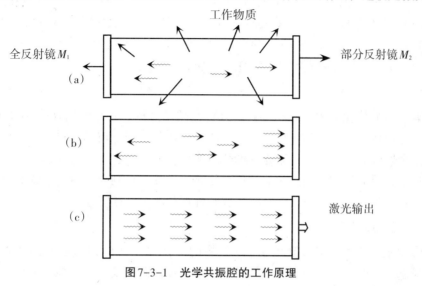

图7-3-1　光学共振腔的工作原理

三、激光的应用

由于激光具有方向性好、亮度高、单色性好、相干性好等特点而得到广泛应用，如激光测距、激光钻孔和切割、地震监测、激光手术等。而激光在军事领域也得到了充分应用，如激光致盲武器、激光防空武器、激光反卫星武器、激光等离子武器、激光制导子弹、激光窃听器等现代高科技武器都展现了激光的效能。

（一）激光武器

现代的激光可以制造出摧毁一切的激光武器。美国现在全力研制的"星球大战"防卫体系，其所依赖的重要一环就是用激光束来击毁入侵的导弹。可以设想，一枚载着核弹头的导弹在强激光的照射下会迅速化为一阵烟雾消散在空中，这是多么奇妙的事。

（二）全息照相

一般照相机拍出的照片都是平面的，没有立体感，仅是二维图像，很多信息都失去了。当激光出现后，人类才第一次得到了全息照片。所谓全息照片，就是一种记录被摄物体反射（或透射）光波中全部信息的先进照相技术。全息照片不用一般的照相机，而要用一台激光器。激光束用分光镜一分为二，其中一束照到被拍摄的景物上，称为物光束；另一束直接照到感光胶片即全息干板上，称为参考光束。当光束被物体反射后，其反射光束也照射在胶片上，就完成了全息照相的摄制过程。全息照片和普通照片截然不同。用肉眼去看，全息照片上只有些乱七八糟的条纹。可是若用一束激光去照射该照片，眼前就会出现逼真的立体景物。更奇妙的是，从不同的角度去观察，就可以看到原来物体的不同侧面。而且，如果不小心把全息照片弄碎了，那也没有关系。随意拿起其中的一小块碎片，用同样的方法观察，原来的被摄物体仍然能完整无缺地显示出来。

（三）激光照排技术

激光的出现引发了印刷工业的一场革命。现代社会中，信息的作用越来越重要。因此在信息传播中，加快印刷速度、缩短出版周期也就有了相当重要的意义。现在已经得到广泛应用的激光照排技术就是一项重大的革命。激光照排是将文字通过计算机分解为点阵，然后控制激光在感光底片上扫描，用曝光点的点阵组成文字和图像。现在我国已广泛应用的汉字排版技术就采用了激光照排，它比古老的铅字排版功效至少高5倍。

（四）激光唱片机

激光唱片机简称激光唱机（CD机），又称音频光盘机，它是"综合信号激光盘系统"中的一种。它包括激光唱片和唱机两部分：激光唱片是一张以玻璃或树脂为材料、表面镀有一层极薄金属膜的圆盘，通过激光束的烧蚀作用，以一连串凹痕的形式将声音信号刻写存贮在圆盘上，形成与胶木唱片相似的信号轨迹；激光唱机则是以激光束读取激光唱片上的光信号并转换为电信号，输出给音响播放装置再转换为声音信号。

（五）激光影碟机

激光影碟机是"综合信号激光盘系统"中的一种。它的工作原理与激光唱片机相同，只是它所录制、读取和播放的信号包括音响、静止动态画面及文字等多种信号。这种综合信号激光盘用于教学、娱乐等。在激光影碟机的发展中出现了LD（激光影碟）、VCD（视频压缩碟片）、DVD（数字视频光盘机）等。

（六）激光在医学上的应用

激光大显身手的另一领域是医学。在外科手术中，它不仅可以作为激光刀使用，而且在眼科、牙科、皮肤科与整容等方面都有独特的应用。激光刀的妙处在于它切割的同时也进行了灼烧，这恰好封闭血管防止其出血，也减少了感染的危险。用激光对牙齿进行无痛钻孔和去牙蛀，使人们对以前望而生畏的牙科手术大感轻松。与以前的机械打孔相比，激光钻孔不仅不会产生大量的摩擦热，而且其所蒸发掉的只是被腐蚀处的黑色牙区，不会对健康的牙组织产生影响，从而疼痛感会大大减轻。

对于目前的不治之症——癌症，激光也提供了有效的武器。一方面，可用激光刀来切除肿瘤；另一方面，在癌症的早期诊断方面也卓有成效。癌症的早期诊断对于其治疗有着决定性意义。借助激光能准确地确定肿瘤细胞和正常细胞，同时也提供了一个新的治疗途径。借助一些特殊的化学物质，采用激光化疗法，能使这些特殊物质在激光作用下杀死肿瘤细胞，从而达到治疗癌症的目的。

激光在眼科上的应用是最令人叹为观止的。激光可以焊接脱开的视网膜，封闭破漏的血管，彻底摧毁漂浮在眼中胶冻状液体中的微小的沙粒（使其汽化）。激光手术的优点是不需要切开眼睛就能完成手术，而且手术的疼痛感大为缓和。

目前，国内的近视眼患者都比较关注"准分子激光手术"这一新生事物。"准分子激光手术"的全称是"准分子激光屈光性角膜手术"，目前包括三种不同的手术方式：准分子激光屈光性角膜切削术（PRK）、准分子激光原位角膜磨镶术（LASIK）和准分子激光上皮下角膜磨镶术（LASEK）。PRK属于早期的激光手术，治疗前需要将角膜上皮刮除，在角膜上做准分子激光切削，改变角膜表面的屈光度。这种方法失败率高，目前已趋于淘汰。现在各家医疗机构常用的 LASIK 手术，是在 PRK 的基础上发展起来的一种更先进的激光手术。此外，还有一种界于 PRK 和 LASIK 之间的技术，即 LASEK。

无论是三种手术中的哪一种，都是一种微创伤手术。而且，但凡手术，对于患者自身的条件都有一定的要求，眼科激光手术自然也不例外，并非人人能做。准分子眼科激光手术的适用年龄是 18～50 岁，最佳年龄是 18～30 岁。18 周岁以下的青少年眼部还没发育完全，屈光度也不稳定，如果过早接受手术，术后视力有可能会后退，影响预期的效果，甚至可能出现远视的现象。此外，对在适用年龄之内的患者也有一定的要求，一些自体免疫性疾病与结缔组织疾病，如风湿性关节炎、红斑狼疮患者，因其愈合组织的能力不佳、身体抵抗力不好，也最好不要实施眼科激光手术。

除了安全性之外，眼科激光手术的疗效也是患者关注的一个焦点，不少患者担心术后一定时间内近视会出现反弹。一些人误认为眼科激光手术可以使患者的视力完全恢复为标准水平，从而摆脱眼镜的束缚。实际上这种观点是错误的，因为实际的疗效必须参看患者本身的状况。

（七）其他应用

激光加工是激光应用最有发展前途的领域，现在已开发出 20 多种激光加工技术。激光的空间和时间控制性很好，对加工对象的材质、形状、尺寸和加工环境的自由度都很大，特别适用于自动化加工。激光加工系统与计算机数控技术相结合可构成高效自动化加工设备，已成为企业实行适时生产的关键技术，为优质、高效和低成本的加工生产开辟了广阔的前景。目前已成熟的激光加工技术包括：激光快速成型技术、激光焊接技术、激光打孔技术、激光切割技术、激光打标技术、激光去重平衡技术、激光蚀刻技术、激光微调技术、激光存储技术、激光画线技术、激光清洗技术、激光热处理和表面处理技术。

目前，激光技术已经融入我们的日常生活之中了。在未来的岁月中，激光将会带给我们更多的奇迹。

第四节　现代科技的其他前沿领域

一、信息技术

所谓信息技术，是指对各种信息进行获取、加工、管理、表达与交流等的技术。而现代信息技术主要是指利用电子计算机和现代通信手段对信息进行采集、处理、存储与传播的一门高新技术。从信息学的角度可把信息技术分为信息获取技术、信息传递技术、信息利用技术和信息技术的支撑技术。

（一）信息获取技术

信息获取技术包括信息测量、感知、采集和存储技术，特别是直接获取自然信息的技术。信息测量包括电性与非电性的信息测量，如把自然的电信号、磁信号以及其他的非电磁性信号测量出来，这包括利用传感技术、接收技术等测量技术，这种测量实际上本身也包含着信息的转换，因为通常的测量过程，往往是把自然信号通过传感器转化成光的或电的信息，以便记录与存储。信息的感知包括文字、图像、声音识别，以及自然语言的理解等。信息的采集既包括用传感器方法采集或测量获取信息的方法，也包括对社会信息或机器信息的人工采集，即由人直接感知和收集。

（二）信息传递技术

信息传递技术包括各种信息的发送、传输、接收、显示、记录技术、特别是"人-机"信息交换技术。这门技术的主体是通信技术，包括有线电通信、无线电通信、声通信和光通信等。

（三）信息处理技术

信息处理技术包括各种信息的变换、加工、放大、增殖、滤波、提取、压缩技术，特别是数值信息处理与知识信息处理技术。这门技术的主体是计算机技术，包括计算机系统技术、硬件技术和软件技术。

（四）信息利用技术

信息利用技术包括各种利用信息进行控制、操纵、指挥、管理、决策的技术，特别是"人-机"协调的智能控制与智能管理技术。这门技术特别广泛，涉及计算机技术与各种专业、学科、技术多种多样的结合，从而产生各种信息利用技术和系统，诸如电子政务、电子商务、CAD/CAM/CAE、虚拟现实等系统与技术。

（五）信息技术的支撑技术

信息技术的支撑技术是指信息技术的实现手段所涉及的技术。当前信息技术的主要支撑技术是电子技术，特别是微电子技术。信息技术的另一些支撑技术包括激光技术、生物技术等，因此，已经产生或将会产生相应的激光信息技术、生物信息技术等信息技术分支。

二、网络技术

（一）计算机网络的概念

关于计算机网络的定义，有不同的说法。只从应用目的看，计算机网络是以共享资源为主要目的，将两台以上独立计算机系统通过某种通信介质并在通信协议的控制下实现互联的系统。

（二）计算机网络的组成

一个计算机网络由一系列计算机硬件、软件以及各种通信设备组合而成。我们从一个普通用户上网的角度，分析计算机网络最为重要的几种成分。

1.客户机

如果一个普通用户希望在自己家中上网，他首先要配备的设备就是一台计算机，在计算机网络中称为客户机。客户机需要具备一定的硬件和软件的配置，以适应网络环境的需要。

2. 网络操作系统

对于计算机网络系统，需要有一个相当的网络操作系统来支持其运行。网络操作系统严格来说应称为软件平台，目前计算机网络操作系统有三大主流：UNIX、Netware以及Windows NT。UNIX网络操作系统是唯一跨微机、小型机、大型机的系统。由于Internet以TCP/IP协议为基础，而TCP/IP协议正是UNIX的标准协议，Internet的高速发展自然就为UNIX提供了极大的机遇；而微软（Microsoft）是后起之秀，早在Windows 95里就提供了内嵌的TCP/IP协议，所以目前一般Windows用户都已经带有了网络操作系统。而Windows NT网络操作系统是把对TCP/IP的支持作为重要开发策略而专门推出的网络操作系统。而随着Windows客户的日益增多，使得UNIX、Netware均提供对Windows的支持。

3. 网络协议

网络协议是实现站点之间、网络之间相互识别并正确通信的一组规则和标准。谈到网络协议，首先就要介绍开放式系统互联（OSI）参考模型，即通常所说的网络互联的七层框架，它是国际标准化组织（ISO）于1977年提出的。

开放式系统互联（OSI）分为7层，其名称和功能分别如下：物理层，这一层主要负责实际的信号传输；数据链路层，主要负责向物理层传输数据信号；网络层，主要负责路由，选择合适的路径，进行阻塞控制等功能；传输层，最关键的一层，向用户提供可靠的端到端服务；会话层，主要负责两个会话进程间的通信；表示层，处理通信信号的表示方法，进行不同的格式之间的翻译，并负责数据的加密解密、数据的压缩与恢复；应用层，保持应用程序之间建立连接所需要的数据记录，为用户服务。

在工作中，每一层会给上一层传输来的数据加上一个信息头，然后向下层发出，然后通过物理介质传输到对方主机，对方主机每一层再对数据进行处理，把信息头取掉，最后还原成实际的数据。本质上，主机的通信是层与层之间的通信，而在物理上是从上向下最后通过物理信道到对方主机再从下向上传输。

在实际应用中，最重要的是TCP/IP协议，它是保证互联的计算机间可靠地进行数据交换的一组规则、标准和约定。相对于OSI，它是当前的工业标准或"事实的标准"。它分为四个层次：应用层（与OSI的应用层对应）、传输层（与OSI的传输层对应）、互联层（与OSI的网络层对应）、主机-网络层（与OSI的数据链路层和物理层对应）。

4. 服务器

客户机必须通过服务器才能上网。服务器是为计算机网络中各类用户提供各种服务的中心单元，其处理能力强，一般为小型机或大型机，也常用高档微机做服务器平台。服务器通常都有大容量的磁盘，有一个专门的软件提供对数据的采集、存储、维护、加工处理及访问等服务。

5. 网络连接和传输设备

客户机还需要通过一定的网络连接设备和传输设备与服务器取得"联系"。网络连接设备包括网络接口卡、调制解调器、中继器、网络中心单元、网桥及路由器等，它们用来实现通信线路与节点设备的连接、网与网之间的互联及数据信号的转换等功能。

传输设备是网络传输数据的物理通道，分为有线和无线两类介质。目前使用的有线介质有双绞线、同轴电缆和光缆。其中光缆是计算机网络中发展最为迅速的传输介质，具有不受电磁干扰、不怕雷击、传输速率快等特点。

（三）Internet

Internet 是目前世界上规模最大、信息资源最丰富的计算机互联网络，国内常将它翻译成"互联网""国际网""国际计算机互联网"等，全国科学技术名词审定委员会推荐译名为"因特网"。1995 年 10 月，联合网络委员会（FNC）给 Internet 下的定义是——全球性的信息系统，并指出它兼有全球性、开放性和平等性。

1. Internet 的产生与发展

Internet 最初起源于 ARPANET。自 1969 年 ARPANET 问世后，其规模一直处于高速增长中。1986 年，美国国家科学基金会（NSF）建立了国家科学基金网 NSFNET，NSFNET 后来接管了 ARPANET，并更名为 Internet。此后，Internet 不断发展壮大，演变为全球规模的计算机网络。现在，Internet 正在向多元化发展，它不仅为科研服务，而且正在逐步进入日常生活的各个领域。

虽然 Internet 在我国起步较晚，但到目前为止，Internet 已经在我国取得了显著的发展。在我国 Internet 已经覆盖了政府机关、学校、科研机构、商业公司和家庭等各个方面，并以惊人的速度发展。

2. Internet 的接入方式

任何一台计算机要想接入 Internet，只要以某种方式与已经连入 Internet 的 Internet 服务提供商 ISP（Internet Service Provider）的一台主机进行连接即可。目前，国内四大互联网运营机构都在各地设立了 ISP，例如 CHINANET 的 163 和 169 服务，CERNET 覆盖高等院校的 Internet 服务等。

3. Internet 上的信息服务

网上资源非常丰富，其数据库的内容包含了农业、工业、商业、教育、科研、文化及科学技术各个学科领域的知识和消息，涉及人类活动的各个方面，已成为全人类的宝库。

目前 Internet 主要以下几种方式为用户提供服务：

（1）电子邮件（E-mail）

电子邮件是通过网络技术接收、发送以电子文件格式写作的邮件。电子邮件是 Internet 上应用较早的一种服务，也是目前 Internet 上应用最广泛的一种信息服务。每个用户都可以建立一个或多个电子信箱，对方发来的邮件就存放在这个信箱里，用户可以在任何时候通过联网的计算机来阅读它。与普通信件相比，E-mail 不仅传输速度快、传输效率高、传输容量大，而且经济实惠。

（2）远程登录（Telnet）

远程登录是为某个 Internet 主机上的用户与其他 Internet 主机建立远程连接而提供的一种服务。用户要在一台远程计算机上登录，首先应成为该系统上的合法用户，即获准在系统建立账号，通过输入用户名和口令，可以登录进入系统访问。连接建立后，该用户就可以像使用自己的计算机一样，利用远程主机的各种资源和应用程序。

（3）文件传输（FTP）

文件传输是专门用于传送大量数据文件的服务，主要完成 Internet 上主机间的文件传输。它使用文件传输协议（FTP），可以实现数据文件从一台计算机传送到另一台计算机。除了个人间的私人数据文件外，主要用来传输科学研究数据以及保存在全球成千上万公共档案袋中的检索文件。

（4）万维网（WWW）

WWW（World Wide Web）称为万维网，WWW 服务又称为 Web 服务。它起源于1989年，主要目的是建立一个统一管理各种资源、文件及多媒体的信息服务系统。目前，WWW 服务是 Internet 上最主要的服务。信息资源以网页形式存储在 Web 服务器中，用户通过浏览器向 Web 服务器发出请求，Web 服务器根据用户的请求内容，将保存在 Web 服务器中的某个页面发送给浏览器，并最终显示给用户。通过 WWW，人们只要使用简单的方法，就可以迅速和方便地获得丰富的信息资料。

（5）电子公告牌（BBS）

电子公告牌服务是 Internet 上的一种电子信息服务系统。它提供一块公共电子白板，每个用户都可以在上面发布信息或提出看法。电子公告牌可以方便、迅速地使各地用户了解公告信息，是一种有力的信息交流工具。

4. Internet 改变生活

在 Internet 上进行商务活动，具有诱人的前景。如今，许多企业都认识到建立企业站点的必要性，纷纷建设了自己的网站，把产品搬到了因特网上，产品从售前推荐到售后服务的各个环节实现电子化、自动化。消费者上网浏览商品、上网提交售后服务请求的时代已经到来。

Internet 惊人的发展规模已经使它不单具有通信和交换信息的功能，更开辟了一种新的商业交易方式，即在网上实现电子交易（网上银行）。除此之外，相对于传统的媒体（报刊、广播、电视），它已经成为当今世界最大的一个传播媒体——第四媒体。

Internet 还极大地影响了人类的政治生活。电子政府的出现，将极大地推行政务公开、无纸化办公，而行政手续的电子化、网络化，将极大地提升政府为民服务的水准，为民众的日常生活提供方便。

三、海洋技术

海洋约占地球表面的71%，它既是地球生命的起源地，又是人类的一个巨大的资源宝库。海洋中的可开采石油和天然气储量比陆地大得多；金属资源可供世界使用万年以上；在淡水资源处处告急的今天，海水资源却是用之不竭的；海洋中铀的储量是陆地的4000多倍；潮汐能、波浪能等可供开发利用的总量在150亿 kW 以上，相当于目前世界总发电量的几十倍，且为无污染能源；鱼虾类的潜在产量为15亿 t。但海洋水深、风大、浪高，险象环生，开发利用难度大。由于上述困难，发展海洋技术、保卫海疆和开发海洋资源就成为21世纪世界高技术领域的主要前沿之一。目前国际上海洋竞争日益激烈，在某种意义上，这种竞争也是海洋技术的竞争，我国拥有300多万 km² 的广大海疆，但海洋技术相对落后，必须尽快缩短与他国之间的差距，因此，海洋技术被列入863高技术计划之内。

海洋技术包括诸多方面，如海岸工程技术、海底资源开发技术、海洋生物资源开发技术、海水资源开发技术等。

（一）海洋空间的保卫与海上运输

海洋空间需要强大的海军保卫，在现代战争中，不是人力的对抗，而是技术的对抗，战争已立体化，多为闪电袭击，因此，舰艇（包括航母）制造技术、侦察通信技术与现代化武器和指挥系统都需要以大量高新技术为基础，只有在海洋空间得以保卫的前提下，才能谈海洋空间和海洋资源的开发与利用。

海上运输是传统的海洋空间利用之一，海上运输量大、成本低、耗能少，是其他方式无法比拟的。国际物资交流主要靠海运，而将来海上资源的开发也需要海运的支持。远洋海运采用巨型油轮，其载重可达70万t，沿海和隔海（近距离）客运正在快速发展，其中水翼船时速可达90 km。地效翼船几乎离开水面，船速可达150～500 km/h。为便于船舶停靠，海港工程（包括码头、船坞、深水航道等）是必不可少的。大型海港的建造同样存在诸多需要解决的技术难题。海上机场、海上工厂，甚至海上城市的构想都将随科学技术的发展逐渐变为现实。

（二）海底资源开发技术

海底有丰富的油气资源，还有丰富的矿产（铁、金红石、金、铂、金刚石等）资源都有待开发，但这都需要高新技术的支持。要想开发，首先是勘探，因此我们从勘探谈起。

1. 海底探测技术

海底探测技术包括海底地形地貌的探测和海底资源勘测两个方面，因此一般可分为浅海探测和深海探测。

浅海探测，是指靠近大陆架的浅海区的探测，一般采用直接潜水探测和间接潜水探测。目前国际上直接潜水最大模拟实验深度已达686 m，但这需要特殊的潜水设施和技术的支持，这种先进的直接潜水技术称为"饱和潜水"。潜水员潜水前需经加压舱预先加压到预定深度的压力，到预定深度再出舱工作，工作完成后回加压舱，经减压后回到常压环境。间接潜水是指采用抗压潜水服进行潜水，目前最大潜水深度可达605 m。

深海探测最有效的方法同样是潜水探测法，但这需要使用深潜器。深潜器有载人潜水器和无人潜水器两种。早期载人潜水器追求下潜深度，"的里雅斯特"号和"阿基米德"号曾先后下潜到10 911 m的马利亚纳海沟进行实地观察。20世纪70年代后大量发展用于海底资源勘测和开发的潜水器。20世纪末期，美、法、俄、日等海洋大国又开始建造大深度（6000～6500 m）、多功能载人潜水器，可以对海底锰结核（含镍、铜、钴、锰等76种元素的鹅卵石状矿体）、钴矿床、热液矿床和海底地形地貌进行勘测。这种技术的竞争实际上是深海资源开发权的竞争。当前，无人遥控潜水器（水下机械人）的发展也十分迅速，我国已完成6 000 m无人无缆潜水器，达到国际先进水平，并用于海底锰结核的勘查。2011年8月，我国自主设计、自主集成的深海载人潜水器"蛟龙"号（设计最大潜水深度7000 m）顺利完成5000 m级海试任务，标志着中国具备了到达全球70%以上海洋深处作业的能力。

2. 海洋油气开发技术

海洋油气勘探有地震法、重力法和磁力法三种方法。地震法是最常用的方法，近年来使用双船多缆（船上拖有多条装有多达960道接收换能器的电缆）作业，通过接收到的各个岩石层反射回来的地震波，自动成像，计算机评价。海底地震仪测量横波等技术，得到三维的深层地质图像，用数字模拟估计石油储量。为了证实海底油田，在物理探测的基础上还必须进行打井探测，通过岩芯，了解海下地层的真实结构、油层厚度与分布，从而确定是否具有开采价值。

3. 海底矿产资源的开发技术

此类技术分近海采矿技术和深海采矿技术。近海采矿相对简单，但仍要比陆地采矿技术要求高得多。在近海除石油和天然气之外，矿产资源也很多，有海滨沙矿、近海磷灰石、硫酸铁、海绿石等。露出水面的海滨沙矿可露天开采；浅海沙矿可用各种采矿船开采；固态基岩矿可由岛屿、人工岛或岸上打竖井，通过巷道开采，但必须有高质量防水措施。

深海矿产丰富，当前发现的锰结核储量就达3万亿t。有专家认为，只要开采得当，锰结核将是取之不尽、用之不竭的金属资源。此外，还有海底热液矿床，其主要成分是钴、铜、锰、镍、铂、金、银、铅和锌等。最近，还在海底又发现一种新能源——海洋天然气水合物，其主要成分为甲烷，其是在深海底部高压低温条件下形成的特殊水合物，储量也十分丰富。

（三）海洋生物资源开发技术

世界面临人口众多、陆地生物资源不足问题，而海洋生物资源数量巨大，在不破坏生态平衡的条件下，每年可提供足够300亿人口的食用品，向海洋要蛋白，有着重要的战略意义。

近年来，海洋捕捞技术发展很快，用遥感技术可发现鱼群，用光、声等可使鱼群集中，用泵可将鱼吸入船内，还可海上加工。但是，许多地方出现了捕捞过大，以致渔业资源濒于灭绝（如黄鱼等）。因此，必须加强管理，如我国规定每年3—6月为休渔期。为充分发展和利用海洋生物资源，人工海水养殖受到很大重视，我国海水养殖量居世界首位，形成了世界最大的海带、对虾、扇贝养殖业，并且以高档鱼类及鲍鱼、海参等海珍品为主要标志的第四次海水养殖浪潮正在形成。但是也存在着技术问题，如何合理养殖，保持良好的海洋生态环境是一个十分复杂的问题。

海洋生物还为人类提供了许多天然药物，海马参是众所周知的药材，"脑黄金"实际上是海鱼内脏和骨头中提炼出的不饱和脂肪酸，因此，海洋生物还为人类提供了新的医药途径。

五、空间技术

空间技术又称为航天技术或宇航技术，它是自20世纪50年代以来得到高速发展的一项高技术。它对科技进步、经济繁荣和人类生活都产生了巨大的影响。空间技术的兴起和发展使人类的活动领域从陆地、海洋和大气层飞跃到了无垠的太空。至今，全世界共进行了约4000次成功的发射，将约5200个不同种类的航天器（包括卫星）送入太空轨道，进入太空的航天人员有800多人次。现今全世界有60多个国家和地区从事或参与航天器的研制，200多个国家和地区使用各类人造卫星，航天事业受到世界各国的广泛关注。

（一）太空资源

太空是指海拔100 km以上的空间，那里的大气异常稀薄，飞行器所受的空气阻力几乎为零。太空中几乎没有任何物质，那么太空资源指的是什么呢？那就是无垠的特殊空间，因为那里没有空气，超洁净，微重力，在那里可以进行地面上无法进行的高真空超净实验、失重情况下的实验，即极端条件下的实验，这在材料、药物制备和生命科学等领域具有极大的应用前景。太空极高，可以利用其高度对地球进行全方位观测，可以利用其高度实现全球通信。可以利用它观察天体，接收来自其他天体的电磁辐射信号，因为信号未经大气层的衰减和阻挡，因而比地面上的信号强得多，也丰富得多，这也更有利于人类对宇宙的认识。要开发利用太空资源就必须以航天器进入太空轨道为前提，从这个角度看，发展航天器工程系统（运载系统和任务系统）的技术是关键。

（二）航天运载系统

航天运载系统由航天运载器、航天发射场和运载器飞行测量系统（测控网）组成。

1.航天运载器

航天运载器分为多级火箭和可重复使用的航天飞机两种。航天运载器的功用是把航天飞行器送入预定太空轨道。航天运载器一般由地面发射场以垂直于地面的状态起飞，但也有从飞机上空中水平发射的。

多级火箭式运载器是由有效载荷、箭体系统、推进系统、制导系统、电源系统、安全系统、遥测系统和外弹道测量系统等组成的复杂工程系统。图7-4-1给出了一个运载卫星的航天运载器的组成。由图中不难看出，火箭分为三级。火箭是航天器推进的动力之源，它使用的是固态或液态燃料，利用反冲作用推动航天器前进。多级火箭一般为串联式，按其工作的先后顺序分级。一级火箭发动机点火，系统起飞，一级火箭燃料燃尽熄火即与系统脱离，并使二级火箭点火工作，每一级火箭工作完毕，便即时与系统脱离并点燃下一级火箭，直至最后一级火箭把航天器送至预定轨道。实际使用的多级火箭最多为4级，再多时结构过于复杂。

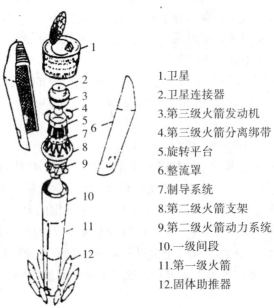

1.卫星
2.卫星连接器
3.第三级火箭发动机
4.第三级火箭分离绑带
5.旋转平台
6.整流罩
7.制导系统
8.第二级火箭支架
9.第二级火箭动力系统
10.一级间段
11.第一级火箭
12.固体助推器

图7-4-1 航天运载器组成示意图（引自文祯中，2012）

航天器在太空轨道运行速度非常快，绕地球飞行的航天器（卫星、航天飞机等）的最小速度——第一宇宙速度为7.91 km/s，而逃逸速度（脱离地球引力范围的最小速度）——第二宇宙速度为11.19 km/s。因此，火箭不仅要求燃料高级，而且火箭设计时必须尽量压缩除燃料和航天器之外的质量才能实现发射目的。自苏联于1957年10月发射世界第一颗人造卫星以来，航天运载器至今发展出20多个系列、200多种型号的火箭系统。最小的运载器起飞质量为10.2 t，飞行器（卫星）质量仅有1.54 kg。由此可见，航天器发射的困难程度之大、消耗能量之多，此外，还必须有精确的制导系统和地面监控系统才能使航天器入轨（进入预定运行轨道）。

除火箭运载器之外，另一种运载器是航天飞机，它是可重复使用的航天运载器，它兼具航天器和航空器功能，又称太空运输系统。它是运载火箭技术与航天器技术相结合的产物。其上升段类似多级运载火箭，轨道段类似航天器，着陆段类似飞机的飞行。

（三）航天器

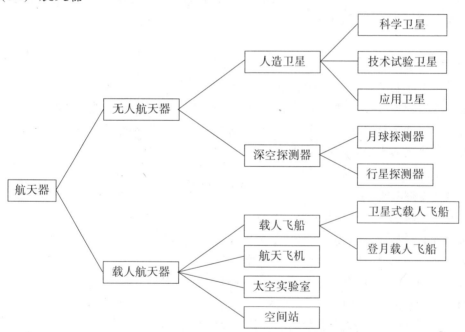

图7-4-2　航天器的分类（引自文祯中，2012）

航天器的分类如图7-4-2所示。图中给出的分类中，人造卫星数量最多，它可以进一步分类，其中科学卫星用于探测研究太空环境和进行开发利用太空资源的实验。它包括天文卫星、空间环境探测卫星和科学实验卫星等。技术试验卫星用于在太空轨道上进行航天新技术实验；应用卫星最多，主要有通信卫星、观测卫星和导航定位卫星三类。

太空实验室和空间站都是供航天员巡访的载人航天器，不过实验室规模小，寿命较短，技术也较简单，而空间站更高级，可供航天员长期居住和工作，并具有一定的生产和实验条件。大型空间站是分批送入太空，然后对接组合而成的。

航天器的轨道一般近似为开普勒椭圆轨道（有偏离），但随着运行时间的增长，偏离程度增加。这是因为太空中不只有一个地球，还有其他星球引力的影响，此外地球也绝非一个绝对的球体，因此它对卫星的万有引力也不能当作一个质点简单看待，这就造成了卫星轨道的偏离。不过卫星也有一些特殊轨道：极地轨道、太阳同步轨道、地球同步轨道、复现轨道、地球静止轨道，圆形轨道是卫星常用的具有特点的轨道。其中最特殊的轨道为地球静止轨道，地球静止轨道在赤道平面上，形状为圆形，与地球自转角速度相同，在地球上看如同静止一样。

（四）中国的空间事业

中国于1958年开始人造卫星的研究，1970年4月24日发射第一颗人造卫星——东方红1号。现已发射卫星100多颗，成功率在80%以上，返回成功率在94%以上。宇宙飞船的发射成功，使我国成为世界上第三个掌握载人飞船技术的国家，这也体现了我国空间技术水平。截至2008年9月，我国已进行了三次载人航天飞行和多项空间科学研究。2007年10月和2010年10月，"嫦娥一号"和"嫦娥二号"探月卫星成功发射，2011年11月，"神舟"八号飞船与目标飞行器"天宫"一号实现空中交会的完美对接，标志着我国航天技术和太空探索进入了新的历史阶段。

思考与练习

1. 什么是生物工程？它主要包括哪几大工程？

2. 解释下列概念：基因工程、细胞工程、酶工程、发酵工程、蛋白质工程。

3. 举例说明生物工程的应用，并分析生物工程可能导致的负面影响。

4. 计算机网络由哪些部分组成？

5. 新材料发展的特点有哪些？

6. 什么是超导现象？

7. 什么是稀土金属？为什么稀土被称为"工业的维生素"？

8. 为什么说有些金属有"记忆"功能？

9. 什么是纳米材料？纳米材料有哪些特点？

10. 说出几种新型的高分子材料和它们的用途。

11. 当前新材料发展的方向是什么？

12. 什么是激光？激光产生的先决条件是什么？

13. 激光有哪些特性及用途？

14. 试述信息技术、海洋技术与空间技术的发展对人类生活的影响。

参考文献

1. 梁战平. 科学·技术·社会. 北京：科学教育出版社，1997.

2. 李玉荣. 自然科学概要. 济南：山东大学出版社，1996.

3. 胡显章，曾国屏. 科学技术概论. 北京：高等教育出版社，1998.

4. 王鸿生. 世界科学技术史. 北京：中国人民大学出版社，1996.

5. 王玉仓. 科学技术史. 北京：中国人民大学出版社，1993.

6. 张民生. 自然科学基础. 2版. 北京：高等教育出版社，2008.

7. 徐辉. 科学·技术·社会. 北京：北京师范大学出版社，2001.

8. 张平柯，陈日晓. 自然科学基础. 北京：人民教育出版社，2006.

9. 教育部基础教育司. 科学（3～6年级）课程标准解读. 武汉：湖北教育出版社，2002.

10. 〔英〕B．K．里德雷. 时间、空间和万物. 李泳译. 长沙：湖南科学技术出版社，2004.

11. 许为民. 自然、科技、社会与辩证法. 杭州：浙江大学出版社，2002.

12. 〔美〕S．钱德拉塞卡. 莎士比亚、牛顿和贝多芬——不同的创造模式. 杨建邺等译. 长沙：湖南科学技术出版社，1996.

13. 颜青山. 科学是什么. 长沙：湖南科学技术出版社，2001.

14. 程守洙，江之永. 普通物理学. 北京：高等教育出版社，1998.

15. 褚圣麟. 原子物理学. 北京：人民教育出版社，1979.

16. 汪昭义. 普通物理学. 上海：华东师范大学出版社，2000.

17. 〔美〕S．温伯格. 终极理论之梦. 李泳译. 长沙：湖南科学技术出版社，2003.

18. 娄兆文，甘永超，赵锦慧，等. 自然科学概论. 北京：科学出版社，2012.

19. 倪光炯. 改变世界的物理学. 上海：复旦大学出版社，1998.

20. 杨福家. 应用核物理. 长沙：湖南教育出版社，1994.

21. 宋健. 现代科学技术基础知识. 北京：科学出版社、中共中央党校出版社，1994.

22. 吴国盛. 科学的历程. 北京：北京大学出版社，2002.

23. 郭奕玲，沈慧君. 物理学史. 北京：清华大学出版社，2005.

24. 刘克哲. 物理学. 北京：高等教育出版社，1999.

25. 〔美〕弗·卡约里. 物理学史. 戴念祖译. 桂林：广西师范大学出版社，2002.

26. 〔德〕布里吉特·罗特莱因. 物质的最深处——核物理学导引. 张克芸译. 上海：百家出版社，2001.

27. 凌永乐，李华隆. 物质结构的探索. 北京：北京出版社，1988.

28. 王士平. 科学的争论. 北京：科学出版社，1998.

29. 向义和. 大学物理导论（下册）. 北京：清华大学出版社，1999.

30. 张哲华，刘莲君. 量子力学与原子物理学. 武汉：武汉大学出版社，1997.

31. 敖力布，林鸿溢. 分形学导论. 呼和浩特：内蒙古人民出版社，1996.

32. 李后强，汪富泉. 分形理论及其在分子科学中的应用. 北京：科学出版社，1993.

33. 姚子鹏. 探究物质之本（20世纪化学纵览——诺贝尔奖百年鉴）. 上海：上海科技教育出版社，2000.

34. 文祯中. 自然科学概论. 3版，南京：南京大学出版社，2012.

35. 吴国盛. 科学的历程. 北京：北京大学出版社，2002.

36. 〔德〕比罗. 元素的轨迹：化学奇境——前沿科学探索书系. 贾裕民译. 上海：百家出版社，2001.

37. 赵匡华. 中国古代化学. 北京：商务印书馆，2007.

38. 解守宗. 我们周围的化学. 上海：上海科学技术出版社，2003.

39. 李文庠. 探秘化学思维（创新思维丛书）. 北京：北京科学技术出版社，2002.

40. 〔德〕鲁道夫·基彭哈恩. 千亿个太阳. 沈良照，黄润乾译. 长沙：湖南科学技术出版社，2002.

41. 波音. 阅读宇宙. 北京：文化艺术出版社，2002.

42. 戴文赛. 天体的演化. 北京：科学出版社，1977.

43. 中国大百科全书编辑部. 中国大百科全书·天文学. 北京：中国大百科全书出版社，1980.

44. 余翔，黄跃华. 自然科学基础. 北京：北京理工大学出版社，2013.

45. 周天泽. 自然科学基础. 北京：中央广播电视大学出版社，2006.

46. 陈阅增. 普通生物学——生命科学通论. 北京：高等教育出版社，1997.

47. 孙乃恩，孙东旭，朱德煦. 分子遗传学. 南京：南京大学出版社，1990.

48. 李难. 生物进化论. 北京：高等教育出版社，1990.

49. 翟中和，王喜忠，丁明孝. 细胞生物学. 4版. 北京：高等教育出版社，2011.

50. 〔肯〕理查德·利基. 人类的起源. 吴汝康译. 上海：上海科学技术出版社，1997.

51. 吴汝康. 人类的起源和发展. 北京：科学出版社，1980.

52. 陈静生，汪晋三. 地学基础. 北京：高等教育出版社，2003.

53. 吴祥兴. 现代科技概论. 上海：上海世界图书出版公司，2002.

54. 周廷儒. 古地理学. 北京：北京师范大学出版社，1982.

55. 张祖陆. 地质与地貌学. 北京：科学出版社，2012.

56. 王建. 现代自然地理学. 北京：高等教育出版社，2003.

57. 〔美〕享德里克·威廉·房龙. 地球的故事. 马晗，治梅译. 北京：中国民族摄影艺术出版社，2003.

58. 美国国家研究院. 重新发现地理学. 黄润华译. 北京：学苑出版社，2004.

59. 牛翠娟，娄安茹，孙儒泳，等．基础生态学．2版．北京：高等教育出版社，2013．

60. 袁光耀．可持续发展概论．北京：中国环境科学出版社，2001．

61. 于宗保．环境保护基础．北京：化学工业出版社，2003．

62. 袁克昌．生存的威胁——污染．南京：江苏科学技术出版社，1996．

63. 林肇信．环境保护概论．北京：高等教育出版社，1999．

64. 钟甫宁．永恒的追求——可持续发展．南京：江苏科学技术出版社，1996．

65. 沈荣祥．人类与自然．上海：华东师范大学出版社，2001．

66. 张合平，刘云国．环境生态学．北京：中国林业出版社，2002．

67. 王明华，李影．化学与环境——为了人类的健康与美好．长沙：湖南教育出版社，2000．

68. 马桂铭．环境保护．北京：化学工业出版社，2002．

69. 舒俭民．全球环境问题．贵阳：贵州科技出版社，2001．

70. 奚旦立．环境与可持续发展．北京：高等教育出版社，1999．

71. 窦贻俭，李春华．环境科学原理．南京：南京大学出版社，2003．

72. 王丰．地球——人类沧桑的家园．北京：国防工业出版社，2003．

73. 张宝杰．城市生态与环境保护．哈尔滨：哈尔滨工业大学出版社，2002．

74. 何强，井文涌，王翊亭．环境学导论．北京：清华大学出版社，2004．

75. 钱易，唐孝炎．环境保护与可持续发展．北京：高等教育出版社，2002．

76. 叶文虎．可持续发展引论．北京：高等教育出版社，2006．

77. 解恩泽．自然科学概论．长春：东北师范大学出版社，1988．

78. 中科院可持续发展战略研究组．中国可持续发展战略报告（2000年—2004年）．北京：科学出版社，2000．

79. 王志勤．自然科学与高技术概论．北京：中共中央党校出版社，1993．

80. 单鹰．现代科学技术史．武汉：武汉大学出版社，2000．

81. 周光召．现代科学技术基础．北京：群众出版社，2001．

82. 廖元锡，毕和平．自然科学概论．武汉：华中师范大学出版社，2009．

83. 王竹溪．热力学简程．北京：人民教育出版社，1964．

84. 中国大百科全书总编委会．中国大百科全书·生物学．2版．北京：中国大百科全书出版社，2009．

85. 沈萍．微生物学．2版．北京：高等教育出版社，2006．

86. 刘祖洞，乔守怡，吴燕华，等．遗传学．3版．北京：高等教育出版社，2013．

87. 王镜岩，朱圣庚，徐长法，等．生物化学．3版．北京：高等教育出版社，2002．

88. 王玢，左明雪．人体及动物生理学．3版．北京：高等教育出版社，2009．

89. 〔美〕Robert B，Mark H．默克家庭诊疗手册．赵小文等译．北京：人民卫生出版社，2006．